제2판

통계수학 강의

박진호·황진수 지음

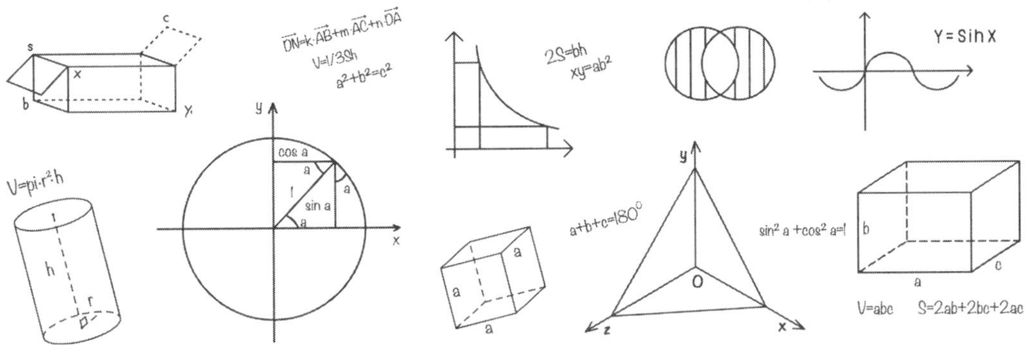

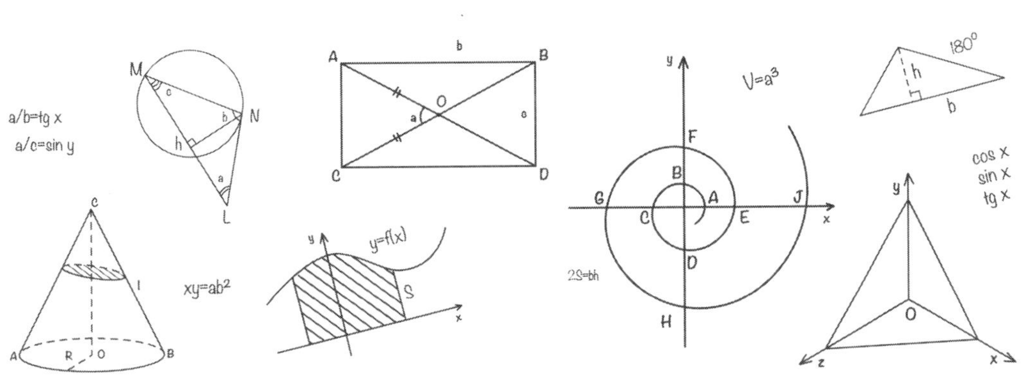

자유아카데미

머리말

『통계수학 강의』를 출판한 지 10년이 흘렀습니다. 통계학을 공부하는 데 필요한 기본적인 수학 내용에는 큰 변화가 없지만, 활용성이 점차 커지는 부분을 소개할 필요가 있었고, 기존 내용에도 수정이나 보완이 필요한 부분이 있어 개정판을 마련하게 되었습니다. 특히 데이터 분석을 위한 알고리즘의 개발과 이해 과정에서 최적화의 중요성이 부각되고 있어, 이에 대한 새로운 내용을 추가하였습니다.

이 책에서 다루는 내용은 학부 수준에서 통계학을 공부하는 데 필요한 기초적인 수학 이론입니다. 수학 분야 중 해석학에 해당하는 내용을 1장부터 3장까지 다루었고, 선형대수에 해당하는 내용은 4장과 5장에서 다루었습니다. 또한 최근 빅데이터와 인공지능 시대에 활용도가 높은 최적화에 대한 내용을 6장에서 소개하였습니다.

내용을 좀 더 구체적으로 살펴보면, 1장과 2장에서는 수학의 기초인 집합에서부터 함수, 수열, 급수 등을 소개하고 극한과 수렴의 개념을 명확히 정의합니다. 3장에서는 극한의 개념을 바탕으로 함수의 연속, 미분과 적분을 다룹니다. 4장과 5장에서는 행렬과 벡터, 벡터공간을 소개합니다. 마지막으로 개정판에서 새롭게 추가된 6장에서는 함수를 최소화하는 문제를 중심으로 최적화를 다룹니다. 변수가 여러 개인 함수의 최적화를 위해 필요한 편미분, 방향도함수, 헤시안 행렬의 개념도 함께 새롭게 추가하였습니다. 최적화를 위한 다양한 방법론이나 알고리즘은 끊임없이 개발되고 있어서 관심 있는 학생들을 위하여 개략적인 소개를 하였습니다.

개정판을 준비하며 오류나 오타를 최소화하기 위해 많은 노력을 기울였지만, 여전히 부족한 점이 있을 수 있습니다. 너그러운 마음으로 양해를 부탁드립니다. 오류나 오타 등 수정이 필요한 부분은 출판사 자유아카데미 홈페이지(www.freeaca.com) 자료실에 게시할 예정이니 참고해 주시기를 바랍니다.

끝으로 이 책의 개정판 작업에 많은 도움을 주신 자유아카데미에 감사를 드립니다. 그리고 지난 10년간 이 교재를 이용하여 수업을 수강하며 여러 의견을 주신 학생들에게도 감사의 마음을 전합니다.

2026. 1.

박진호, 황진수

차례

1장 | 집합과 함수

2장 | 수열과 급수

3장 | 미분과 적분

4장 | 벡터와 행렬

5장 | 벡터공간

6장 | 최적화

1 장

집합과 함수

이 장에서는 집합과 함수에 관련한 기본적인 개념과 이론들을 소개하고자 한다. 1절에서는 집합의 종류, 집합의 상한과 하한, 집합열의 연산 등에 대하여 설명하고 통계학에서의 집합열의 응용으로 표본공간의 분할을 소개한다. 2절 함수에서는 기본적인 함수의 개념과 역함수, 합성함수 등에 대하여 설명을 하고 역함수의 응용인 암호함수와 통계학에서 이용되는 집합함수의 일종인 확률함수와 확률변수에 대하여 소개한다. 끝으로 3절 집합과 그에 대응하는 지시함수에서는 통계학에서의 응용되는 검정함수와 지시확률변수 등에 대하여 소개한다.

1.1 집합의 기본이론

집합이란 객관적으로 표현되는 원소들의 모임을 일컫는다. 집합 중에서 자주 쓰이는 집합으로 자연수, 정수, 유리수, 실수의 집합이 있고, 이를 각각 $\mathbb{N}$, $\mathbb{Z}$, $\mathbb{Q}$, $\mathbb{R}$라 표현한다. 집합을 표현하는 방식은 다양한데, 포함하는 원소를 나열하여 표현할 수도 있고 혹은 포함하는 원소 x가 어떤 특징을 갖는지를 설명함으로써 표현할 수 있다. 예를 들어 다음 두 집합이 있다면,

$$A = \{2, 3, 4, 5, 6\}$$
$$B = \{x \in \mathbb{R} \mid 0 \le x \le 2\} = [0, 2]$$

집합 A는 다섯 개의 원소 2, 3, 4, 5, 6을 포함하는 집합이고, 집합 B는 구간 $[0, 2]$의 모든 실수를 포함하는 집합을 의미한다. 또한 집합 A는 유한개의 원소를 포함하는 **유한집합**(finite set)이고, 집합 B는 무한개의 원소를 포함하므로 **무한집합**(infinite set)이다.

두 집합 사이에 일대일 대응(one to one correspondence)이 성립할 때, 두 집합의 원소의 개수(cardinality)는 같다고 한다. 유한집합의 경우 원소의 개수는 명확하지만, 무한집합에 대한 원소의 개수에 대해서는 주의해야 한다. 예를 들어 자연수의 집합을 A, 짝수의 집합을 B, 실수의 집합을 C라고 할 때, 세 집합 모두 무한집합이다. 자연수의 집합과 짝수의 집합 사이에는 $n \leftrightarrow 2n$과 같이 일대일 대응이 성립하므로 집합 A와 B는 원소의 개수가 같은 무한집합이라고 할 수 있다. 한편 실수의 집합과 자연수의 집합 사이에는 일대일 대응이 성립하지 않고, 실수의 집합이 자연수를 포함한다. 따라서 두 집합 A와 C 모두 무한집합이지만, C의 원소의 개수가 A의 원소의 개수보다 크다고 할 수 있다. 이처럼 무한집합의 원소 개수가 다를 수 있으므로 이를 구분할 필요성이 있다. 무한집합의 경우에 자연수나 정수, 유리수의 집합과 같이 셀 수 있는 집합을 **가산무한집합**(countably infinite set)이라고 하고, 가산무한집합이 아닌 무한집합을 **비가산무한집합**(uncountably infinite set)이라고 한다. 예를 들어 무리수의 집합이나 실수의 집합은 비가산무한집합이다. 유한집합과 가산무산집합을 통틀어 **가산집합** 혹은 **셀 수 있는 집합**(countbale set)이라고 한다.

집합 A의 모든 원소가 집합 B에 포함되면 집합 A를 집합 B의 부분집합이라고 하고, $A \subset B$로 표현한다. 예를 들면 자연수의 집합 $\mathbb{N}$, 정수의 집합 $\mathbb{Z}$, 유리수의

집합 $\mathbb{Q}$, 실수의 집합 $\mathbb{R}$ 사이에는 $\mathbb{N} \subset \mathbb{Z} \subset \mathbb{Q} \subset \mathbb{R}$의 관계가 있다. 두 집합 A, B가 $A \subset B$, $A \supset B$를 만족할 때, $A = B$라고 한다.

일반적으로 우리가 다루는 집합은 실수의 부분집합이나, 때로는 2차원 이상의 다차원에서의 집합을 다루기도 한다. 예를 들어 다음 네 개의 집합을 고려해 보자.

$$A_1 = \{(x,\ y) \in \mathbb{R}^2 \mid x^2 + y^2 \leq 1\}$$

$$A_2 = \{(x_1, \ldots, x_k) \in \mathbb{R}^k \mid x_1^2 + \cdots + x_k^2 \leq 1\}$$

$$A_3 = \{(x,\ y) \in \mathbb{R}^2 \mid x^2 \leq 1,\ y^2 \leq 1\}$$

$$A_4 = \{(x, y) \in \mathbb{R}^2 \mid 0 \leq x \leq y \leq 1\}$$

집합 A_1은 2차원에서의 집합으로 원점을 중심으로 반지름이 1인 디스크(원과 그 내부)를 나타내고, A_2는 A_1이 k-차원으로 확장된 형태, 즉 k-차원 볼(k-dimensional ball)을 나타낸다. 한편 A_3는 2차원에서의 정사각형을 나타내고, A_4는 2차원에서의 삼각형, 즉 세 개의 선($y = 1$, $x = 0$, $y = x$)으로 이루어진 삼각형과 그 내부를 나타낸다.

이 네 개의 집합 중 A_3의 경우는 다음과 같이 각 좌표축에서의 1차원의 집합의 데카르트 곱(Cartesian product)으로 표현할 수 있다.

$$A_3 = [-1,\ 1] \times [-1,\ 1]$$

일반적으로 $A_1 \subset \mathbb{R}$, ..., $A_k \subset \mathbb{R}$에 대하여 데카르트 곱은

$$A_1 \times \cdots \times A_k = \{(x_1,\ ,\ldots,\ x_k) \in \mathbb{R}^k \mid x_i \in A_i,\ i = 1, \ldots, k\}$$

을 의미하고, A_i들이 1차원에서 구간으로 표현될 때 위 데카르트 곱은 k-차원의 직사각형(k-dimensional rectangle)을 의미한다.

집합 A의 **여집합**(complement)은 A^c로 표현하고 $\{x \mid x \notin A\}$을 의미한다. 두 집합 A, B가 있을 때, **합집합**(union)은 $A \cup B = \{x \mid x \in A \text{ or } x \in B\}$, **교집합**(intersection)은 $A \cap B = \{x \mid x \in A \text{ and } x \in B\}$을 의미한다. 원소가 하나도 없는 집합은 $\varnothing$로 표현하고 **공집합**(empty set)이라고 한다. 두 집합 A, B가 서로 공유하는 원소가 없을 때, 즉 $A \cap B = \varnothing$일 때 이 두 집합을 **배반집합**(disjoint sets)이라고 한다.

집합의 상한과 하한

집합 $A \subset \mathbb{R}$의 모든 원소 $a \in A$에 대하여 $|a| \le K$를 만족하는 상수 $K < \infty$가 존재할 때 집합 A를 **유계집합**(bounded set)이라고 한다. 유계집합의 양 경계인 상한과 하한의 개념은 다음과 같이 정의한다.

■ **집합의 상한(supremum)**

집합 $A \subset \mathbb{R}$에 대하여 u가 존재해서 모든 A의 원소 a에 대하여 $a \le u$을 만족할 때 집합 A가 **위로 유계**(bounded above)라고 하고, u를 상계(upper bound)라고 한다. 만약 u가 상계 중에서 가장 작은 값이라 할 때 이를 최소상계 또는 상한(least upper bound; supremum)이라고 하고 이를 다음과 같이 표현한다.

$$u = \sup A$$

■ **집합의 하한(infimum)**

집합 $A \subset \mathbb{R}$에 대하여 l이 존재해서 모든 A의 원소 a에 대하여 $a \ge l$을 만족할 때 집합 A가 **아래로 유계**(bounded below)라고 하고, l을 하계(lower bound)라고 한다. 만약 l이 하계 중에서 가장 큰 값이라고 할 때 이를 최대하계 또는 하한(greatest lower bound; infimum)이라고 하고 이를 다음과 같이 표현한다.

$$l = \inf A$$

집합 A의 상한, 하한에 대하여 $\epsilon(>0)$을 이용하여 다음과 같이 설명할 수 있다.

- 만약 $\sup A = u$이면, A의 모든 원소 x에 대하여 $x \le u$이며 임의의 작은 수 $\epsilon > 0$에 대하여 A의 원소 y가 존재해서 $u - \epsilon < y$를 만족한다.
- 만약 $\inf A = l$이면, A의 모든 원소 x에 대하여 $x \ge l$이며 임의의 작은 수 $\epsilon > 0$에 대하여 A의 원소 y가 존재해서 $l + \epsilon > y$를 만족한다.

예제 1.1

다음 집합의 상한과 하한을 구하고, $\epsilon = 0.01$이라고 할 때 각 경우에 위의 설명에 해당하는 집합의 원소 y를 정하라.

$$A=[-1,\ 2),\qquad\qquad B=[-1,\ 2)\cup\{3\}$$

풀이 집합 A 와 B 의 하한은 −1로 같다. 이 경우 y 는 다음과 같이 구할 수 있다.

$$\inf(A)=\inf(B)=-1,\qquad -1+\epsilon=-1+0.01>-1=y\in A(y\in B)$$

한편, 집합 A 의 상한은 $\sup A=2$이고,

$$2-\epsilon=2-0.01<1.995=y\in A$$

를 만족한다. 집합 B의 경우, $\sup(B)=3$이고,

$$3-\epsilon=3-0.01<3=y\in B$$

을 만족한다.

집합의 상한과 하한은 그 집합에 속할 필요는 없다. 집합에 속하는 원소로서 가장 큰 값을 **최댓값**(maximum)이라고 하고 가장 작은 값은 **최솟값**(minimum)이라고 한다. 최댓값이 존재하면 상한과 일치하고 최댓값이 존재하지 않아도 상한은 존재한다. 최솟값과 하한도 마찬가지이다. 위 예제에서 두 집합 A, B는 모두 최솟값이 −1이고, 하한과 일치한다. 최댓값의 경우 집합 A 는 존재하지 않고, 집합 B는 3으로 상한과 같다.

예제 1.2

다음 집합들에서 상한과 하한을 구하고 최댓값과 최솟값도 구하라.

(1) $A=\{x\in\mathbb{R}\mid x^2<2\}$

(2) $B=\{x\in\mathbb{Q}\mid x^2\le 2\}$

풀이

(1) 집합 A 의 상한은 $\sqrt{2}$, 하한은 $-\sqrt{2}$ 이고, 최댓값과 최솟값은 존재하지 않는다.

(2) 집합 B의 상한은 $\sqrt{2}$, 하한은 $-\sqrt{2}$ 이며 둘 다 집합 B에 속하지 않는다. 따라서 최댓값과 최솟값은 존재하지 않는다.

유계가 아닌 집합(unbounded set)에서도 상한 또는 하한은 존재할 수 있다. 예를 들면 $S_1 = (-\infty, 2)$이거나 $S_2 = [3, \infty)$라면 두 집합은 유계가 아니지만 S_1은 상한이 2이고 S_2는 하한이 3이 된다.

연속되는 실수의 집합에서 양 경계를 모두 포함하는 구간을 **닫힌구간**(closed interval)이라고 하고(예, [−1,2]), 양 경계를 모두 포함하지 않는 구간을 **열린구간**(open interval)이라고 한다(예, (−1,2)). 한편 구간 $[-1, 2)$과 같이 한쪽 경계는 포함하고, 다른 쪽 경계는 포함하지 않는 구간을 **반열린구간**(half open interval)이라고 한다.

닫힌구간에서는 상한과 최댓값 그리고 하한과 최솟값이 모두 일치한다. 그러나 열린구간은 최댓값과 최솟값은 존재하지 않지만 상한과 하한은 모두 각각 구간의 경곗값이 된다. 반열린구간은 열린 부분에서는 상한 또는 하한은 구간의 경곗값으로 존재하지만 최대 또는 최솟값은 존재하지 않는다.

다음 정리는 상한과 하한과 관련한 유용한 식을 제공한다.

정리 1.1 공집합이 아닌 집합 A에 대하여 $cA = \{cx : x \in A\}$라고 할 때 만일 $c > 0$이면

$$\sup(cA) = c \cdot \sup(A), \quad \inf(cA) = c \cdot \inf(A)$$

가 되며 $c < 0$이라면

$$\sup(cA) = c \cdot \inf(A), \quad \inf(cA) = c \cdot \sup(A)$$

이 성립한다.

증명 $c > 0$의 경우 $cx \le M \Leftrightarrow x \le M/c$이므로 M이 cA의 상계인 필요충분조건은 M/c가 A의 상계이다. 따라서 $\sup cA = c\sup A$. 만일 $c < 0$이면 $cx \le M \Leftrightarrow x \ge M/c$이므로 M이 cA의 상계인 필요충분조건은 M/c가 A의 하계이다. 따라서 $\sup cA = c\inf A$. 나머지도 동일한 방법으로 하면 된다.

열린구간의 한 종류로 작은 수 $\epsilon > 0$에 대하여 $x_0 \in \mathbb{R}$를 포함하는 열린구간 $(x_0 - \epsilon, x_0 + \epsilon)$이 있는데, 이를 x_0의 **ϵ-근방**(ϵ-neighborhood)이라고 한다. 다음의 예제는 ϵ-근방의 개념을 설명하는 하나의 예이다.

예제 1.3

두 구간 $(0,1)$, $[0,1]$에 대하여 다음 기술의 옳고 그름을 판단하라.

"구간의 임의의 한 점 x_0에 대하여 작은 수 $\epsilon > 0$이 존재해서 x_0의 ϵ-근방이 그 구간에 포함된다."

풀이

(i) $x_0 \in (0,1)$일 때, $\epsilon = \frac{1}{2}\min(x_0, 1-x_0)$이라고 하면 x_0의 ϵ-근방은 구간 $(0,1)$에 포함된다.

(ii) $x_0 = 1$이라고 하면 $x_0 \in [0,1]$이고, ϵ을 아무리 작게 잡아도 x_0의 ϵ-근방은 구간 $[0,1]$에 포함되지 않는다.

집합열의 연산

집합들의 모임을 **지표집합**(index set)을 이용하여 표현한 것을 **집합열**(sequence of sets)이라고 하고 전형적인 집합열은 다음과 같이 표현할 수 있다.

$$\{A_i : i \in I\}$$

여기에서 I는 지표집합으로 보통 자연수로 이루어진 집합을 나타낸다. 두 집합 간의 합집합과 교집합을 정의하듯이 집합열에서도 다음과 같이 정의할 수 있다.

- **집합열의 합집합**

$$\cup_{i\in I} A_i = \{x \mid x \in A_i \text{ for at least one } i \in I\}$$

$$I = \mathrm{N}, \quad \cup_{i\in \mathrm{N}} A_i = \cup_{i=1}^{\infty} A_i = \lim_{k\to\infty} \cup_{i=1}^{k} A_i$$

- **집합열의 교집합**

$$\cap_{i\in I} A_i = \{x \mid x \in A_i \text{ for all } i \in I\}$$

$$I = \mathrm{N}, \quad \cap_{i\in \mathrm{N}} A_i = \cap_{i=1}^{\infty} A_i = \lim_{k\to\infty} \cap_{i=1}^{k} A_i$$

집합열 $\{A_i : i \in I\}$의 합집합과 교집합의 연산을 무한히 반복해서 얻어지는 집합 중에서 다음의 두 집합을 소개하고자 한다.

$$B = \cap_{k=1}^{\infty} \cup_{n=k}^{\infty} A_n, \qquad C = \cup_{k=1}^{\infty} \cap_{n=k}^{\infty} A_n$$

우선 집합 B의 경우, $B_k = \cup_{n=k}^{\infty} A_n$로 놓으면

$$B_1 = A_1 \cup A_2 \cup A_3 \cup \cdots, \quad B_2 = A_2 \cup A_3 \cup A_4 \cup \cdots, \quad B_3 = A_3 \cup A_4 \cup A_5 \cup \cdots$$

이므로 $B_1 \supseteq B_2 \supseteq \cdots$ 임을 알 수 있다. 이와 같이 점점 줄어드는 집합열을 단조감소 집합열이라고 하며, 이 경우 $\cap_{k=1}^{n} B_k = B_n$를 만족하고 $\lim_{n\to\infty} B_n$이 존재한다. 따라서

$$B = \cap_{k=1}^{\infty} \cup_{n=k}^{\infty} A_n = \cap_{k=1}^{\infty} B_k = \lim_{n\to\infty} \cap_{k=1}^{n} B_k = \lim_{n\to\infty} B_n$$

로 표현할 수 있다. 임의의 원소 x가 B에 속한다는 것의 의미는 다음과 같다.

$$\begin{aligned} x \in B \iff & \text{모든 } k \in \mathbb{N} \text{에 대하여 } x \in B_k \\ & (\because x \in \cap_{k=1}^{\infty} B_k) \\ \iff & \text{모든 } k \in \mathbb{N} \text{에 대하여 } n \geq k \text{인 } n \text{이 존재해서 } x \in A_n \\ & (\because x \in B_k \Leftrightarrow x \in \cup_{n=k}^{\infty} A_n) \\ \iff & \text{무한히 많은 } n \text{에 대하여 (infinitely often(i.o.) } n) \ x \in A_n \end{aligned}$$

집합 C의 경우, $C_k = \cap_{n=k}^{\infty} A_n$으로 놓으면

$$C_1 = A_1 \cap A_2 \cap A_3 \cap \cdots, \quad C_2 = A_2 \cap A_3 \cap A_4 \cdots, \quad C_3 = A_3 \cap A_4 \cap A_5 \cap \cdots$$

이므로 $C_1 \subseteq C_2 \subseteq \cdots$ 임을 알 수 있다. 이와 같이 점점 늘어나는 집합열을 단조증가 집합열이라고 하며, 이 경우 $\cup_{k=1}^{n} C_k = C_n$을 만족하고 $\lim_{n\to\infty} C_n$이 존재한다. 따라서

$$C = \cup_{k=1}^{\infty} \cap_{n=k}^{\infty} A_n = \cup_{k=1}^{\infty} C_k = \lim_{n\to\infty} \cup_{k=1}^{n} C_k = \lim_{n\to\infty} C_n$$

로 표현할 수 있다. 임의의 원소 x가 C에 속한다는 것의 의미는 다음과 같다.

$x \in C \Leftrightarrow$ 어떤 $k \in \mathbb{N}$에 대하여 $x \in C_k$

$(\because x \in \cup_{k=1}^{\infty} C_k)$

$\Leftrightarrow$ 어떤 $k \in \mathbb{N}$에 대하여 $n \geq k$인 모든 n에 대하여 $x \in A_n$

$(\because x \in C_k \Leftrightarrow x \in \cap_{n=k}^{\infty} A_n)$

$\Leftrightarrow$ 유한개를 제외한 모든 n에 대하여

(all but finitely many(a.b.f. n), eventually(ev.)) $x \in A_n$

예제 1.4

집합열 $A_n = \left(1,\ 3+(-1)^n \frac{1}{n}\right)$에 대하여 다음 두 집합을 구하라.

$$\cap_{k=1}^{\infty} \cup_{n=k}^{\infty} A_n\ , \qquad \cup_{k=1}^{\infty} \cap_{n=k}^{\infty} A_n$$

풀이 집합열 A_n을 차례로 표현하면 다음과 같다.

$$A_1 = (1, 2),\ A_2 = \left(1,\ 3\frac{1}{2}\right),\ A_3 = \left(1,\ 2\frac{2}{3}\right),$$
$$A_4 = \left(1,\ 3\frac{1}{4}\right),\quad A_5 = \left(1,\ 2\frac{4}{5}\right),\ \ldots$$

(i) $B_k = \cup_{n=k}^{\infty} A_n$라고 할 때 다음이 성립한다.

$$B_1 = B_2 = A_2,\quad B_3 = B_4 = A_4,\quad \ldots,\quad B_{2k-1} = B_{2k} = A_{2k}, \ldots$$

따라서 다음과 같이 얻을 수 있다.

$$\begin{aligned} \cap_{k=1}^{\infty} \cup_{n=k}^{\infty} A_n &= \cap_{k=1}^{\infty} B_k \\ &= \cap_{k=1}^{\infty} A_{2k} \\ &= \cap_{k-1}^{\infty}\left(1,\ 3\frac{1}{2k}\right) \\ &= (1,3] \end{aligned}$$

(ii) $C_k = \cap_{n=k}^{\infty} A_n$라고 할 때 다음이 성립한다.

$$C_1 = A_1,\quad C_2 = C_3 = A_3,\quad C_4 = C_5 = A_5,$$
$$\ldots,\quad C_{2k} = C_{2k+1} = A_{2k+1},\quad \ldots$$

따라서 다음과 같이 얻을 수 있다.

$$\cup_{k=1}^{\infty} \cap_{n=k}^{\infty} A_n = \cup_{k=1}^{\infty} C_k$$
$$= \cup_{k=1}^{\infty} A_{2k+1}$$
$$= \cup_{k=1}^{\infty}\left(1,\ 2\frac{2k}{2k+1}\right)$$
$$= (1,3)$$

여기서 $(1,3) \subset (1,3]$이 성립하는데, 일반적으로

$$\cup_{k=1}^{\infty} \cap_{n=k}^{\infty} A_n \subset \cap_{k=1}^{\infty} \cup_{n=k}^{\infty} A_n$$

이 성립한다.

통계학에서 어떤 확률실험의 모든 가능한 결과들의 모임(혹은 집합)을 표본공간이라고 할 때 주어진 표본공간을 몇 개의 배반집합의 합집합으로 표시할 수 있을 때 이러한 배반집합들의 모임을 표본공간의 분할(partition)이라고 한다.

■ **표본공간의 분할**

표본공간 S가 다음 조건을 만족하는 집합열 $\{A_i : i \in I\}$로 표시되면

(i) $A_i \cap A_j = \varnothing$, for all $i \neq j \in I$

(ii) $\cup_{i \in I} A_i = S$

집합열 $\{A_i : i \in I\}$를 표본공간의 분할이라고 한다.

예제 1.5

통계학과 학생 전체 집합을 S라고 하고, 이를 남자인 집합 A_1과 여자의 집합A_2로 나눈다고 할 때 다음 물음에 답하라.

(1) $\{A_1,\ A_2\}$이 S의 분할임을 보여라.

(2) 흡연하는 학생 집합을 B라 할 때 $\{A_i \cap B,\ i = 1,2\}$은 B의 분할임을 보여라.

(3) 학생의 출신 지역을 나타내는 집합열을 $\{R_i : i \in I\}$라 할 때 $\{R_i \cap B : i \in I\}$도 B의 분할임을 보여라.

풀이

(1) 학생 전체는 남학생과 여학생뿐이며($A_1 \cup A_2 = S$), 남학생 집합과 여학생 집합의 공통집합은 없으므로($A_1 \cap A_2 = \varnothing$) 분할이 된다.

(2) 남학생 흡연자($A_1 \cap B$)와 여학생 흡연자($A_2 \cap B$)를 합하면 전체 흡연자이므로 $(A_1 \cap B) \cup (A_2 \cap B) = B$이다. 또한 $(A_1 \cap B) \cap (A_2 \cap B) = \varnothing$ 이므로 $\{A_i \cap B, i = 1,2\}$은 B의 분할이 된다.

(3) i 지역 출신 흡연자($R_i \cap B$)와 j 지역 출신 흡연자($R_j \cap B$)는 서로 다르므로 $(R_i \cap B) \cap (R_j \cap B) = \varnothing$ 이며, 각 지역별 흡연자를 합하면 전체 흡연자 $B = \cup_{i \in I}(R_i \cap B)$가 되므로 집합열 $\{R_i \cap B : i \in I\}$는 B의 분할이 된다.

1.2 함수

집합 X에 속하는 각 원소에 집합 Y에 속하는 원소 하나를 대응시키는 체계를 X에서 Y로의 **함수**(function:f)라고 하고 다음과 같이 나타낸다.

$$f : X \rightarrow Y$$

이때 집합 X를 **정의역**(domain)이라고 하고, 정의역의 원소 x에 대응하는 Y의 원소를 $f(x)$로 표현한다. 임의의 집합 $A \subset X$에 대하여

$$f(A) = \{y \in Y \mid y = f(x), \quad x \in A\}$$

를 집합 A에서의 f의 **상**(image)이라고 하고 특히 정의역 X에서의 f의 상 $f(X)$를 **치역**(range)이라고 한다.

함수 f의 치역이 유계일 때 함수 f를 **유계함수**(bounded function)라고 한다. 이때 함수의 치역 $f(X)$의 상한과 하한은 함수의 상한과 하한을 의미하며 다음과 같이 표현한다.

$$\sup f(X) = \sup_{x \in X} f(x), \quad \inf f(X) = \inf_{x \in X} f(x)$$

한편 다른 각도에서 상한과 하한의 개념이 이용되기도 한다. 예를 들어 같은 정의역 X에 정의된 두 함수 f, g가 있을 때 두 함수의 상한과 하한은 각 점 $x \in X$에서 다음과 같이 정의된다.

$$\sup(f, g)(x) = \sup(f(x), g(x)), \qquad \inf(f, g)(x) = \inf(f(x), g(x))$$

예를 들어 임의의 $x \in \mathbb{R}$ 에서 $f(x) = x$, $g(x) = 0$ 이라고 할 때 다음과 같이 다양한 함수가 얻어진다.

- $\sup(f, g)(x) = \sup(f(x), 0) = \begin{cases} x & \text{if } x > 0 \\ 0 & \text{if } x \le 0 \end{cases} = (x)^+ = x \vee 0$
- $\inf(f, g)(x) = \inf(f(x), 0) = \begin{cases} 0 & \text{if } x > 0 \\ x & \text{if } x \le 0 \end{cases} = x \wedge 0$
- $\sup(f, -f)(x) = \sup(f(x), -f(x)) = \begin{cases} x & \text{if } x > 0 \\ -x & \text{if } x \le 0 \end{cases} = |x|$

예제 1.6

다음의 함수 $f(x) = x$, $g(x) = x^2$에 대하여 $\sup(f, -f, g)(x)$를 구하라.

풀이 위에서 $\sup(f, -f)(x) = |x|$ 임을 보여 주었다. $|x| \le 1$ 일 때는 $|x|$가 x^2보다 크거나 같고, $|x| > 1$ 일 때는 x^2 이 $|x|$ 보다 크므로 다음과 같이 구할 수 있다.

$$\sup(f, -f, g)(x) = \begin{cases} |x| & \text{for } |x| \le 1 \\ x^2 & \text{for } |x| > 1 \end{cases}$$

함수 $f : X \to Y$의 상보다 더 중요한 개념으로 f의 역상이 있다. 임의의 집합 $B \subset Y$에 대하여 $f^{-1}(B) = \{x \in X \mid f(x) \in B\}$를 집합 B에서의 f의 **역상**(inverse image)이라고 한다. 다음의 예제는 함수의 상과 역상이 갖는 특징을 보여 준다.

예제 1.7

집합 $A_1,\ A_2 \subset X,\ \ B_1,\ B_2 \subset Y$에 대하여 다음 기술의 옳고 그름을 판단하라.

(1) $f(A_1 \cap A_2) = f(A_1) \cap f(A_2)$

(2) $f^{-1}(B_1 \cap B_2) = f^{-1}(B_1) \cap f^{-1}(B_2)$

풀이

(1) 실수 집합 $\mathbb{R}$에 정의된 함수 $f(x) = x^2$를 고려해 보자. 두 집합을

$$A_1 = (0,1), \qquad A_2 = (-1,0)$$

라고 하면 $A_1 \cap A_2 = \varnothing$이고, 따라서 $f(A_1 \cap A_2) = \varnothing$이다. 한편 $f(A_1) = f(A_2) = (0,1)$이므로 $f(A_1) \cap f(A_2) = (0,1) \neq \varnothing$이다. 따라서 옳지 않다.

(2) 두 집합이 같다는 것을 보이기 위해서 각 집합이 상대 집합의 부분집합임을 보이고자 한다.

(i) 우선 $f^{-1}(B_1 \cap B_2) \subset f^{-1}(B_1) \cap f^{-1}(B_2)$을 보이기 위해서 왼편에 포함되는 원소는 오른편에도 포함된다는 것을 보이면 된다.

$$\begin{aligned} x \in f^{-1}(B_1 \cap B_2) &\Rightarrow f(x) \in B_1 \cap B_2 \\ &\Rightarrow f(x) \in B_1,\ f(x) \in B_2 \\ &\Rightarrow x \in f^{-1}(B_1),\quad x \in f^{-1}(B_2) \\ &\Rightarrow x \in f^{-1}(B_1) \cap f^{-1}(B_2) \end{aligned}$$

따라서 $f^{-1}(B_1 \cap B_2) \subset f^{-1}(B_1) \cap f^{-1}(B_2)$이다.

(ii) 한편, $f^{-1}(B_1 \cap B_2) \supset f^{-1}(B_1) \cap f^{-1}(B_2)$는 (i)의 과정을 거꾸로 따라가면 얻을 수 있다.

일반적으로 함수의 상과 역상에 대하여 다음과 같은 관계가 성립한다.

- $f(A_1 \cup A_2) = f(A_1) \cup f(A_2)$,
- $f^{-1}(B_1 \cup B_2) = f^{-1}(B_1) \cup f^{-1}(B_2)$
- $f(A_1 \cap A_2) \subset f(A_1) \cap f(A_2)$,
- $f^{-1}(B_1 \cap B_2) = f^{-1}(B_1) \cap f^{-1}(B_2)$
- $f(A^c) \neq (f(A))^c$,
- $f^{-1}(B^c) = (f^{-1}(B))^c$
- $f(f^{-1}(B)) \subset B$,
- $f^{-1}(f(A)) \supset A$

다음의 예제를 통하여 이들 관계 중 몇 경우에 대하여 설명하고자 한다.

예제 1.8

다음의 각 관계를 실증하는 예를 보여라.

(1) $f(A^c) \neq (f(A))^c$

(2) $f(f^{-1}(B)) \subset B$

(3) $f^{-1}(f(A)) \supset A$

풀이 함수 $f : \mathbb{R} \to \mathbb{R}$ 를 $f(x) = x^2$라고 하자.

(1) $A = [1, 2)$에 대하여

$$f(A^c) = [0, \infty), \qquad (f(A))^c = (-\infty, 1) \cup [4, \infty)$$

이 성립한다.

(2) $B = (-1, 1)$에 대하여 $f^{-1}(B) = (-1, 1)$이므로

$$f(f^{-1}(B)) = f((-1, 1)) = [0, 1) \subset B$$

을 만족한다.

(3) $A = [0, 1)$에 대하여 $f([0, 1)) = [0, 1)$이므로

$$f^{-1}(f(A)) = f^{-1}([0, 1)) = (-1, 1) \supset A$$

을 만족한다.

함수 f가 $x_1,\ x_2 \in X$에 대하여 $x_1 < x_2$이면 $f(x_1) \le f(x_2)$이 성립하는 함수를 **단조증가함수**(monotone increasing function) 또는 비감소(non-decreasing)함수라고 한다. 위 식에서 등호가 없으면, 즉 $x_1 < x_2$일 때 $f(x_1) < f(x_2)$가 성립하면 이 함수를 증가함수 또는 순증가(strictly increasing)함수라고 한다. 이 함수와 반대로 x를 따라서 함수값이 정체하거나 감소하는 함수, 즉 $x_1,\ x_2 \in X$에 대하여 $x_1 < x_2$이면 $f(x_1) \ge f(x_2)$인 함수를 **단조감소함수**(monotone decreasing function) 또는 비증가(non-increasing)함수라고 한다. 여기에서도 마찬가지로 등호가 없으면 즉, $x_1 < x_2$일 때 $f(x_1) > f(x_2)$가 성립하면 이 함수를 감소함소 또는 순감소(strictly decreasing)함수라고 한다. 단조증가와 단조감소함수를 모두 **단조함수**(monotone function)라고 칭한다.

함수 $f: X \to Y$에 대하여 함수의 치역 $f(X)$이 Y일 때, 즉 $f(X) = Y$일 때, 이와 같은 함수를 **전사함수**(onto function)라고 한다. 전사함수 $f: X \to Y$가 다음을 만족할 때,

$$\text{임의의 } x_1,\ x_2 \in X\text{에 대하여 } f(x_1) = f(x_2) \ \Rightarrow\ x_1 = x_2$$

함수 f를 **일대일 대응함수**(one-to-one correspondence function)라고 한다.

함수 $f: X \to Y$와 함수 $g: Y \to Z$가 있을 때 함수 $h: X \to Z$를 다음과 같이 정의하면,

$$h(x) = g(f(x)) = g \circ f(x)$$

함수 h를 f와 g의 **합성함수**(composite function)라고 한다.

예제 1.9

다음 함수 f, g의 합성함수 $h(x) = g(f(x))$를 구하라.

(1) $f(x) = -\dfrac{1}{2}x^2, \quad g(x) = e^x$

(2) $f(x) = x^2, \quad g(x) = \sqrt{x}$

풀이

(1) $h(x) = g(f(x)) = g\left(-\dfrac{1}{2}x^2\right) = e^{-\frac{1}{2}x^2}$

(2) $h(x) = g(f(x)) = g(x^2) = \sqrt{x^2} = |x|$

일대일 대응함수 f에 대하여 다음을 만족할 때

$$f^{-1}(f(x))=f^{-1}\circ f(x)=x, \qquad f(f^{-1}(y))=f\circ f^{-1}(y)=y$$

함수 f^{-1}를 **역함수**(inverse function)라고 한다.

예제 1.10

다음 함수에 역함수가 존재하는지 여부를 판단하고, 존재할 때 역함수를 구하라.(이 책에서 'log'는 자연로그를 의미한다.)

(1) $f:\mathbb{R}\to(0,\infty)$, $f(x)=e^x$
(2) $g:\mathbb{R}\to[0,\infty)$, $g(x)=x^2$
(3) $h:(0,\infty)\to\mathbb{R}$, $h(x)=\log(x)$

풀이

(1) 함수 f는 일대일 대응함수이고, $\log(e^x)=x$ 이므로 $f^{-1}(y)=\log(y)$이다.
(2) 함수 g는 일대일 대응함수가 아니므로 역함수가 존재하지 않는다.
(3) 함수 h는 일대일 대응함수이고, $e^{\log(x)}=x$이므로 $h^{-1}(x)=e^x$이다. 즉, $h^{-1}=f$이다.

역함수가 존재하는 두 함수 f, g에 대하여

$$g^{-1}\circ f^{-1}((f\circ g)(x))=g^{-1}(f^{-1}(f(g(x))))=g^{-1}(g(x))=x$$

을 만족하므로 다음을 만족한다.

$$(f\circ g)^{-1}=g^{-1}\circ f^{-1}$$

이메일이나 이미지 등의 데이터를 인터넷상에서 전송할 때 다른 사람이 알아볼 수 없도록 하는 방법으로 보통 암호화(encryption)를 한다. 암호화는 함수 $f: S\to S$로 설명할 수 있다. S는 보내려는 문자열들의 집합이다. 간단한 암호함수로, x가 영문자라고 하면 $f(x)$는 알파벳에서 그 다음 영문자를 대응하는 함수라고 하자. 즉, $f(A)=B$, ..., $f(Z)=A$이다. 이처럼 각 글자별로 함수를 적용하면, 예를 들어 HELLO 문자열은 IFMMP가 된다. 물론 이것은 실제 사용하기에는 너무 간단하고 좀 더 복잡한 암호함수를 사용해야 한다. 일반적으로 암호함수의 조건은 다음과 같다.

- 해독(decrypt)을 할 수 있어야 하므로 역함수(f^{-1})가 존재해야 한다.
- 암호와 해독이 컴퓨터상에서 빠르게 계산되어야 한다.
- 다른 사람이 f^{-1}를 쉽게 알아내지 못해야 한다.

암호함수를 다른 사람이 쉽게 알아내지 못하게 하는 방법 중 하나로는 보내려는 문자열들의 집합 S를 크게 하는 방법이 사용된다. 예를 들면 과거 대표적인 인터넷 암호 시스템인 PGP(Pretty Good Privacy)나 DES(Data Encryption Standard) 시스템에서는 보통 S를 $n=64$개의 0과 1로 이루어진 벡터를 사용하였다. 그러나 현재의 발달된 컴퓨팅 시스템에서는 DES는 더 이상 안전한 시스템이 아니며 그보다 발전된 AES(Advanced Encryption System)으로 대체되어 사용된다. AES에서는 보통 S를 $n=128$개 또는 192, 256개까지 사용하여 정보를 보호하려고 하고 있다.

다음의 예제는 간단한 하나의 암호함수인 순열함수의 예이다.

예제 1.11

(순열함수) 두 순열함수 f, g를 다음과 같이 표현할 수 있는데, 이때 정의역은 윗줄, 치역은 아랫줄을 나타낸다.

$$f=\begin{pmatrix}1\,2\,3\,4\,5\\2\,1\,4\,5\,3\end{pmatrix},\qquad g=\begin{pmatrix}1\,2\,3\,4\,5\\2\,3\,4\,5\,1\end{pmatrix}$$

즉, $f(1)=2$, $f(2)=1$, ... , $g(3)=4$, ..., $g(5)=1$을 의미한다.

(1) $f\circ g$와 $g\circ f$를 구하고 합성함수의 교환법칙이 성립하는지 확인하라.

(2) f^{-1}을 구하라.

풀이

(1) $f\circ g(x)=f(g(x))$ 이므로 이를 표로 정리하면 다음과 같다.

x	1	2	3	4	5
$g(x)$	2	3	4	5	1
$f(g(x))$	1	4	5	3	2

또한, $g \circ f(x) = g(f(x))$로부터 다음과 같이 얻을 수 있다.

x	1	2	3	4	5
$f(x)$	2	1	4	5	3
$g(f(x))$	3	2	5	1	4

이를 다시 표현하면 다음과 같고, 두 함수는 일치하지 않는다.

$$f \circ g = \begin{pmatrix} 1\,2\,3\,4\,5 \\ 1\,4\,5\,3\,2 \end{pmatrix}, \qquad g \circ f = \begin{pmatrix} 1\,2\,3\,4\,5 \\ 3\,2\,5\,1\,4 \end{pmatrix}$$

(2) 정의역과 치역의 위치를 바꿔 정리하면 다음을 얻을 수 있다.

$$f^{-1} = \begin{pmatrix} 1\,2\,3\,4\,5 \\ 2\,1\,5\,3\,4 \end{pmatrix}$$

통계학에서 주로 활용되는 함수는 다항함수, 지수함수, 로그함수 등이다. 그 외에 대표적인 함수로 삼각함수가 있다. 코사인 함수는 상관계수와 밀접한 연관성이 있지만, 삼각함수는 통계학에서는 잘 사용하지 않는다.

n차 (단, n은 자연수) 다항함수 $f(x)$는

$$f(x) = c_n x^n + c_{n-1} x^{n-1} + \cdots + c_1 x + c_0$$

로 나타낼 수 있으며, 위 식에서 $c_0, c_1, \ldots, c_n$은 계수이다. 밑이 a인(단, a는 1이 아닌 양수) 지수함수 $f(x)$는

$$f(x) = a^x$$

를 말하며, 특히 통계학에서 주로 활용되는 지수함수는 $f(x) = e^x$이다. 여기서 $e = 2.718282\cdots$인 무리수이다. 지수함수의 정의역은 실수 전체집합이고, 치역은 양의 실수이다. 지수함수는 $0 < a < 1$일 때 감소함수이며, $a > 1$일 때 증가함수이다. 또한 지수함수는 다음과 같은 성질을 가진다.

■ **지수함수의 성질**

(1) $a^0 = 1$

(2) $a^{x+y} = a^x \cdot a^y$

(3) $(a^x)^y = a^{xy}$

(4) $a^{-x} = \dfrac{1}{a^x}$

(5) $(ab)^x = a^x b^x$

로그함수는 지수함수의 역함수라 할 수 있다. 즉 $a^x = y$이 성립할 때, 이를 로그 기호를 사용하여 표현하면 $\log_a y = x$로 나타낸다. 즉

$$a^x = y \iff \log_a y = x$$

이를 역함수처럼 x와 y를 바꾸어 함수로 표현하면

$$f(x) = \log_a x$$

로 나타낼 수 있고, 이를 밑이 a인 (단, a는 1이 아닌 양수) 로그함수라고 한다. 특히 밑이 e인 로그를 자연로그라 하며, 자연로그는 밑을 생략하여 간단히 $\log x$로 나타내거나 $\ln x$로 나타낸다. 로그함수는 정의역이 양의 실수 전체집합이고 치역은 실수 전체집합이다. 로그함수는 지수함수와 같이 $0 < a < 1$일 때 감수함수이며, $a > 1$일 때 증가함수이다. 또한 지수함수는 다음과 같은 성질을 가진다.

■ **로그함수의 성질**

(1) $\log_a 1 = 0$

(2) $\log_a xy = \log_a x + \log_a y$

(3) $\log_a \dfrac{x}{y} = \log_a x - \log_a y$

(4) $\log_a x^b = b\log_a x$

(5) $b^{\log_a x} = x^{\log_a b}$

통계학에서 자주 사용하는 함수로는 표본공간 S의 원소를 실수에 대응시키는 **확률변수**(random variable) $X : S \to R$가 있다. 예를 들어, 동전을 두 번 던지는 실험에서 확률변수 X를 앞면(H)이 나오는 횟수라 정의하면

$$X(HH) = 2, \quad X(HT) = X(TH) = 1, \quad X(TT) = 0$$

가 된다. 표본공간 S가 $\mathbb{R}$의 부분집합일 때 확률변수는 일반적인 함수의 형태를 갖는다.

확률변수는 표본공간의 원소(실수가 아닐 수도 있는)에 실수를 대응시키는 함수라고 했는데, 어떤 집합에 숫자를 대응하는 함수를 **집합함수**(set function)라고 한다. 집합함수 f는 집합들의 모임인 $\mathcal{F}$가 정의역인 함수로 치역은 보통 실수 집합 R이 된다. 즉, $f: \ \mathcal{F} \to \mathbb{R}$이다. 집합함수의 예로는 르베그 측도(Lebesgue measure)를 들 수 있는데, 이 측도는 실수의 구간을 구간의 길이에 대응시키는 집합함수이다. 르베그 측도함수를 m이라고 하면 $m([-1,2]) = 3$이 된다.

르베그 측도 대신에 확률 측도를 사용하는 집합함수로는 확률함수가 있다. 정의역 $\mathcal{F}$를 표본공간 S의 부분집합들의 모임이라고 할 때 확률함수는 표본공간의 부분집합들에 0과 1 사이의 실수값을 대응시키는 함수이다. 즉, $P : \mathcal{F} \to [0, 1]$이다.

다음의 예제는 확률변수와 확률함수를 이용하여 확률을 표현하는 예를 보여준다.

예제 1.12

동전을 두 번 던지는 실험에서 확률변수 X를 앞면(H)이 나오는 횟수라 정의할 때, 확률 $P(X^{-1}(\{1\}))$의 의미를 설명하라.

풀이 동전을 두 번 던지는 실험의 표본공간은 $S = \{HH, HT, TH, TT\}$이며 $X^{-1}(\{1\})$은 X가 1인 값을 갖는 결과들의 모임이다. 즉,

$$X^{-1}(\{1\}) = \{w \in S : X(w) = 1\} = \{HT, TH\}$$

따라서 $P(X^{-1}(\{1\}))$은

$$P(X^{-1}(\{1\})) = P(\{HT, TH\}) = P(X = 1)$$

으로 $X = 1$일 확률을 의미한다.

일반적으로 $P(X^{-1}(\{a\}))$는 확률변수 X가 값 a를 가질 확률 $P(X=a)$을 의미하며, 하나의 값에 대한 경우 집합기호를 생략하고 간단히 $P(X^{-1}(a))$로 표현한다.

확률변수 X의 누적분포함수(cumulative distribution function) 또는 분포함수(distribution function) $F(x)=P[X \le x]$는 정의역은 실수이고 치역은 [0,1]인 $F: \mathbb{R} \to [0, 1]$ 형태로서 이는 $F(x)=P(X^{-1}(-\infty, x])$로 표현할 수 있다. $F(x)$는 비감소(non-decreasing)함수이며 $F(-\infty)=0$과 $F(\infty)=1$을 만족하는 함수이다.

1.3 집합과 그에 대응하는 지시함수

집합 $A \subset \mathbb{R}$가 있을 때 이에 대응하는 함수로 **지시함수**(indicator function)가 있는데 다음과 같이 정의한다.

$$f(x)=I_A(x)=\begin{cases}1 & \text{for} \quad x \in A \\ 0 & \text{for} \quad x \notin A\end{cases}$$

다음의 예제는 지시함수를 이용하여 표현되는 함수의 예를 보여 준다.

예제 1.13

다음의 함수를 지시함수를 이용하여 하나의 식으로 표현하라.

$$f(x)=\begin{cases}0 & \text{for} \quad x<0 \\ x & \text{for} \quad 0 \le x<1 \\ 1 & \text{for} \quad 1 \le x\end{cases}$$

풀이 이 함수는 세 부분으로 나뉘어져 있으므로 세 부분을 나타내는 지시함수를 이용하여

$$\begin{aligned} f(x) &= 0 \times I_{(-\infty, 0)}(x)+xI_{[0, 1)}(x)+1 \times I_{[1, \infty)}(x) \\ &= xI_{[0, 1)}(x)+I_{[1, \infty)}(x) \end{aligned}$$

로 표현할 수 있다.

위 예제의 지시함수는 구간 [0, 1]에서 임의의 값을 가지는 확률변수 X의 분포함수 $F(x)$와 동일하다. 즉, $F(x) = P(X \le x)$에서 $x < 0$ 구간에서는 확률변수 X의 값이 0 보다 작거나 같을 확률이 0이므로 $F(x) = 0$이 되며, $x \ge 1$ 구간에서는 $F(x) = 1$이 된다. 또한 구간 $0 \le x < 1$에서는 구간의 길이에 비례하여 $F(x) = x$로 주어진다.

통계학에서 가설검정을 지시함수를 이용하여 표현할 수 있다. 예를 들어 모집단의 평균에 대한 다음의 가설

$$H_0 : \mu = \mu_0 \ \ vs. \ \ H_1 : \mu \ne \mu_0$$

을 검정할 때 유의수준이 α인 검정을 표준화된 검정통계량(test statistic) $Z = \dfrac{\overline{X} - \mu_0}{\sigma / \sqrt{n}}$를 이용하면 양측검정(two-sided test)이므로 기각역(Rejection Region)은 $B = \{z : |z| \ge z_{\alpha/2}\}$로 주어진다. 이것을 다음과 같은 함수로 표현하면 다음과 같다.

$$\phi(z) = \begin{cases} 1 & \text{if } z \in B \text{ or } |z| \ge z_{\alpha/2} \\ 0 & \text{if } z \notin B \text{ or } |z| < z_{\alpha/2} \end{cases}$$

위 식에서 $\phi(Z)$는 검정통계량 Z가 기각역 B에 포함되면 1이 되고 그렇지 않으면 0이 되는 지시함수이다. 즉 $\phi(Z) = I_B(Z)$. 이러한 지시함수 ϕ를 검정함수(test function)라고 한다.

지시함수는 그 대상이 되는 집합에 대응되므로 지시함수의 관계로부터 집합의 관계를 설명하기도 한다. 예를 들어 집합 A, B에 대하여 다음의 관계가 성립함을 알 수 있다.

- $I_{A \cap B}(x) = \inf(I_A(x), I_B(x)) = \inf(I_A, I_B)(x)$
- $I_{A \cup B}(x) = \sup(I_A(x), I_B(x)) = \sup(I_A, I_B)(x)$

이 관계로부터 다음과 같은 자연스러운 표현을 얻을 수 있다.

$$\sup(A, B) = A \cup B, \qquad \inf(A, B) = A \cap B$$

이와 같은 표현을 집합열에 대하여 확장해보자. 집합열 $\{A_i : i \in I\}$에서

$$\sup\{A_i, i \in I\} = \cup_{i \in I} A_i, \qquad \inf\{A_i, i \in I\} = \cap_{i \in I} A_i$$

와 같이 표현할 수 있다. 이를 이용하여 앞 절에서 소개한 $B = \cap_{k=1}^{\infty} \cup_{n=k}^{\infty} A_n$를 표현해 보자. 우선

$$B = \cap_{k=1}^{\infty} \cup_{n=k}^{\infty} A_n = \cap_{k=1}^{\infty} B_k = \lim_{k \to \infty} B_k$$

이고, $B_k = \cup_{n=k}^{\infty} A_n = \sup_{n \geq k} A_n$로 쓸 수 있으므로

$$B = \lim_{k \to \infty} B_k = \lim_{k \to \infty} \sup_{n \geq k} A_n$$

가 된다. 즉, $B = \cap_{k=1}^{\infty} \cup_{n=k}^{\infty} A_n = \limsup A_n$으로 표현할 수 있으며 같은 방법으로

$$C = \cup_{k=1}^{\infty} \cap_{n=k}^{\infty} A_n = \lim_{k \to \infty} \inf_{n \geq k} A_n$$

으로 표현할 수 있다.

앞의 예제 1.4의 집합열 $A_n = \left(1,\ 3 + (-1)^n \frac{1}{n}\right)$에 대하여 앞에서 정의한 대로 B와 C를 구하면 $B = (1, 3]$이며 $C = (1, 3)$이고, $C \subset B$가 성립한다. 일반적으로

$$\lim_{k \to \infty} \inf_{n \geq k} A_n \subset \lim_{k \to \infty} \sup_{n \geq k} A_n$$

이 성립한다.

통계학에서 지시확률변수(indicator random variable)는 표본공간에서 0 또는 1로 가는 함수 $I_A : S \to \{0, 1\}$로서 $s \in A$이면 $I_A(s) = 1$, $s \notin A$이면 $I_A(s) = 0$이다. 지시확률변수의 기댓값은 $E(I_A) = P(A)$로 집합(사건) A의 확률이 된다. 앞에서 언급한 검정함수 $\phi(Z)$도 지시확률변수이고 그 기댓값은

$$E(\phi(Z)) = P(Z \in R) = P(|Z| \geq z_{\alpha/2})$$

로써 기각역의 확률(크기)을 나타낸다고 할 수 있다.

1.4 연습문제

1.1 다음 집합들에서 상한과 하한을 구하고 최댓값과 최솟값도 구하라.

(1) $A = (-1, 2) \cup (3, 4]$　　　　(2) $B = \{ x \in \mathbb{R} \mid 1 < x^2 \leq 4 \}$

1.2 다음 집합에서 상한과 하한을 구하라.

(1) $S = \{ x \in \mathbb{R} : x^2 + 2 \leq 3x \}$

(2) $S = \{ x \in \mathbb{R} : 2x^2 < x^3 + x \}$

(3) $S = \{ x \in \mathbb{R} : 4x^2 > x^3 + x \}$

1.3 함수 $I_{\{k-1 \leq x < k\}}(\mathrm{x})$가 아래와 같을 때 함수 $f(x) = \sum_{k=1}^{4} k I_{\{k-1 \leq x < k\}}(\mathrm{x})$에 대하여 집합 $D = \{ x \in \mathbb{R} \mid 1 \leq f(x) < 3 \}$를 구하고, D의 상한과 하한을 구하라.

$$I_{\{k-1 \leq x < k\}}(\mathrm{x}) = \begin{cases} 1 & \text{for} \quad k-1 \leq x < k \\ 0 & otherwise \end{cases}$$

1.4 2차원 공간의 정사각형 집합 $V = \{ (x, y) : 0 \leq x \leq 1, 0 \leq y \leq 1 \}$의 꼭짓점 $v_1 = (1, 1)$과 임의의 내부의 점 $v_0 = (x_0, y_0)$의 ϵ-근방이 집합 V에 포함되는 $\epsilon > 0$이 존재하는지 각각 밝혀라.

1.5 다음 집합들에서 상한과 하한을 구하고 최댓값과 최솟값도 구하라.

(1) $\cup_{n=1}^{\infty} \left[\frac{1}{n}, 1 \right]$　　　　(2) $\cap_{n=1}^{\infty} \left(-\frac{1}{n}, 1 \right)$

1.6 집합열 $A_n = \left(0, 2 + \frac{(-1)^n}{n} \right)$에 대하여 다음 물음에 답하라.

(1) $\sup(A_3)$을 구하라.

(2) $B = \cup_{k=1}^{\infty} \cap_{n=k}^{\infty} A_n$을 구하라.

(3) $C = \cap_{k=1}^{\infty} \cup_{n=k}^{\infty} A_n$을 구하라.

(4) $x \in B$라면 x와 집합열 A_n의 관계를 설명하라.

1.7 집합열 $A_n = (3+(-1)^n,\ 5)$에 대하여 $\cap_{k=1}^{\infty} \cup_{n=k}^{\infty} A_n$와 $\cup_{k=1}^{\infty} \cap_{n=k}^{\infty} A_n$을 구하라.

1.8 집합열 $A_n = \{(-1)^n\}$에 대하여 $\cap_{k=1}^{\infty} \cup_{n=k}^{\infty} A_n$와 $\cup_{k=1}^{\infty} \cap_{n=k}^{\infty} A_n$을 구하라.

1.9 표본공간 S에 속하는 두 부분집합(사건) A, B가 있을 때 A를 이용하여 B의 분할을 구하고, B를 이용하여 A의 분할을 구하라.

1.10 집합 $A \cup B \cup C$의 3개의 집합으로 이루어진 분할을 하나 구하라.

1.11 $f(x) = x^2$에서 주어진 $\epsilon > 0$에 대하여 $|f(x) - f(2)| < \epsilon$ 를 만족하는 x의 범위를 $|x-2| < \delta$로 한다면 δ의 상한을 ϵ의 식으로 표현하라.

1.12 다음 함수 f와 집합 A에 대하여 $\sup_A f$와 $\inf_A f$가 존재하는 경우에 각각을 구하라.

(1) $f(x) = \dfrac{1+x^2}{x^2}$, $\quad A = [-1, 1] \cap \{0\}^c$

(2) $f(x) = \dfrac{2}{2+\sin x}$, $\quad A = \mathbb{R}$

(3) $f(x) = \dfrac{x}{1+x}$, $\quad A = \mathbb{Z} \cap \{-1\}^c$

1.13 다음의 함수 $f(x) = 0 \vee (1-x)$, $g(x) = I_{(-\infty, 0]}(x)$에 대하여 $\sup(f, g)(x)$를 구하라.

1.14 함수 $f(x) = 0 \vee (1-x)$, $g(x) = (x-1)^2$에 대하여 $\sup(f, g)(x)$를 구하라.

1.15 함수 $f : \mathbb{R} \to \mathbb{R}$를 $f(x) = \cos x$라고 하자. 이때 다음을 구하라.

(1) $f^{-1}(\{1\})$ (2) $f^{-1}((0, 2])$

1.16 함수 $f:\mathbb{R}\to\mathbb{R}$를 $f(x)=1+x^2$라고 하자. 이때 다음을 구하라.

(1) $f^{-1}(\{-1,1\})$ (2) $f^{-1}([-2,2])$

(3) $f^{-1}([0,1])$ (4) $f^{-1}([2,5])$

1.17 함수 $f:N\to\mathbb{R}$를 $f(n)=\dfrac{1}{n}$라고 하자. 이때 다음을 구하라.

(1) $f^{-1}([1/10,1])$ (2) $f^{-1}([1/100,1/2])$

1.18 함수 $f:[0,1]\to\mathbb{R}$를

$$f(x)=\begin{cases}1 & x\in[0,\,1]\cap\mathbb{Q}\\ 0 & x\in[0,\,1]\cap\mathbb{Q}^c\end{cases}$$

라 할 때 다음을 구하라.

(1) $f^{-1}([1/2,1])$ (2) $f^{-1}([0,1/2])$

1.19 함수 $f(x)=\sum_{k=1}^{4}k^2 I_{\{k-1\le x<k\}}$에 대하여 다음 물음에 답하라.

(1) $f^{-1}((1,\,9])$의 상한과 하한, 최댓값과 최솟값을 구하라.

(2) 집합 $A_1,\,A_2\subset\mathbb{R}$에 대하여 $f(A_1\cap A_2)=f(A_1)\cap f(A_2)$가 성립하는지 설명하라.

1.20 다음 함수가 단조함수인지 밝히고 가능하면 역함수를 구하라.

(1) $f:(0,\,1)\to(0,\,\infty)$, $f(x)=\dfrac{x}{1-x}$

(2) $g:(0,\,1)\to\mathbb{R}$, $g(p)=\log\dfrac{p}{1-p}$

1.21 함수 $f(x)=1-e^{-\lambda x}$, $x>0$의 정의역과 치역을 구하고, 역함수를 구하라.

1.22 함수 $f(x)=3x$이고 $g(x)=x+5$일 때 다음 물음에 답하라.

(1) 합성함수 $g\circ f$를 구하라.

(2) $(g\circ f)^{-1}$와 $f^{-1}\circ g^{-1}$를 구하여 비교하라.

1.23 동전을 세 번 던지는 실험에서 P는 확률을 나타내고, 확률변수 X는 앞면(H)이 나오는 횟수라 할 때, 확률 $P(X^{-1}([1,3)))$의 의미를 설명하고 그 값을 구하라.

1.24 확률변수 U가 [0, 1]에서의 임의의 값이라고 하자. 확률 $P(U^{-1}([0,2/3)))$의 의미를 설명하고 그 값을 구하라.

1.25 표본공간에서 두 개의 지시 확률변수 I_A, I_B가 주어졌을 때 $Cov(I_A, I_B)$를 구하는 식을 확률함수를 이용하여 기술하라.

2장

수열과 급수

이 장에서는 어떤 규칙에 따라 나열되는 숫자들의 모임인 수열(sequence)과 수열의 합인 급수(series)에 대하여 살펴보고자 한다. 제1절 수열에서는 수열의 수렴성과 코시 수열 등에 대하여 소개를 한다. 제2절에서는 수열의 상극한과 하극한을 설명하며 제3절에서는 수열 간의 상대적인 크기를 표시하거나 수렴속도를 나타내는 데 사용되는 작은 o 와 큰 O에 대하여 알아본다. 끝으로 제4절에서는 여러 가지 무한급수와 그 수렴성에 대하여 알아보며 통계학에서의 응용으로서 이산확률변수의 적률(moment)에 대하여 소개한다.

2.1 수열

수열의 한 예로 다음에 나열된 숫자들을 살펴보자.

$$2, \left(\frac{3}{2}\right)^2, \left(\frac{4}{3}\right)^3, \left(\frac{5}{4}\right)^4, \ldots$$

이 수열의 n 번째 항을 a_n 이라고 하면

$$a_1 = 2,\ \ a_2 = \left(\frac{3}{2}\right)^2,\ \ a_3 = \left(\frac{4}{3}\right)^3,\ \ a_4 = \left(\frac{5}{4}\right)^4,\ \ \ldots, a_n = \left(\frac{n+1}{n}\right)^n = \left(1+\frac{1}{n}\right)^n,\ \ \ldots$$

이다. 이때 a_n 을 수열의 일반항이라고 하고, 이를 이용하여 수열을 $\{a_n\}_{n=1}^{\infty}$으로, 혹은 간단히 $\{a_n\}$ 으로 표현한다. 일반항 a_n 이 n 의 함수로 표현되므로, 즉 $a_n = f(n)$이므로 수열 $\{a_n\}$을 자연수에 정의된 함수 $f : \mathrm{N} \to \mathbb{R}$ 로 이해할 수 있다.

수열과 관련하여 우리의 가장 큰 관심사는 $n \to \infty$ 일 때 a_n 이 어떤 값에 가까워지는지, 즉 수열이 **수렴**(converge)하는가에 있다. 수학에서 극한의 개념을 엄밀하게 정의하기 위해서 엡실론(ϵ)과 델타(δ)를 주로 이용한다. 엡실론과 델타는 일반적으로 아주 작은 양수를 나타내기 위해 사용한다. 예를 들어, 다음 문장이 성립한다고 하자.

'a는 실수이고, 임의의 양수 ϵ에 대하여 $0 \le a < \epsilon$이다.'

이때 a는 얼마일까? $a > 0$라고 생각해 보자. a가 양수이면 $\frac{a}{2}$도 양수이므로, 가정에 의하여 $a < \frac{a}{2}$이 성립해야 한다. 양수 a에 대하여 부등식 $a < \frac{a}{2}$는 성립할 수 없다. 따라서 a는 양수가 될 수 없으며 $a = 0$일 수밖에 없다.

수열 $\{a_n\}$의 극한이 a임을 보이려고 한다고 하자. 수열 a_n이 a로 수렴하기 위해서는 n이 커짐에 따라 a_n이 a 근처로 가까이 가야 할 것이다. 이를 엄밀하게 나타내기 위해서 엡실론을 사용할 수 있다. 즉 임의의 양수 ϵ에 대하여 다음 조건을 만족하는 자연수 N이 존재한다고 하자.

$$|a_n - a| < \epsilon \text{ for all } n \ge N$$

위 조건은 양수 ϵ이 어떤 값을 가지든 N번째 이후의 항 a_n은 모두 $(a-\epsilon, a+\epsilon)$에 포함된다는 것을 의미한다. 따라서 n이 커짐에 따라 a_n이 a에 가까이 간다는 것을 의미한다. 이처럼 임의의 양수를 의미하는 엡실론을 이용하여 극한을 엄밀하게 정의할 수 있다.

다음은 엡실론을 이용한 수열의 수렴에 대한 정의이다.

■ 수열의 수렴

수열 $\{a_n\}$ 이 임의의 $\epsilon > 0$ 에 대하여 하나의 자연수 N 이 존재해서

$$n \geq N \text{을 만족하는 모든 } n \text{에 대하여} \quad |a_n - a| < \epsilon$$

을 만족하면 이 수열은 a 로 수렴한다고 한다. 이때 a 를 수열 $\{a_n\}$ 의 극한이라고 하고, 이를 다음과 같이 표현한다.

$$\lim_{n \to \infty} a_n = a, \quad \text{혹은,} \quad a_n \to a \ \text{as} \ n \to \infty$$

수열 $\{a_n\}$ 이 a 로 수렴하는 조건을 다른 말로 표현하면 "유한개를 제외한 모든 n 에 대하여 a_n 이 a 의 ϵ −근방에 포함된다."는 것이다. 수열이 수렴할 때 그 극한은 유일하다. (연습문제 참조) 수렴하지 않는 수열을 **발산**(diverge)한다고 하는데, 예를 들어 $a_n = 1/n$ 인 수열은 0으로 수렴하고, $a_n = n$ 인 수열은 발산한다. 또한 모든 n 에 대해서 $a_n = a$ 이면 $a_n \to a$ 이고, 앞에서 예시한 $a_n = \left(1 + \frac{1}{n}\right)^n$ 은 e 로 수렴한다고 알려져 있다.

수열 $a_n = \left(1 + \frac{1}{n}\right)^n$ 의 수렴값인 e 는 은행의 복리(compound interest)와 관련이 있다. 만약 원금 1원이 매년 복리이율 i 로 n 년 적립된다면 원리합계는 $(1+i)^n$ 이 될 것이다. 이자가 매년 적립되는 것이 아니라 1년을 n 등분하여 $1/n$ 년마다 구간이율 i/n 로 적립된다면 1년 후의 총 적립금액은 $a_n = (1+i/n)^n$ 이 될 것이다. 예를 들어 매월 이자가 월별이율 $i/12$ 로 적립된다면 1년 후 원금 1원의 총 적립금은 $(1+i/12)^{12}$ 이 된다. 여기서 n 을 무한대로 보내면, 즉 이자가 연속적으로 원금에 계속 적립이 된다면 1년 후의 총 적립금액은 e^i 가 된다는 것이다. 만약 1년마다 이자가 적립되고 이율이 $i = 100\%$ 라면 1년 후 적립금액은 2가 되고, 매순간 연속적으로 이자가 복리로 적립된다면 1년 후 적립금액이 e 가 된다. 따라서 연속적으로 복리로 적립되는 것이 $e - 2 > 0$ 만큼 더 수익이 난다.

$\left(1+\frac{1}{n}\right)^n$ 이 e로 수렴한다는 사실로부터 다음 결과도 얻을 수 있다.

$$\lim_{n\to\infty}\left(1+\frac{a}{n}\right)^n = \lim_{n\to\infty}\left(1+\frac{a}{n}\right)^{\frac{n}{a}\cdot a} = e^a$$

예제 2.1

원금이 A 이고 매년 a 비율로 이자를 지급하며 이자는 복리로 매년 n번 계산되어 원금에 적립된다면 1년 후 총 적립금액과 t년 후 총 적립금액은 얼마인가? 또한 이자가 연속적으로 복리로 적립된다면 총 적립금액은 얼마인가?

풀이 우선 $\frac{1}{n}$년 후의 적립금액은 $A\left(1+\frac{a}{n}\right)$이며, $\frac{k}{n}$년 후의 적립금액은 $A\left(1+\frac{a}{n}\right)^k$이다. 따라서 1년 후 적립금액은 $A\left(1+\frac{a}{n}\right)^n$이 되고, t년 후 총 적립금액은 $A\left(1+\frac{a}{n}\right)^{nt}$이 된다. 연속적으로 이자가 적립된다는 것은 $n\to\infty$의 상황이므로 1년 후 총 적립금액은

$$\lim_{n\to\infty}A\left(1+\frac{a}{n}\right)^n = Ae^a$$

이며 t년 후는 Ae^{at}가 된다.

다음은 수열과 관련한 몇 가지 사실을 정리한 것이다.

■ **수열과 관련한 몇 가지 정리**

(1) 기하수열 $\{a^n\}$은 $0 < a < 1$일 때 단조감소수열이며 수렴값은 0이고 $1 < a < \infty$일 때는 단조증가수열이며 ∞로 발산한다.

(2) 임의의 실수 $a > 0$에 대하여 $a^{1/n}$은 1로 수렴한다.

(3) 임의의 실수 $0 < a < 1$와 $k > 0$에 대하여 $n^k a^n$은 0으로 수렴한다.

다음의 정리는 수렴하는 수열들의 연산으로 얻어진 수열의 수렴성을 보여 준다.

정리 2.1 수열 $\{a_n\}$, $\{b_n\}$이 다음과 같이 수렴할 때

$$a_n \to a, \qquad b_n \to b$$

다음을 만족한다.

(1) $a_n + b_n \to a + b$

(2) $a_n \cdot b_n \to a \cdot b$

(3) 모든 n에 대하여 $a_n \neq 0$, $a \neq 0$일 때, $\dfrac{b_n}{a_n} \to \dfrac{b}{a}$

증명 여기서는 비교적 간단한 (1)에 대해서만 증명하고자 한다. 수열 $\{a_n\}$, $\{b_n\}$이 각각 a와 b로 수렴하므로 임의의 $\epsilon > 0$에 대하여 N_1, N_2가 존재해서 다음을 만족한다.

$$n \geq N_1 \text{을 만족하는 모든 } n \text{에 대하여} \qquad |a_n - a| < \epsilon/2$$
$$n \geq N_2 \text{을 만족하는 모든 } n \text{에 대하여} \qquad |b_n - b| < \epsilon/2$$

이때 $N = \max(N_1, N_2)$라 하면 $n \geq N$인 모든 n에 대하여

$$|a_n + b_n - (a+b)| \leq |a_n - a| + |b_n - b| < \epsilon$$

이 성립한다.

예제 2.2

다음 수열의 수렴값을 구하라.

(1) $\displaystyle\lim_{n\to\infty}\left(\frac{2}{n} + \frac{4n}{4n-1}\right)$

(2) $\displaystyle\lim_{n\to\infty}\left(\frac{1}{n^2} + \frac{2}{n^2} + \cdots + \frac{n}{n^2}\right)$

(3) $\displaystyle\lim_{n\to\infty}\left(\frac{1}{2} + \frac{1}{2n}\right)^n$

풀이

(1) $\lim_{n\to\infty}\frac{2}{n}=0$이며 $\lim_{n\to\infty}\frac{4n}{4n-1}=\lim_{n\to\infty}\frac{1}{1-1/4n}=1$이므로

$$\lim_{n\to\infty}\left(\frac{2}{n}+\frac{4n}{4n-1}\right)=0+1=1$$

이다.

(2) $1+\cdots+n=\frac{n(n+1)}{2}$로부터 다음을 얻을 수 있다.

$$\begin{aligned}\lim_{n\to\infty}\left(\frac{1}{n^2}+\frac{2}{n^2}+\cdots+\frac{n}{n^2}\right) &= \lim_{n\to\infty}\frac{1+\cdots+n}{n^2}\\ &=\lim_{n\to\infty}\frac{n(n+1)/2}{n^2}\\ &=\lim_{n\to\infty}\frac{1/2+1/2n}{1}\\ &=\frac{1}{2}\end{aligned}$$

(3) $\lim_{n\to\infty}\left(1+\frac{1}{n}\right)^n=e$이므로

$$\lim_{n\to\infty}\left(\frac{1}{2}+\frac{1}{2n}\right)^n=\lim_{n\to\infty}\left(\frac{1}{2}\right)^n\left(1+\frac{1}{n}\right)^n=0\cdot e=0$$

이다.

정리 2.2 (샌드위치정리) 만약 세 수열 $\{a_n\}, \{b_n\}, \{c_n\}$이 모든 n에 대하여 $a_n \le b_n \le c_n$ 관계가 성립하고 $a_n\to a,\ c_n\to a$로 수렴하면 $b_n\to a$가 된다. 즉, 같은 값으로 수렴하는 두 수열 사이에 낀 수열은 동일한 값으로 수렴한다.

증명 주어진 $\epsilon>0$에 대하여 $\{a_n\}$과 $\{c_n\}$이 수렴하므로 N_1과 N_2가 존재하여

$n\ge N_1$을 만족하는 모든 n에 대하여 $|a_n-a|<\epsilon$

$n\ge N_2$을 만족하는 모든 n에 대하여 $|c_n-a|<\epsilon$

이때 $N = \max(N_1, N_2)$ 라 하면 $a_n \le b_n \le c_n$ 이므로 $n \ge N$ 인 모든 n 에 대하여

$$-\epsilon < (a_n - a) \le (b_n - a) \le (c_n - a) < \epsilon$$

이므로 $|b_n - a| < \epsilon$ 이다. 따라서 $n \to \infty$ 일 때 $b_n \to a$ 가 성립한다.

예제 2.3

다음 수열들의 수렴값을 구하라.

(1) $a_n = \dfrac{\sin(n)}{n}$

(2) $x_n = (a^n + b^n)^{1/n}, \quad 0 < a < b$

풀이

(1) $-\dfrac{1}{n} \le \dfrac{\sin(n)}{n} \le \dfrac{1}{n}$ 이므로 $a_n = \dfrac{\sin(n)}{n} \to 0$ 이다.

(2) $b = (b^n)^{1/n} \le x_n \le (2b^n)^{1/n} = 2^{1/n} b \to b$ 이므로 $x_n \to b$ 이다.

다음의 정의는 수열을 함수 $f : \mathrm{N} \to \mathbb{R}$ 로 볼 때 유계함수와 단조함수에 대응되는 개념으로 유계수열과 단조수열을 정의한 것이다.

■ **유계수열**

수열 $\{a_n\}$ 이 모든 자연수 n 에 대하여 $|a_n| \le K$ 를 만족하는 $K < \infty$ 가 존재하면 이와 같은 수열을 **유계수열**(bounded sequence)이라고 한다.

■ **단조수열**

수열 $\{a_n\}$ 이 모든 자연수 n 에 대하여 $a_n \le a_{n+1}$ 을 만족하면 이를 **단조증가**(monotone increasing)수열이라고 하고, $a_n \ge a_{n+1}$ 이면 **단조감소**(monotone decreasing)수열이라고 한다. 이 두 종류의 수열을 **단조수열**(monotone sequence)이라고 한다.

예제 2.4

다음 각 수열의 특징을 파악하라.

(1) $a_n = n$

(2) $b_n = (-1)^n$

(3) $c_n = \dfrac{(-1)^n}{n}$

풀이

(1) 단조증가수열이고, 발산한다.

(2) $|b_n| \le 1$ 이므로 유계수열이고, -1 과 $+1$ 을 번갈아 가지므로 수렴하지 않는다. 이와 같은 수열을 진동하는 수열이라고 한다.

(3) $|c_n| \le 1$ 이므로 유계수열이고, $n \to \infty$ 일 때 $|c_n| = \dfrac{1}{n} \to 0$ 이므로 0으로 수렴하는 수열이다.

다음의 정리는 수열의 수렴성과 관련한 유용한 내용을 포함하고 있다.

정리 2.3

(1) 수렴하는 모든 수열은 유계수열이다. 즉, 집합 $\{a_n : n \in N\}$ 이 유계집합이다.

(2) 단조증가수열이 위로 유계일 때 수렴하는데, 그 극한은 집합 $\{a_n : n \in N\}$ 의 상한이다.

(3) 단조감소수열이 아래로 유계일 때 수렴하는데, 그 극한은 집합 $\{a_n : n \in N\}$ 의 하한이다.

증명

(1) 수열 $\{a_n\}$ 이 a로 수렴한다고 하자. 그러면 $\epsilon = 1$ 에 대하여 N이 존재해서 $n \ge N$인 모든 n 에 대해서 $|a_n - a| < 1$ 을 만족하므로 $|a_n| \le |a| + 1$을 만족한다. 따라서

$$K = \max\{|a_1|, |a_2|, \ldots, |a_{N-1}|\}$$

로 놓으면 모든 n 에 대해서 다음을 만족한다.

$$|a_n| \le K + |a| + 1$$

따라서 수열 $\{a_n\}$ 는 유계수열이다.

(2) 단조증가수열이 위로 유계일 때 수렴하는 것을 보이고자 한다. 수열 $\{a_n\}$ 이 유계이면 상한 $a = \sup_n\{a_n\}$ 이 존재한다. 따라서 임의의 $\epsilon > 0$ 에 대하여 N이 존재해서

$$a - \epsilon < a_N \le a$$

을 만족한다. 수열 $\{a_n\}$ 이 단조증가수열이므로 $n \ge N$인 n에 대하여 $a_n \ge a_N$ 이 성립하고, 이로부터 $|a_n - a| \le |a_N - a| < \epsilon$이 성립한다. 따라서 수열 $\{a_n\}$ 이 a로 수렴하는 것을 알 수 있다.

(3) 마찬가지 방법으로 (3)을 증명할 수 있다.

이 정리 2.3으로부터 위로 유계인 단조증가수열 $\{a_n\}$에 대해서는

$$\lim_{n\to\infty} a_n = \sup_n \{a_n\}$$

이라고 할 수 있고, 아래로 유계인 단조감소수열 $\{a_n\}$에 대해서는

$$\lim_{n\to\infty} a_n = \inf_n \{a_n\}$$

이라고 할 수 있다.

예제 2.5

다음 수열이 유계수열인지 밝히고 극한을 구하라.

(1) $a_n = \dfrac{2^n - 1}{2^n}$

(2) $a_1 = \sqrt{2}\,,\quad a_{n+1} = \sqrt{2 + a_n}$

(3) $a_1 = 3\,,\quad a_{n+1} = \dfrac{1}{4 - a_n}$

풀이

(1) 모든 n에 대하여 $0 < a_n < 1$ 이므로 유계수열이고, 극한은 다음과 같이 구할 수 있다.

$$\lim a_n = \lim \frac{1 - 1/2^n}{1} = 1$$

(2) 수학적 귀납법을 이용하여 설명하자. 우선 $0 < a_1 < 2$이고, 임의의 n에 대하여 $0 < a_n < 2$이면 $0 < a_{n+1}^2 = a_n + 2 < 4$이므로 $0 < a_{n+1} < 2$이다. 따라서 모든 n에 대하여 $0 < a_n < 2$가 성립한다. 또한

$$a_1 = \sqrt{2} < \sqrt{2+\sqrt{2}} < \sqrt{2+\sqrt{2+\sqrt{2}}} < \cdots < a_n < a_{n+1} < \cdots$$

이 성립하므로 $\{a_n\}$은 유계인 단조증가수열이다. 정리 2.3으로부터 이 수열은 수렴하므로 $a = \lim a_n = \lim a_{n-1}$라 하면

$$a = \lim a_n = \lim \sqrt{2+a_{n-1}} = \sqrt{2+\lim a_{n-1}} = \sqrt{2+a}$$

로부터 $a = 2$를 구할 수 있다. 즉, $a_n \to 2$이다.

(3) 수학적 귀납법을 이용하여 수열 a_n이 단조감소수열임을 보이자. 먼저 $a_2 = 1$이므로 $a_1 \geq a_2$가 성립하고 $a_k \geq a_{k-1}$를 가정하면

$$a_{k+1} = \frac{1}{4-a_k} \leq \frac{1}{4-a_{k-1}} = a_k$$

이 성립하므로 수열 a_n은 단조감소수열이 된다. 또한 임의의 n에 대하여 $0 < a_n \leq 3$이므로 정리 2.3에 의하여 $\{a_n\}$는 수렴하는 수열이 된다. 이 수렴값을 L이라 놓으면 $L = \dfrac{1}{4-L}$ 식으로부터 2차방정식을 풀면 $L = 2 \pm \sqrt{3}$이 되면 이 중에서 $L > 3$인 값은 조건에 맞지 않으므로 버리면 원하는 수렴값은 $L = 2 - \sqrt{3}$이다.

여기서 주의할 것은 유계수열이라고 해서 수렴하는 것은 아니라는 것이다. 예를 들어 $a_n = (-1)^n$은 $|a_n| \leq 1$이므로 유계수열이나 수렴하지 않는다.

단조수열에서 수열의 수렴하는 값을 모르고 수렴 여부를 판정하는 기준을 정리 2.3에서 제시하였다. 수열의 수렴 여부를 판정하는 또 다른 기준으로 코시(Cauchy) 판정기준이 있다. 코시 판정법을 만족하는 수열을 코시 수열이라고 한다.

■ **코시 수열**

수열 $\{a_n\}$이 임의의 $\epsilon > 0$에 대하여 하나의 자연수 N이 존재해서

$$m, n \geq N \text{을 만족하는 모든 } m, n \text{에 대하여 } |a_m - a_n| < \epsilon$$

을 만족할 때 이를 코시 수열(Cauchy sequence)이라고 한다.

■ **부분수열**

수열 $\{a_n : n \in N\}$이 주어졌을 때 $b_n = a_{k_n}$, $k_n \in N$이며 $k_1 < k_2 < \cdots < k_n < \cdots$를 만족할 때 수열 $\{b_n = a_{k_n}\}$을 부분수열(subsequence)이라고 한다.

코시 수열이 유계수열임은 쉽게 보일 수 있다. (연습문제 2.8 참조) 다음 정리는 볼자노–바이어슈트라스(Bolzano–Weierstrass) 정리라고 알려져 있으며 유계수열의 한 특성을 보여 준다.

정리 2.4 실수의 유계수열은 수렴하는 부분수열을 갖는다.

다음의 정리는 코시 수열과 수열의 수렴성에 관한 것으로서 수열 수렴의 판정기준으로 사용할 수 있다.

정리 2.5 수렴하는 모든 수열은 코시 수열이고, 모든 코시 수열은 수렴한다.

증명

(i) 수열 $\{a_n\}$이 a로 수렴한다면 임의의 $\epsilon > 0$에 대하여 N이 존재해서 $n \geq N$인 모든 n에 대하여 $|a_n - a| < \epsilon/2$을 만족한다. 따라서 $n, m \geq N$에 대하여

$$|a_n - a_m| \leq |a_n - a| + |a_m - a| < \frac{\epsilon}{2} + \frac{\epsilon}{2} = \epsilon$$

을 만족한다. 따라서 $\{a_n\}$은 코시 수열이다.

(ii) $\{a_n\}$이 코시 수열이라고 하면 유계수열이므로 정리 2.4에 의하여 수렴하는 부분수열 $\{a_{k_n}\}$가 존재한다. 그 극한을 a_0라 하면 $a_{k_n} \to a_0$이므로 N_2가 존재하여 $k_n \geq N_2$을 만족하는 모든 k_n에 대하여

$$|a_{k_n} - a_0| \le \epsilon/2$$

이고, $\{a_n\}$ 이 코시 수열이므로 임의의 $\epsilon > 0$ 에 대하여 N_1 이 존재하여 $m,\ n \ge N_1$ 을 만족하는 모든 $m,\ n$ 에 대하여

$$|a_m - a_n| \le \epsilon/2$$

이다. 이때 $N = \max(N_1,\ N_2)$ 이라 놓고, $n \ge N$에 대하여 $k_n \ge N$을 선택하면

$$|a_n - a_0| \le |a_n - a_{k_n}| + |a_{k_n} - a_0| \le \epsilon/2 + \epsilon/2 = \epsilon$$

이 성립하므로 $a_n \to a_0$가 된다.

실제로 수열이 코시 수열인지 그 여부를 정의로부터 확인하는 것은 쉽지 않다. 따라서 다음의 **축약조건**(contractive condition)을 이용한다.

정리 2.6 만약 수열 $\{a_n\}$ 이 $0 < \alpha < 1$에 대하여 다음의 축약조건

$$|a_{n+2} - a_{n+1}| \le \alpha |a_{n+1} - a_n|, \qquad n = 1, 2, \ldots$$

을 만족하면 수열 $\{a_n\}$ 은 코시 수열이다.

증명 축약조건을 연속하여 사용하면

$$|a_{n+2} - a_{n+1}| \le \alpha|a_{n+1} - a_n| \le \alpha^2|a_n - a_{n-1}| \le \cdots \le \alpha^n|a_2 - a_1|$$

이 된다. 따라서 $n > m$에 대하여

$$|a_n - a_m| \le (\alpha^{n-2} + \alpha^{n-3} + \cdots + \alpha^{m-1})|a_2 - a_1| \le \frac{\alpha^{m-1}}{1-\alpha}|a_2 - a_1|$$

이 성립하며 $m \to \infty$ 일 때 $|a_n - a_m| \to 0$이 된다.

예제 2.6

다음 수열이 축약조건을 만족하는지 판단하고 수렴할 경우 극한을 구하라.

(1) $a_1 = 1, \quad a_{n+1} = \dfrac{1}{2+a_n}$

(2) $a_1 = 2, \quad a_{n+1} = 2 + \dfrac{1}{a_n}$

풀이

(1) 수열 $\{a_n\}$ 에 대하여

$$|a_{n+2} - a_{n+1}| = \frac{1}{(2+a_{n+1})(2+a_n)}|a_n - a_{n+1}| < \frac{1}{4}|a_{n+1} - a_n|$$

이 성립하므로 축약조건을 만족한다. 따라서 그 극한을 $\lim a_{n+1} = \lim a_n = a$라 하면 $a = \dfrac{1}{2+a}$을 만족하고, 모든 n 에 대하여 $a_n > 0$이므로 $a = -1+\sqrt{2}$가 된다.

(2) $n \geq 2$ 에 대하여 $a_n > 2$ 이므로

$$|a_{n+2} - a_{n+1}| = \left|\frac{1}{a_{n+1}} - \frac{1}{a_n}\right| = \frac{|a_{n+1} - a_n|}{a_n a_{n+1}} < \frac{1}{4}|a_{n+1} - a_n|$$

가 성립하여 축약조건을 만족한다. 따라서 $a = 2 + 1/a$ 의 관계식으로부터 극한은 $a = 1+\sqrt{2}$ 가 된다.

2.2 수열의 상극한과 하극한

이 절에서는 수렴하지 않는 유계수열에 대하여 살펴보자. 수열 $\{a_n\}$이 수렴하지 않는 유계수열이라고 할 때 전형적인 형태는 아래 그림과 같다. 이 경우 위쪽 경계값이 가까워지는 값을 상극한, 아래쪽 경계값이 가까워지는 값을 하극한이라고 한다. 수열 $\{a_n\}$ 의 위쪽과 아래쪽의 경계값들로 이루어진 수열을 다음과 같이 상계수열, 하계수열이라고 한다.

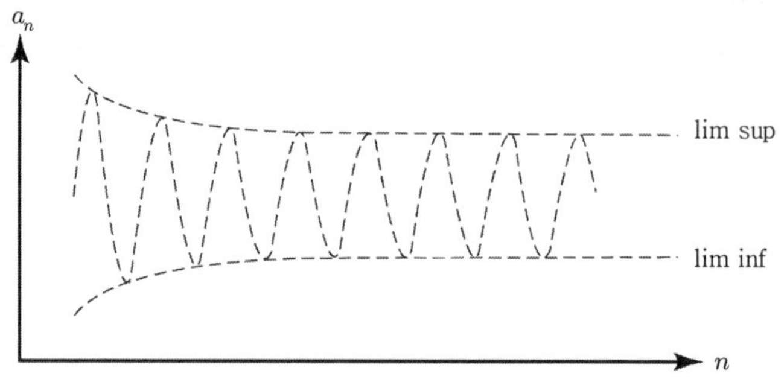

■ **상계수열과 하계수열**

유계수열 $\{a_n\}$ 이 주어졌을 때 $u_k = \sup\{a_n : n \geq k\}$ 로 놓으면 수열 $\{u_k\}$ 는 상한들의 수열로서 상계수열이라고 하며, $l_k = \inf\{a_n : n \geq k\}$ 에서 수열 $\{l_k\}$ 는 하한들의 수열로서 하계수열이라고 한다.

예제 2.7

다음 수열의 상, 하계수열을 설명하고, 두 수열의 극한을 밝혀라.

(1) $a_n = \dfrac{(-1)^n}{n}$

(2) $a_n = (-1)^n + \dfrac{1}{n}$

풀이

(1) 수열을 나열하면 다음과 같다.

$$a_1 = -1,\quad a_2 = \frac{1}{2},\quad a_3 = -\frac{1}{3},$$
$$a_4 = \frac{1}{4},\quad a_5 = -\frac{1}{5},\quad a_6 = \frac{1}{6},\quad \cdots$$

따라서 상계수열과 하계수열을 나열하여 그 극한을 구하면 다음과 같다.

$$u_1 = \frac{1}{2},\ u_2 = \frac{1}{2},\ u_3 = u_4 = \frac{1}{4},\ u_5 = u_6 = \frac{1}{6},\ \cdots \rightarrow 0$$

$$l_1 = -1,\quad l_2 = l_3 = -\frac{1}{3},\quad l_4 = l_5 = -\frac{1}{5},\quad \ldots \to 0$$

(2) 수열을 나열하면 다음과 같다.

$$a_1 = 0,\quad a_2 = 1 + \frac{1}{2},\quad a_3 = -\frac{2}{3},$$
$$a_4 = 1 + \frac{1}{4},\quad a_5 = -\frac{4}{5},\quad a_6 = 1 + \frac{1}{6},\quad a_7 = -\frac{6}{7},\ldots$$

따라서 상계수열과 하계수열을 나열하여 그 극한을 구하면 다음과 같다.

$$u_1 = u_2 = \frac{3}{2},\quad u_3 = u_4 = \frac{5}{4},\quad u_5 = u_6 = \frac{7}{6},\quad \ldots \to 1$$
$$l_1 = l_2 = \cdots \to -1$$

유계수열의 $\{a_n\}$ 이 주어졌을 때 상계수열 $u_k = \sup\{a_n : n \geq k\}$ 은 상한들의 수열로서 유계이며 단조감소수열이다. 따라서 정리 2.2에 의하여 수렴하며 이를 상극한 또는 상한들의 극한이라고 한다. 마찬가지로 하계수열 $l_k = \inf\{a_n : n \geq k\}$ 은 유계이며 단조증가수열이며 그 극한을 하극한 또는 하한들의 극한이라고 한다. 이를 정리하면 다음과 같다.

■ **상극한과 하극한**

실수의 유계수열 $\{x_n\}$ 에서 상극한(supremum limit 또는 limsup)은

$$\limsup x_n := \lim_{k\to\infty} \sup\{x_n : n \geq k\},$$

이며 하극한(infimum limit 또는 liminf)은

$$\liminf x_n := \lim_{k\to\infty} \inf\{x_n : n \geq k\}$$

으로 주어지며 때로는 다른 기호 $\underline{\lim}\, x_n := \liminf x_n$, $\overline{\lim}\, x_n := \limsup x_n$도 사용한다.

다음은 상극한과 하극한의 성질을 정리한 것이다.

- $\liminf x_n = -\limsup(-x_n)$
- $\liminf x_n \le \limsup x_n$
- $\inf\{x_n\} \le \liminf x_n \le \limsup x_n \le \sup\{x_n\}$

유계수열이 아닌 경우에도 상극한과 하극한은 $+\infty$ 또는 $-\infty$일 수 있으며 이 경우를 포함할 때 상, 하극한은 항상 존재한다고 할 수 있다.

예제 2.8

다음 수열에서 상극한과 하극한을 구하라.

$$a_n = \begin{cases} 2^{10} & \text{for } n = 1, 2, \ldots, 10 \\ (-1)^n & \text{for } n \ge 11 \end{cases}$$

풀이 상계수열은 다음과 같이 표현할 수 있고, 따라서 그 극한인 상극한은 1이다.

$$\sup_{n \ge N} a_n = \begin{cases} 2^{10} & \text{for } N \le 10 \\ 1 & \text{for } N \ge 11 \end{cases}$$

또한 모든 N에 대하여 $\inf_{n \ge N} a_n = -1$이므로 그 극한인 하극한은 -1이다.

정리 2.7 실수의 유계수열 $\{a_n\}$이 주어졌을 때 다음을 만족한다.

(1) 상극한으로 수렴하는 부분수열 $\{a_{k_n}\}$과, 하극한으로 수렴하는 부분수열 $\{a_{j_n}\}$이 존재한다.
즉, $a_{k_n} \to \limsup a_n$, $a_{j_n} \to \liminf a_n$.

(2) $\{a_n\}$이 수렴하기 위한 필요충분조건은 $\liminf a_n = \limsup a_n$이다.

이 정리 2.7을 이용하면 위의 예제 2.7(1)의 수열은 0으로 수렴하고, (2)의 수열은 수렴하지 않는다. 이 경우 1로 수렴하는 부분수열은 $a_2, a_4, a_6, \ldots, a_{2n}, \ldots$이고, -1로 수렴하는 부분수열로는 $a_3, a_5, a_7, \ldots, a_{2n+1}, \ldots$이 있다.

예제 2.9

다음을 만족하는 수열의 예를 만들어라.

(1) 상극한이 12이며 하극한이 -3인 수열

(2) 상극한이 12이며 하극한은 $-\infty$ 인 수열

(3) 상극한과 하극한 모두 12인 수열

풀이

(1) 가장 간단한 예로 −3과 12를 진동하는 수열을 다음과 같이 만들 수 있다.

$$a_n = 4.5 + (-1)^n 7.5 = 12 - 7.5(1 + (-1)^{n-1})$$

(2) 위 (1)의 수열을 변형하면 다음을 얻을 수 있다.

$$b_n = 12 - n(1 - (-1)^n)$$

(3) 12로 수렴하는 수열을 만들면 된다.

$$c_n = 12, \text{ 혹은, } c_n = 12 + (-1)^n \frac{1}{n}$$

예제 2.10

다음 각 수열의 상, 하극한을 구하고, 정리 2.7을 이용하여 수열의 수렴 여부를 판단하라.

(1) $a_n = \sin \frac{n\pi}{4}$

(2) $a_n = 3 + (-1)^n \frac{n}{n+8}$

풀이

(1) 수열 a_n 이 −1과 1 사이를 진동하는 수열이므로 상극한은 1이고, 하극한은 −1이다. 따라서 수렴하지 않는다.

(2) 수열 a_n 은 3에 음수와 양수가 더해지는 번갈아가며 구조이다. 이때 더해지는 항이

$$-\frac{1}{9}, \frac{2}{10}, \dots, \frac{10}{18}, -\frac{11}{19}, \dots, \frac{100}{108}, -\frac{101}{109}, \dots, \frac{1000}{1008}, -\frac{1001}{1009}, \dots$$

와 같이 그 절댓값이 점점 1에 가까워진다. 따라서 상극한은 4이고, 하극한은 2이므로 수렴하지 않는다.

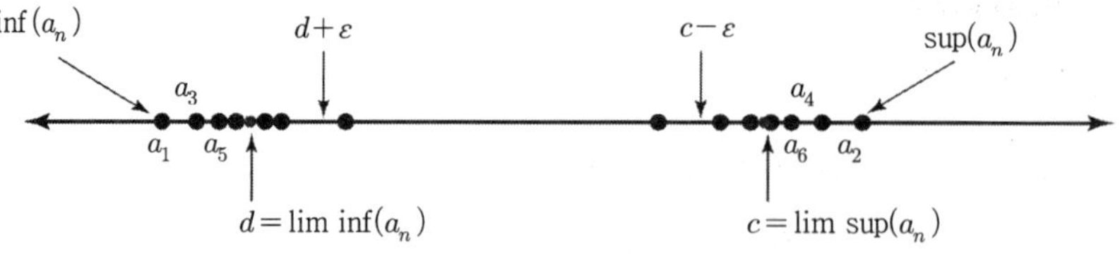

상극한(c)은 상한들의 극한이고, 하극한(d)는 하한들의 극한이므로 임의의 $\epsilon > 0$에 대하여 유한개를 제외한 모든 j에 대하여 $d-\epsilon < x_j < c+\epsilon$를 만족한다. 또한 상극한으로 수렴하는 부분수열이 존재하므로 무한히 많은 j에 대하여 $c-\epsilon < x_j$을 만족하고, 마찬가지로 하극한으로 수렴하는 부부수열이 존재하므로 무한히 많은 j에 대하여 $x_j < d+\epsilon$을 만족한다. (그림 참조)

다음의 정리는 확률론에서 많이 사용하는 부등식이다.

정리 2.8 두 수열의 상극한과 하극한의 관계는 양변이 유한하여 정의가 가능한 경우 다음 부등식을 만족한다.

(1) $\limsup(a_n+b_n) \le \limsup(a_n)+\limsup(b_n)$

(2) $\liminf(a_n+b_n) \ge \liminf(a_n)+\liminf(b_n)$

예를 들어 $a_n=(-1)^n$, $b_n=(-1)^{n+1}$의 경우에 모든 n에 대하여 $a_n+b_n=0$이고, $\limsup a_n = \limsup b_n = 1$, $\liminf a_n = \liminf b_n = -1$이다. 따라서 위 정리 2.8의 부등식을 만족한다.

2.3 작은 o, 큰 O

이 절에서는 수열의 수렴속도 혹은 상대적인 크기에 대한 설명을 하고자 한다.

두 수열 중 어느 수열이 나머지 수열보다 상대적인 크기가 훨씬 작을 때 이를 **작은 o** (little o)로 설명할 수 있다.

■ **수열에서의 작은 o**

두 개의 수열 $\{a_n\}$, $\{b_n\}$에 대하여 $n \to \infty$ 일 때

$$\frac{a_n}{b_n} \to 0$$

을 만족하면 이를 $a_n = o(b_n)$로 표현한다.

이를 적용할 수 있는 간단한 예를 들어 보면 $n = o(n^2)$, $1/n^2 = o(1/n)$이 있다. 두 수열 $\{a_n\}$, $\{b_n\}$이 모두 무한대로 증가할 때 $a_n = o(b_n)$의 의미는 a_n이 b_n보다 훨씬 천천히 무한대로 수렴한다는 것을 의미한다. 한편 두 수열 $\{a_n\}$, $\{b_n\}$이 모두 0으로 수렴할 때 $a_n = o(b_n)$의 의미는 a_n이 b_n보다 훨씬 빨리 0으로 수렴한다는 것을 의미한다.

다음은 작은 o와 관련한 유용한 사실을 정리한 것이다.

■ **작은 o 와 관련한 정리**

(1) $a_n = o(1) \Leftrightarrow \lim_{n\to\infty} a_n = 0$

(2) $a_n = o(b_n) \Leftrightarrow \frac{a_n}{b_n} = o(1)$

(3) 만약 $a_n = o(b_n)$, $b_n = o(c_n)$이면 $a_n = o(c_n)$이다.

(4) 만약 $a_n = o(b_n)$이면, 임의의 상수 $c \neq 0$에 대하여 $ca_n = o(b_n)$이다.

(5) 만약 $a_n = o(b_n)$, $c_n = o(d_n)$이면 $a_nc_n = o(b_nd_n)$

이때 ⇔는 후자(전자)가 전자(후자)의 필요충분조건이라는 의미이다.

예제 2.11

수열 $\{a_n\}$이 다음과 같을 때 작은 o를 이용하여 다르게 표현하여 보라.

$$a_n = \frac{1}{n} - \frac{1}{n^2} + \frac{1}{n^3}$$

풀이 $1/n^3$ 은 $1/n^2$ 보다 빠르게 0으로 수렴하고, $1/n^2$ 은 $1/n$ 보다 빠르게 0으로 수렴한다. 또한 0으로 수렴하는 두 수열의 합도 0으로 수렴하므로

$$a_n = \frac{1}{n} - \frac{1}{n^2} + o\left(\frac{1}{n^2}\right) = \frac{1}{n} + o\left(\frac{1}{n}\right) = o(1)$$

로 다양하게 표현할 수 있다.

수열의 크기가 상대 수열보다 아주 크지는 않다는 것을 표현할 때 **큰 O** (big O)를 써서 표현한다.

■ 수열에서의 큰 O

두 개의 수열 $\{a_n\}$, $\{b_n\}$에 대하여 상수 K가 존재해서 $n \to \infty$ 일 때

$$\left|\frac{a_n}{b_n}\right| < K$$

을 만족하면 이를 $a_n = O(b_n)$로 표현한다.

이를 적용할 수 있는 간단한 예는 $2n = O(n)$, $n/2 = O(n)$을 들 수 있다. 다음 정리는 큰 O와 작은 o와 관련한 유용한 사실을 정리한 것이다.

■ 큰 O와 작은 o 와 관련한 정리

(1) $a_n = O(1) \Leftrightarrow \{a_n\}$이 유계이다.

(2) 만약 $a_n = o(b_n)$이면 $a_n = O(b_n)$이다.

(3) 만약 $a_n = O(b_n)$이면, 임의의 상수 $c \neq 0$에 대하여 $ca_n = O(b_n)$이다.

(4) 만약 $a_n = O(b_n)$, $b_n = o(c_n)$이거나 $a_n = o(b_n)$, $b_n = O(c_n)$이면 $a_n = o(c_n)$이다.

(5) 만약 $a_n = o(b_n)$, $c_n = O(d_n)$이면 $a_nc_n = o(b_nd_n)$이다.

여기서 한 가지 주의할 점은 작은 o나 큰 O를 포함한 식에서 쓰이는 등호는 '같다'라는 기존의 등호가 갖는 의미와는 달리 왼편의 것을 오른편의 것으로 표현한다는 의미이다. 예를 들어 $a_n = O(b_n)$은 a_n은 $O(b_n)$의 성질은 가진다는 뜻이다. 따라서 $a_n = O(b_n)$라는 표현은 사용하지만, $O(a_n) = b_n$과 표현은 사용하지 않는다. 또한 $a_n = O(b_n)$과 $c_n = O(b_n)$이 성립한다고 해서 $a_n = b_n$을 의미하지도 않는다. 한편 작은 o나 큰 O가 등식의 왼편과 오른편에 함께 사용된 식의 의미는 왼편의 성질을 가진 식은 오른편의 성질을 가진다는 의미이다. 예를 들어 $o(a_n) = O(a_n)$라는 의미는 $b_n = a(a_n)$이면 $b_n = O(a_n)$라는 뜻이다.

작은 o와 큰 O는 수열이 얼마나 빠르게 0이나 무한대로 가는지 간단하게 나타낼 때 사용할 수 있다. 예를 들어 n개의 자료를 크기순으로 정렬하는 두 알고리즘 A와 B이 계산량이 각각 $O(n^2)$과 $O(n\log n)$이라면 B가 A에 비해 효율적이라는 것을 판단할 수 있다.

예제 2.12

다음에 표현된 항목에 대하여 옳고 그름을 판단하라.

(1) $(n^2+n)\left(\frac{1}{n}-\frac{1}{n^2}\right)=n+o(1)$ (2) $\frac{(-1)^n}{n}=O\left(\frac{1}{n}\right)$

(3) $\frac{100}{n^2}=O\left(\frac{1}{n}\right)$ (4) $O(o(n^2))=O(n)$

풀이

(1) 식을 풀어쓰면 다음과 같으므로 옳다.

$$(n^2+n)\left(\frac{1}{n}-\frac{1}{n^2}\right)=n-\frac{1}{n}=n+o(1)$$

(2) 큰 O와 작은 o와 관련한 정리의 (3)에 의해서 옳다.

(3) $1/n^2 = O(1/n^2) = O(1/n)$이고, 작은 o와 관련한 정리의 (3)에 의해서 옳다.

(4) 이 식이 옳지 않다는 반례를 들어 설명하고자 한다. 수열 $a_n = n^{3/2}$이고, $b_n = 10a_n$이라 하면 $a_n = o(n^2)$이므로 $b_n = O(a_n) = O(o(n^2))$이다. 그러나 $b_n = 10n^{3/2} \neq O(n)$이므로 옳지 않다.

다음 두 정의는 작은 o나 큰 O에 비해 좀 더 정교하게 수열의 상대적인 크기를 표현하는 방법을 제공한다.

- 두 수열 a_n, b_n에 대하여 상수 $0 < K_1, K_2 < \infty$가 존재해서 모든 n에 대하여

$$K_1 < \left| \frac{a_n}{b_n} \right| < K_2$$

을 만족할 때 두 수열은 같은 차수를 갖는다고 하고, $a_n \asymp b_n$으로 표현한다.
- 두 수열 a_n, b_n이 n이 증가할 때 $a_n/b_n \to 1$을 만족할 때 두 수열은 근사적으로 동일하다고 하고, $a_n \sim b_n$으로 표현한다.

2.4 무한급수

이 절에서는 수열의 합에 대하여 공부하고자 한다. 수열 $\{a_n\}$이 있을 때 수열의 모든 항의 합

$$\sum_{n=1}^{\infty} a_n = a_1 + a_2 + \cdots + a_n + \cdots$$

을 **무한급수**(infinite series)라고 한다. 수열 $\{a_n\}$의 첫 n개 항의 합

$$s_n = \sum_{i=1}^{n} a_i = a_1 + \cdots + a_n$$

을 n번째 **부분합**(n-th partial sum)이라고 하는데, 이 부분합으로 이루어진 수열 $\{s_n\}$이 s로 수렴할 때 급수 $\sum_{n=1}^{\infty} a_n$가 s로 수렴한다고 하고,

$$\sum_{n=1}^{\infty} a_n = s \Leftrightarrow \lim_{n \to \infty} s_n = s$$

로 표현한다. $\{s_n\}$이 발산할 때 급수 $\sum_{n=1}^{\infty} a_n$가 발산한다고,

$$\sum_{n=1}^{\infty} a_n \text{가 발산} \Leftrightarrow \lim_{n\to\infty} s_n = \pm\infty \text{ 또는 존재하지 않음}$$

으로 표현한다.

잘 알려진 몇 가지 급수의 종류를 소개하면 다음과 같다.

- **기하급수**(geometric series) : $1+\frac{1}{2}+\frac{1}{4}+\frac{1}{8}+\cdots=\sum_{n=0}^{\infty}\frac{1}{2^n}$
- **조화급수**(harmonic series) : $1+\frac{1}{2}+\frac{1}{3}+\frac{1}{4}+\cdots=\sum_{n=1}^{\infty}\frac{1}{n}$
- **교대급수**(alternating series) : $1-\frac{1}{2}+\frac{1}{3}-\frac{1}{4}+\cdots=\sum_{n=1}^{\infty}(-1)^{n+1}\frac{1}{n}$
- **디리클레급수**(Dirichlet series) : $\sum_{n=1}^{\infty}\frac{a_n}{n^s}$, a_n, s는 임의의 실수

기하급수는 $\sum_{n=0}^{\infty} r^n$ 형태이며 $|r|<1$인 경우에는 수렴한다. 교대급수는 뒤에서 배우는 테일러 급수를 이용하면 $\log 2$로 수렴함을 알 수 있다. 디리클레급수에서는 만약 모든 $a_n=1$이면 이 급수 $\sum_{n=1}^{\infty}\frac{1}{n^s}$는 s의 함수로서 리만제타(Riemann's zeta)함수라고 하며 $s>1$이면 수렴하고 $s\le 1$이면 발산한다.

예제 2.13

조화급수 $\sum_{n=1}^{\infty}\frac{1}{n}$이 발산함을 보여라.

풀이 부분합의 수열 $s_n=\sum_{k=1}^{n}\frac{1}{k}$에 대하여

$$|s_n-s_{2n}|=\frac{1}{n+1}+\frac{1}{n+2}+\cdots+\frac{1}{2n}>n\times\frac{1}{2n}=\frac{1}{2}$$

이다. 따라서 $\{s_n\}$은 코시 수열이 아니고 정리 2.5에 의하여 조화급수는 발산한다.

정리 2.9 무한급수 $\sum_{n=1}^{\infty} a_n$이 수렴하면 a_n은 0으로 수렴한다.

증명 무한급수 $\sum_{n=1}^{\infty} a_n$의 n 번째 부분합을 s_n이라고 하면 $a_n = s_n - s_{n-1}$이다. s_n과 s_{n-1}은 같은 값으로 수렴하므로 a_n은 0으로 수렴한다.

여기서 주의할 것은 이 정리의 역은 성립하지 않는다는 것이다. 위의 조화급수에서와 같이 $1/n$은 0으로 수렴하지만 그 합인 급수는 수렴하지 않는다.

다음 정리는 급수의 수렴 여부를 판단하는 데 유용한 도구를 제공한다.

정리 2.10 모든 n에 대하여 $a_n > 0$, $b_n > 0$일 때 다음을 만족한다.

(1) 수열 $\{a_n\}$의 부분합 $s_n = \sum_{i=1}^{n} a_i$이 유계이면 $\sum a_n$은 수렴한다.

(2) 상수 $k < \infty$가 존재해서 $n \geq k$에 대하여 $a_n \leq b_n$이면 다음을 만족한다.

$$\sum b_n \text{ 이 수렴하면, } \sum a_n \text{ 도 수렴,} \qquad \sum a_n \text{ 이 발산하면 } \sum b_n \text{ 도 발산}$$

(3) $\lim \frac{a_n}{b_n} = l > 0$이면 두 급수 $\sum a_n$, $\sum b_n$이 모두 수렴하거나 모두 발산한다.

(4) $a_n \to 0$이면 $\sum (-1)^n a_n$이 수렴한다.

예제 2.14

다음 급수의 수렴 여부를 판단하라.

(1) $\sum (-1)^n \frac{1}{n}$

(2) $\sum \frac{\sqrt{n+1}}{n\sqrt{n}}$

(3) $\sum \frac{1}{n^2}$

(4) $\sum \frac{1}{n^2+n}$

풀이

(1) 정리 2.10(4)에 의하여 수렴한다.

(2) $\frac{\sqrt{n+1}}{n\sqrt{n}} \asymp \frac{1}{n}$이고 $\sum \frac{1}{n}$이 발산하므로 정리 2.10(3)에 의하여 발산한다.

(3) $n \geq 2$일 때 $n-1 \leq x \leq n$을 만족하는 x에 대하여 $\frac{1}{n^2} \leq \frac{1}{x^2}$가 성립하고 $\frac{1}{n^2} \leq \int_{n-1}^{n} \frac{1}{x^2}dx$이므로

$$\sum_2^\infty \frac{1}{n^2} \leq \sum_2^\infty \int_{n-1}^{n} \frac{1}{x^2}dx = \int_1^\infty \frac{1}{x^2}dx = -\frac{1}{x}\Big]_1^\infty = 1$$

이 성립한다. 따라서 $\sum \frac{1}{n^2} = 1 + \sum_{n=2}^{\infty} \frac{1}{n^2} \leq 2$이므로 수렴한다. 실제로 $\sum \frac{1}{n^2} = \frac{\pi^2}{6}$이고, 일반적으로 $\alpha > 1$에 대하여 $\sum \frac{1}{n^\alpha}$는 수렴하고 $\alpha \leq 1$에 대하여 발산한다.

(4) $\sum \frac{1}{n^2+n} \leq \sum \frac{1}{n^2}$이므로 위 (3)의 결과와 정리 2.10(2)에 의하여 수렴한다.

예제 2.15

$x \geq 0$일 때, 무한급수 $\sum_n \frac{x^n}{n!}$이 수렴함을 보여라.

풀이 $x = 0$이면 당연하므로 $x > 0$ 경우를 고려하자. 부등식 $n! > \frac{n^n}{e^n}$(연습문제 2.24 참조)을 이용하면 $\frac{x^n}{n!} < \left(\frac{ex}{n}\right)^n$이고, n이 커지면 $0 < \frac{ex}{n} < 1$이므로, $n_0 > ex$인 n_0이 존재한다. n_0에 대하여 $a = ex/n_0 < 1$이므로 $n \geq n_0$인 n에 대하여 $\frac{ex}{n} \leq a$이 성립하고 따라서

$$\sum_{n=1} \frac{x^n}{n!} < \sum_{n=1}^{n_0-1} \frac{x^n}{n!} + \sum_{n=n_0}^{\infty} a^n$$

이 성립하여 수렴하는 것을 알 수 있다.

통계학에서 이산형(discrete) 확률변수 X가 값 $x_0, x_1, \ldots, x_n, \ldots$을 확률 $p(n), n \geq 0$로 가질 때, 즉 $p(n) = P(X = x_n)$일 때 확률변수의 k차 중심적률(central moment) μ_k를 다음과 같이 정의한다.

$$\mu_k = E[(X-\mu)^k] = \sum_{n=0}^{\infty} (x_n - \mu)^k p(n), \quad k = 1, 2, \ldots$$

여기서 $\mu_1 = E[(X-\mu)]$이고 $\mu = E(X) = \sum_{n=0}^{\infty} x_n p(n)$은 확률변수 X의 기댓값을 나타낸다. 따라서 $\mu_1 = 0$이 되며 $\mu_2 = E[(X-\mu)^2]$는 정의에 따라서 분산 σ^2으로 표현할 수 있다. 즉, 확률변수 X의 1차 중심적률은 0이고 2차 중심적률은 분산이다. 일반적인 확률변수 X의 적률(moment)은 비중심(non-central)적률을 나타내며 다음과 같이 나타낸다.

$$\mu'_k = E[X^k] = \sum_{n=0}^{\infty} x_n^k p(n), \ \ k = 1, 2, \ldots$$

즉 $\mu'_1 = \mu$가 되며 $\sigma^2 = \mu_2 = \mu'_2 - (\mu'_1)^2$으로 표현할 수 있다. 즉, 모평균 μ는 확률변수 X의 1차 비중심적률이며, 모분산 σ^2은 2차 비중심적률에서 1차 비중심적률의 제곱을 뺀 값이라고 할 수 있다.

다음 예제는 통계학에서 무한급수가 이용되는 한 사례로 흥미로운 역설을 보여준다.

예제 2.16

(St. Petersburg Paradox) 카지노에서 공정한 동전을 처음으로 뒷면이 나올 때까지 계속 던지는 게임을 생각해 보자. 이 게임의 참가자는 참가비를 내고 참여하는데, 처음 뒷면이 나올 때까지 던진 횟수가 k라 할 때 $2^{(k-1)}$달러를 참가자가 받는다. 이 게임에 참가하기 위한 참가비는 얼마가 적정하겠는가?

풀이 동전의 결과(H, T)에 따른 참가자의 수익은

T: 1, HT: 2, HHT: 4, HHHT: 8, ...

이고, 이 게임의 기대수익은 각 결과의 확률에 수익을 곱한 것을 합하여 다음과 같이 구한다.

$$\begin{aligned} E &= \frac{1}{2}\cdot 1 + \frac{1}{4}\cdot 2 + \frac{1}{8}\cdot 4 + \cdots + \frac{1}{2^k}\cdot 2^{k-1} + \cdots \\ &= \frac{1}{2} + \frac{1}{2} + \cdots = \sum_{k=1}^{\infty} \frac{1}{2} = \infty \end{aligned}$$

따라서 참가비용이 얼마가 될지라도 이 게임은 참가하는 것이 이득이 된다. 그러나 실제로는 참가비용이 25달러만 되더라도 사람들이 참여를 주저한다고 알려져 있다.

2.5 연습문제

2.1 다음 수열의 수렴값을 구하라.

(1) $\lim_{n\to\infty}\left(\frac{1}{n}-\frac{1}{n^2}+1\right)$ (2) $\lim_{n\to\infty}\left(1+\frac{2}{n}\right)^n$

(3) $\lim_{n\to\infty}\frac{(n-1)^n(n+\sqrt{2n^2+3})}{4n^{n+1}}$ (4) $\lim_{n\to\infty}\frac{1^2+2^2+\cdots+n^2}{2n^2\sqrt{n}+3n^3}$

2.2 다음 수열의 수렴값을 구하라.

(1) $\lim_{n\to\infty}\left(1+\frac{1}{n^2}\right)^n$

(2) $\lim_{n\to\infty}\left(1+\frac{1}{n}\right)^{n^2}$

(3) $\lim_{n\to\infty}n^2\left(\frac{1}{n-1}-\frac{1}{n+1}\right)$

2.3 수렴하는 수열의 극한은 유일하다는 것을 보여라.

2.4 다음 수열의 수렴값을 구하라.

(1) $|\theta|$가 0에 가까울 때 부등식 $\sin\theta<\theta<\tan\theta$을 만족한다는 사실을 이용하여 $\lim_{n\to\infty}n\sin\left(\frac{1}{n}\right)$을 구하라.

(2) $\lim_{n\to\infty}n\left(1-\cos\left(\frac{1}{n}\right)\right)$

(3) $\lim_{n\to\infty}\frac{\cos^2(2n)}{3-2n}$

(4) $\lim_{n\to\infty}\frac{n!}{n^n}$

2.5 다음 각 수열의 특징(유계수열, 단조수열)을 파악하고 수렴하는 경우 극한을 구하라.

(1) $a_n=\frac{n}{n+1}$ (2) $a_{n+1}=\frac{1}{2}(a_n+6),\quad a_1=2$

2.6 α_n은 $10^n\left(\frac{1}{\sqrt{2}}\right)$을 넘지 않는 최대 정수일 때 수열 $a_n = \left\{\frac{\alpha_n}{10^n}\right\}$의 특징(유계수열, 단조수열)을 밝히고, 수렴하는 경우 극한을 구하라.

2.7 수열 $a_n = \left(1+\frac{1}{n}\right)^n$이 단조증가수열이며 수렴값이 $2 < e < 3$임을 보여라.

2.8 모든 코시 수열은 유계임을 밝혀라.

2.9 코시 수열의 정의를 이용하여 다음의 수열들의 코시 수열 여부를 밝혀라.

(1) $a_n = \frac{3n-7}{9n+2}$ (2) $a_n = \frac{n+1}{n}$ (3) $a_n = \sqrt{n}$

2.10 다음을 보여라.

(1) 수열 a_n이 코시 수열일 때 a_n^2도 코시 수열임을 보여라.

(2) a_n^2은 코시 수열이지만 a_n은 코시 수열이 아닌 예를 들어라.

2.11 다음 수열의 수렴 여부를 밝혀라.

$$a_n = 1 - \frac{1}{2} + \frac{1}{3} - \cdots + (-1)^{n+1}\frac{1}{n}$$

2.12 다음 수열의 수렴 여부를 판단하고 수렴하지 않으면 수렴하는 부분수열을 구하라.

(1) $a_n = 1 + (-1)^n/n$ (2) $a_n = \cos(n\pi/2) + \frac{1}{n}$

2.13 다음 수열들이 코시 수열의 축약조건을 만족하는지 판단하라.

(1) $a_{n+1} = \frac{1}{2}(a_n + a_{n-1}),\quad a_1 = 0,\quad a_2 = 1$

(2) $a_n = \frac{1}{n}$

2.14 다음 기술의 옳고 그름을 밝혀라.

(1) 유계수열의 수렴의 필요충분조건은 단조수열이다.

(2) 만약 유계수열이 단조증가와 단조감소 수열의 합으로 표시되면 그 수열은 수렴한다.

(3) 모든 수열은 수렴하는 부분수열을 가진다.

(4) 상극한은 항상 하극한보다 같거나 크다.

(5) 축약조건을 만족하지 않는 수열은 수렴하지 않는다.

2.15 다음 수열의 상계수열과 하계수열을 구하라.

(1) $a_n = n(-1)^n$

(2) $a_n = n(n$: 홀수), $a_n = -1/n(n$: 짝수)

2.16 다음 수열들의 상한, 하한, 상극한과 하극한을 구하라.

(1) $a_n = 1 + \dfrac{(-1)^n}{n}$　　(2) $a_n = (-1)^n + \dfrac{1}{n} + 2\sin(n\pi/2)$

2.17 다음 조건을 만족하는 수열 a_n의 예를 들어라.

(i) $\inf\{a_n, a_{n+1}, a_{n+2}, \cdots\} < 2$, $\sup\{a_n, a_{n+1}, a_{n+2}, \cdots\} > 3$ for all n
(ii) $\liminf a_n = 2$, $\limsup a_n = 3$

2.18 수열 $a_n = 2 + \dfrac{(-1)^n}{n}$에 대하여 다음을 구하라.

(1) 임의의 자연수 k에 대하여 $b_k = \sup_{n \geq k} a_n$

(2) $\liminf_{n \to \infty} a_n$

2.19 수열 $a_n = 3 + (-1)^n\left(1 + \dfrac{1}{n}\right)$에 대하여 집합열을 $A_n = [0, a_n)$으로 정의한다고 할 때 다음 물음에 답하라.

(1) $a_1, \dots, a_8$까지 나열하라.

(2) $\sup(\cup_{k=3}^{\infty} A_k)$을 구하라.

(3) 수열 $\{a_n\}$의 상계수열 $u_k = \sup\{a_n : n \geq k\}$의 u_5와 하계수열 $l_k = \inf\{a_n : n \geq k\}$의 l_5를 구하고, 수열 $\{a_n\}$의 상극한과 하극한을 구하라.

(4) $B = \cup_{k=1}^{\infty} \cap_{n=k}^{\infty} A_n$와 $C = \cap_{k=1}^{\infty} \cup_{n=k}^{\infty} A_n$을 구하라.

(5) 다음 표현 중 옳지 **않은** 것을 모두 선택하라.

① $3 \in A_n$ i.o. n ② $4.1 \in A_n$ i.o. n

③ $1.9 \in A_n$ a.b.f. n ④ $2 \in A_n$ a.b.f. n

⑤ $2.5 \leq a_n \leq 3.5$ i.o. n ⑥ $a_n < 4.1$ a.b.f. n

2.20 다음 식의 옳고 그름을 판단하라.

(1) $2^{n-1}/n! = o(1)$

(2) $n = o(\log n)$

(3) $n^2 = o(2^n)$

(4) $n^2 a_n \to 0 \Rightarrow a_n = o(1/n)$

(5) $a_n = o(1/n) \Rightarrow n^2 a_n \to 0$

(6) $a_n - b_n = o(b_n) \Leftrightarrow a_n - b_n = o(a_n)$

2.21 다음 각 경우에 가장 큰 항을 구하고, 나머지를 O를 이용하여 표현하라.

(1) $(n-1)^2$ (2) $(n + O(n^{1/2}))(n + O(\log n))^2$

2.22 다음 식의 옳고 그름을 판단하라.

(1) $O(O(a_n)) = o(a_n)$

(2) $O(a_n/n) = o(a_n)$

(3) $a_n = \sqrt{1+n^4} - \sqrt{n^4 - 1} = O(1/n^2)$

(4) $a_n \asymp b_n,\ c_n \asymp d_n \Rightarrow a_n + c_n \asymp b_n + d_n$

2.23 다음 무한급수의 수렴 여부를 판단하라.

(1) $\sum \frac{\sqrt{n}}{n\sqrt{n+1}}$ (2) $\sum_{n=2}^{\infty} \frac{1}{n^2 - n}$ (3) $\sum \frac{1}{n!}$

2.24 로그함수를 이용하여 부등식 $n! > \dfrac{n^n}{e^n}$을 증명하라.

2.25 조화급수의 발산을 부분합을 이용하여 보여라.

2.26 만일 $0 \le x < 1$이면 급수 $\sum_{n=1}^{\infty} nx^n$이 수렴함을 보여라.

2.27 함수 $f(x)$가 단조감소함수일 때 $\int_{t-1}^{t} f(x)dx \ge \int_{t-1}^{t} f(t)dx$이 성립하는 것을 이용하여 무한급수 $\sum_{n=1}^{\infty} \dfrac{1}{n^{1+\delta}}$, $\delta > 0$가 수렴함을 설명하라.

2.28 수열 $a_n \to 0$에 대하여 $\int_{1}^{1+a_n} \dfrac{1+a_n-t}{t^2} dt = a_n - \log(1+a_n)$이 성립함을 보이고, 이를 이용하여 $\log(1+a_n) = a_n + O(a_n^2)$을 보여라.

2.29 급수 $\sum_{n=1}^{\infty}\left(\dfrac{1}{n} - \log\left(1+\dfrac{1}{n}\right)\right)$의 수렴 여부를 밝혀라.

2.30 통계학에서 평균이 λ인 포아송분포의 확률함수는 $P(X=x) = \dfrac{\lambda^x e^{-\lambda}}{x!}$, $x = 0, 1, \ldots$로 주어진다. 이때 무한급수 $\sum_{x=0}^{\infty} x^k \cdot P(X=x)$이 수렴함을 보여라 (단 k는 자연수).

3장

미분과 적분

이 장에서는 실수값을 갖는 함수의 극한과 연속성에 대하여 공부하고자 한다. 여기서 고려하는 함수는 주로 실수집합 $\mathbb{R}$에 정의되는 함수이다. 제1절에서는 여러 가지 함수의 극한의 존재 여부를 알아보고 제2절에서는 수열에서와 마찬가지로 작은 o와 큰 O를 함수에서 상대적인 크기를 나타내거나 컴퓨터 분야에서 연산의 속도를 표현하는 데 사용하는 방법을 알아본다. 제3절에서는 함수의 연속성과 중간값정리 등에 대하여 공부하며 제4절 함수의 미분과 근사에서는 복잡한 함수를 다항함수로 근사시키는 테일러 정리 등에 대하여 알아본다. 끝으로 제5절에서는 통계학에서 연속확률변수의 확률값을 구하는 데 사용되는 적분, 이중적분 등에 대하여 공부하며 감마함수와 적분과 관련된 여러 가지 확률부등식에 대하여 알아본다.

3.1 함수의 극한

함수의 극한도 수열의 극한처럼 엡실론과 델타를 이용하여 정의할 수 있다. x가 x_0으로 가까이 갈 때 함수 $f(x)$가 c로 수렴한다는 것을 다음과 같이 정의한다.

> ■ **함수의 극한**
>
> 점 $x_0 \in \mathbb{R}$ 에서 함수 f가 임의의 $\epsilon > 0$ 에 대하여 $\delta > 0$ 가 존재해서 $0 < |x - x_0| < \delta$를 만족하는 x 에 대하여 다음을 만족할 때
>
> $$|f(x) - c| < \epsilon$$
>
> 함수 f가 점 x_0 에서 극한값 c 을 갖는다고 하고,
>
> $$\lim_{x \to x_0} f(x) = c, \text{ 혹은 } x \to x_0 \text{ 일 때 } f(x) \to c$$
>
> 라고 표현한다.

예제 3.1

다음 함수들이 $x = 0$ 에서 극한이 존재하는지 판단하라.

(1) $f(x) = |x|$

(2) $f(x) = \begin{cases} 0 & \text{for } x \le 0 \\ 1 & \text{for } x > 0 \end{cases}$

풀이

(1) 임의의 $\epsilon > 0$ 에 대하여 $|x| < \epsilon$ 이면 $|f(x)| = |x| < \epsilon$ 이므로 $\delta = \epsilon$ 으로 정할 수 있다. 따라서 $\lim_{x \to 0} f(x) = 0$ 이다.

(2) 이 함수는 $x = 0$ 에서 극한이 존재하지 않는다. 만약 어떤 값 $0 \le c \le 1$에 대하여 $\lim_{x \to 0} f(x) = c$이라고 가정하면, 임의의 $0 < \epsilon < \max(c, 1 - c)$에 대하여 δ를 아무리 작게 잡아도 $|x| < \delta$에 포함되는 $x = \pm\delta/2$에 대하여 다음을 만족한다.

$$|f(-\delta/2)-c| = c > \epsilon, \qquad \text{혹은} \qquad |f(\delta/2)-c| = 1-c > \epsilon$$

따라서 함수의 극한에 대한 정의에 모순이다.

한편 $x \to \infty$ 일 때 $f(x)$의 극한이 L이기 위한 조건은 임의의 $\epsilon > 0$에 대하여 $K < \infty$가 존재해서 $x > K$를 만족하는 모든 x에 대하여 다음을 만족해야 한다.

$$|f(x)-L| < \epsilon$$

다음 정리는 함수의 극한에 대한 하나의 필요충분조건을 제시한다.

정리 3.1 함수가 $\lim_{x \to x_0} f(x) = c$이기 위한 필요충분조건은 x_0로 수렴하는 모든 수열 $\{x_n\}$에 대하여 수열 $\{f(x_n)\}$이 c로 수렴하는 것이다.

예제 3.2

위의 예제 3.1의 함수들을 이용하여 정리 3.1을 확인하라.

풀이

(1) 0으로 수렴하는 임의의 수열 $\{x_n\}$이 있을 때 임의의 작은 수 $\epsilon > 0$에 대하여 N이 존재해서 $n > N$이면 $|x_n| < \epsilon$을 만족한다. 따라서 $n > N$일 때 $|f(x_n)| = |x_n| < \epsilon$를 만족하므로 $f(x_n)$도 0으로 수렴한다.

(2) 0으로 수렴하는 수열을 $x_n = (-1)^n/n$으로 정하면, $f(x_n)$은 다음과 같이 0과 1의 값을 진동한다.

$$f(x_1) = 0, \quad f(x_2) = 1, \quad f(x_3) = 0, \quad f(x_4) = 1, \quad \ldots$$

따라서 $f(x_n)$은 어떤 값으로도 수렴하지 않는다.

함수 f의 $x = x_0$에서의 극한은 왼쪽 방향에서 $x \to x_0$로 가까이 갈 때와 오른쪽 방향에서 $x \to x_0$로 가까이 갈 때의 극한이 다를 수 있다. 다음은 이를 구별하여 좌극한과 우극한을 정의한 것이다.

■ **함수의 좌극한**

어떤 점 x_0에서 함수 f가 임의의 작은 상수 $\epsilon > 0$에 대하여 $\delta > 0$가 존재해서 $0 < x_0 - x < \delta$를 만족하는 모든 x에 대하여

$$|f(x) - l| < \epsilon$$

를 만족할 때, 함수 f가 점 x_0에서 좌극한 l을 갖는다고 하고 다음과 같이 표현한다.

$$f(x_0 -) = \lim_{x \uparrow x_0} f(x) = \lim_{x \to x_0^-} f(x) = l$$

■ **함수의 우극한**

어떤 점 x_0에서 함수 f가 임의의 작은 상수 $\epsilon > 0$에 대하여 $\delta > 0$가 존재해서 $0 < x - x_0 < \delta$를 만족하는 모든 x에 대하여

$$|f(x) - r| < \epsilon$$

를 만족할 때, 함수 f가 점 x_0에서 우극한 r을 갖는다고 하고 다음과 같이 표현한다.

$$f(x_0 +) = \lim_{x \downarrow x_0} f(x) = \lim_{x \to x_0^+} f(x) = r$$

이 정의로부터 극한이 존재하기 위한 필요충분조건이 좌극한과 우극한이 같아야 한다는 사실을 알 수 있다. 즉, 다음이 성립한다.

$$\lim_{x \to x_0} f(x) = c \quad \Leftrightarrow \quad \lim_{x \uparrow x_0} f(x) = \lim_{x \downarrow x_0} f(x) = c$$

특히, $x \to \infty$ 일 때 f의 극한은 좌극한에 의해 결정되는데, 상수 $b < \infty$ 가 존재해서 $x > b$를 만족하는 모든 x에 대하여 $|f(x) - l| < \epsilon$을 만족할 때, l을 $x \to \infty$ 일 때의 f의 극한이라고 한다. 마찬가지로 $x \to -\infty$ 일 때 f의 극한은 우극한에 의해 결정되는데, 상수 $b < \infty$ 가 존재해서 $x \leftarrow b$를 만족하는 모든 x에 대하여 $|f(x) - r| < \epsilon$을 만족할 때, r을 $x \to -\infty$ 일 때의 f의 극한이라고 한다.

위의 예제 3.1에서 (1)의 경우 f의 $x = 0$에서의 좌, 우극한이 모두 0이고, (2)의 경우 좌극한은 0, 우극한은 1이 됨을 알 수 있다.

예제 3.3

다음 함수에 대하여 주어진 점(x_0)에서의 좌극한과 우극한을 구하라.

(1) $x_0 = 0,\quad f(x) = \dfrac{|x|}{x},\quad x \neq 0$

(2) $x_0 = 0,\quad x_0 = \infty,\quad f(x) = \dfrac{1}{x},\quad x \neq 0$

풀이

(1) 함수 f 는 0이 아닌 실수에서 다음과 같이 표현할 수 있다.

$$f(x) = \begin{cases} 1 & \text{for } x > 0 \\ -1 & \text{for } x < 0 \end{cases}$$

따라서 좌극한과 우극한은 다음과 같이 구할 수 있다.

$$\lim_{x \uparrow 0} f(x) = -1, \quad \lim_{x \downarrow 0} f(x) = 1$$

(2) 주어진 점 $x_0 = 0$ 에서 좌극한은 $-\infty$ 이고, 우극한은 ∞ 이다. 한편 $x_0 = \infty$ 에서는 좌극한, 즉, 극한이 0이다.

예제 3.4

다음 함수가 $x = x_0$에서 극한이 존재하는지 확인하라.

(1) $x_0 = 0,\ f(x) = \cos\left(\dfrac{1}{x}\right)$

(2) $x_0 - 0,\ f(x) = \dfrac{\sin x}{x}$

풀이

(1) $\cos\left(\dfrac{1}{x}\right)$ 함수의 그래프는 그림 3.1에서 보듯이 $x_0 = 0$부근에서 ± 1 이내의 값을 반복적으로 가지며 진동하므로 극한이 존재하지 않음을 알 수 있다.

(2) 부등식 $\cos x \le \dfrac{\sin x}{x} \le 1$과 아래 그림 3.2에서 보듯이 $x_0 = 0$ 부근에서 1로 수렴한다.

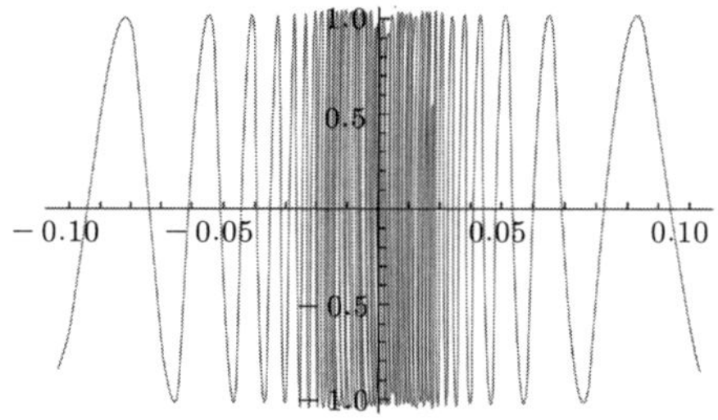

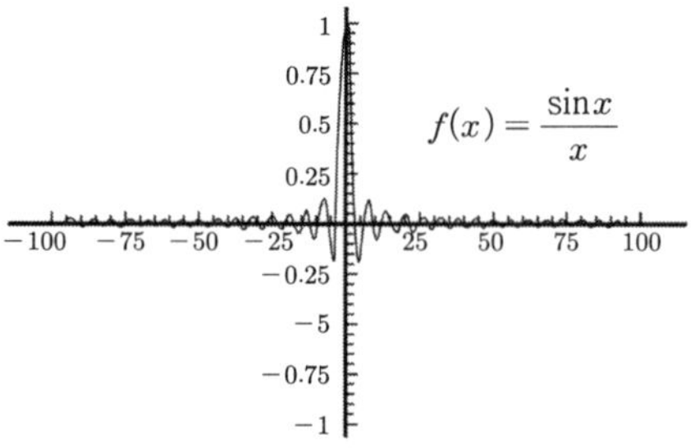

그림 3.1 $\cos\left(\frac{1}{x}\right)$의 그래프 **그림 3.2** $\frac{\sin x}{x}$의 그래프

수렴하는 수열의 연산으로 얻어진 수열에 대한 특성을 보여 주는 앞 장의 정리 2.1과 같이 극한을 갖는 함수들에 대하여 다음과 같은 성질이 성립한다.

정리 3.2 함수 f와 g가 다음과 같을 때

$$\lim_{x \to a} f(x) = L, \quad \lim_{x \to a} g(x) = M$$

다음의 성질을 만족한다.

(1) $\lim_{x \to a}(f(x) + g(x)) = L + M$

(2) $\lim_{x \to a}(f(x) \times g(x)) = L \times M$

(3) $M \neq 0$일 때 $\lim_{x \to a} \frac{f(x)}{g(x)} = \frac{L}{M}$

(4) 만약 모든 x에 대하여 $f(x) \leq g(x)$일 때 $L \leq M$이 성립한다.

여기서 주의할 것은 모든 x에 대하여 $f(x) < g(x)$이 성립한다고 해도 $L < M$이 성립하지 않을 수 있다는 점이다. 예를 들어 $x > 0$에서 $f(x) = 1/x$, $g(x) = 2/x$라고 하면 $f(x) < g(x)$를 만족하는데, $x \to \infty$일 때 두 함수의 극한은 모두 0으로 같다. 즉, $\lim_{x \to \infty} f(x) = \lim_{x \to \infty} g(x) = 0$을 만족한다.

3.2 함수에서의 큰 O, 작은 o

앞 장에서 우리는 n이 무한대로 갈 때 수열 $\{x_n\}$의 상대적인 크기를 표현하는 도구로 작은 o와 큰 O를 소개하였다. 함수에 대해서도 상대적인 크기를 표한하기 위해 이와 비슷한 용어를 사용한다. 다음 정의는 두 함수 f와 g에 대하여 큰 O의 관계를 정의한다.

> ■ **함수에서의 큰 O**
>
> 두 함수 f와 $g\,(g>0)$에 대하여 상수 $K<\infty$가 존재해서 $x\in A\subset\mathbb{R}$인 x에 대하여
>
> $$\left|\frac{f(x)}{g(x)}\right|<K$$
>
> 를 만족할 때 A에서 $f(x)=O(g(x))$라고 표현한다.

위 정의에서 A는 대개 x의 절댓값이 아주 작거나 혹은 아주 큰 구역을 나타내는 경우가 많다. 이럴 때는 구역으로 명시하기보다 $x\to 0$이나 $x\to\infty$ 등으로 표현하기도 한다. 예를 들어 $\alpha\geq 0$에 대하여

$$100x=O(x^{1-\alpha}),\qquad x\to 0$$
$$100x=O(x^{1+\alpha}),\qquad x\to\infty$$

가 성립한다. 또한 A가 $\mathbb{R}$일 때는 구역을 명시하지 않고 기술하기도 한다. 함수 f가 유계일 때 $O(1)$이라고 한다. 예를 들어 $\sin x$, $\cos x$, $x/|x|$ 등은 모든 x에 대하여 $O(1)$이라고 할 수 있다.

다음 정의는 두 함수 f와 g에 대하여 작은 o의 관계를 정의한다.

> ■ **함수에서의 작은 o**
>
> 두 함수 f와 $g\,(g>0)$가 $x\to a$에 대하여 다음을 만족할 때

$$\lim_{x \to a} \frac{f(x)}{g(x)} = 0$$

$x \to a$에 대하여 $f(x) = o(g(x))$라고 표현한다.

만약 $x \to a$일 때 $g(x) \to 0$이면 f가 g보다 훨씬 빨리 0으로 수렴하는 경우이고, $x \to a$일 때 $g(x) \to \infty$이면 $|f(x)|$는 ∞로 증가하지 않거나 $g(x)$ 보다 훨씬 천천히 무한대로 증가하는 경우이다. 예를 들어 $\alpha > 0$에 대하여

$$x = o(x^{1-\alpha}), \qquad x \to 0$$
$$x = o(x^{1+\alpha}), \qquad x \to \infty$$

이다.

함수에 대해서도 작은 o와 큰 O는 함수가 얼마나 빠르게 0이나 무한대로 가는지 간단하게 나타낼 때 사용하므로 작은 o나 큰 O 안에 들어가는 함수는 일반적으로 양의 값을 가지는 함수로 나타낸다. 예를 들어 $x \to \infty$일 때, $x = o(x^2)$일 수도 있고 $x = o(-x^2)$일 수도 있지만, $x = o(-x^2)$와 같은 표현은 잘 사용하지 않는다.

다음의 정리는 함수의 큰 O와 작은 o로 이루어진 몇 가지 연산의 규칙을 제공한다.

정리 3.3 양의 실수값을 가지는 두 함수 f와 g에 대하여 다음을 만족한다.

(1) $O(f(x)) + O(g(x)) = O(f(x) + g(x))$

(2) $O(f(x)) \times O(g(x)) = O(f(x)g(x))$

(3) $O(f(x)) \times o(g(x)) = o(f(x)g(x))$

(4) $O(o(g(x)))$와 $o(O(g(x)))$는 모두 $o(g(x))$이다.

(5) 만일 $f(x) = O(g(x)h(x))$이면 $f(x) = g(x)O(h(x))$

예를 들어 $f(x)$가 다음과 같이 몇 개 항의 합으로 표현된다고 하면

$$f(x) = 9\log x + 5(\log x)^3 + 3x^2 + 2x^3$$

$|f(x)|$의 증가속도는 항목 중 가장 빨리 증가하는 항목의 빠르기와 같다. 즉, $x \to \infty$일 때 $\log(x) = o(x)$이므로

$$f(x)=2x^3+o(x^3)=O(x^3), \qquad x\to\infty$$

이다. 또한 $x\to\infty$일 때 $f(x)=x+O(x/\log x)$라면 $f(x)=x(1+O(1/\log x))$로도 표현할 수 있다. 일반적인 n차 다항식 $P(x)=\sum_{k=0}^{n}a_k x^k$의 경우 $x\to\infty$일 때 $P(x)=O(x^n)$가 성립한다.

예제 3.5

다음의 기술이 옳음을 설명하라.

(1) $x\to\infty$일 때 $f(x)=O(1)$이면 $f(x)=o(x)$이다.

(2) $x\to 0$일 때 $f(x)=x+o(x^2)$, $g(x)=x^{-2}+O(x^{-1})$이면 다음을 만족한다.

$$f(x)g(x)=x^{-1}+O(1)$$

(3) $x\neq 0$에서 $f(x)=x\sin\dfrac{1}{x}$이면 $x\to 0$일 때 $f(x)=o(1)$이다.

풀이

(1) $f(x)=O(1)$이므로 상수 $K<\infty$가 존재해서 $|f(x)|<K$이다. 따라서

$$\lim_{x\to\infty}\frac{|f(x)|}{x}\le\lim_{x\to\infty}\frac{K}{x}=0$$

를 만족한다.

(2) 정리 3.3을 이용하여 다음과 같이 설명할 수 있다.

$$\begin{aligned}f(x)g(x)&=(x+o(x^2))(x^{-2}+O(x^{-1}))\\&=x^{-1}+x^{-2}o(x^2)+xO(x^{-1})+o(x^2)O(x^{-1})\\&=x^{-1}+o(1)+O(1)+o(x)\\&=x^{-1}+O(1)\end{aligned}$$

(3) $\left|\sin\dfrac{1}{x}\right|\le 1$이므로 $\sin\dfrac{1}{x}=O(1)$이다. 따라서 정리 3.3을 이용하면 다음을 만족한다.

$$x\sin\frac{1}{x}=xO(1)=O(x)=o(1)$$

큰 O 기호는 두 가지 주된 응용분야에서 사용된다. 수학분야에서는 임의의 복잡한 함수를 유한한 다항함수의 급수로 근사하는 테일러 급수(4절 참조)에서 사용되며 컴퓨터 분야에서는 알고리즘의 실행시간 또는 복잡성을 평가하는 데 사용된다.

예를 들어 $x \to 0$일 때 $e^x = 1 + x + \frac{x^2}{2} + O(x^3)$로 표현할 수 있는데, 이것은 x가 0에 가까워질 때 적당한 양의 상수 K가 존재해서 부등식

$$|e^x - (1 + x + \frac{x^2}{2})| \le K|x^3|$$

을 만족시키기 때문이다.

컴퓨터 분야에서 데이터를 순서대로 정렬하는(sorting) 알고리즘으로 잘 알려진 것으로는 버블 소트(bubble sort)와 퀵 소트(quick sort) 알고리즘이 있다. 각 알고리즘의 소요되는 시간 또는 평균 복잡성을 큰 O 기호로 나타내면 버블 소트는 $O(n^2)$, 퀵 소트는 $O(n \log n)$으로 알려져 있다.

다음은 근사적으로 동등한 크기를 갖는 함수를 정의한다.

- 두 함수 f와 g에 대하여 다음을 만족할 때 $x \to a$에 대하여 $f(x) \sim g(x)$라 표현한다.

$$\lim_{x \to a} \frac{f(x)}{g(x)} = 1$$

예를 들어 $x \to \infty$일 때 $x^2 \sim x^2 + 3x + 1$가 성립한다. 일반적으로 $f(x) = g(x) + o(g(x))$ 또는 $f(x) = g(x)(1 + o(1))$일 때 $f(x) \sim g(x)$이다.

3.3 함수의 연속

함수 f가 어떤 점 $x = a$에서 연속이기 위해서는 $x \to a$일 때 $f(x) \to f(a)$가 되어야 한다. 다음의 정의는 함수의 극한을 이용하여 함수의 연속을 설명한다.

■ **함수의 연속(1)**

함수 $f(x)$가 $x=a$에서 $f(a+)=f(a)$이면 **우연속**(continuous from the right or right continuous)이고, $f(a-)=f(a)$이면 **좌연속**(continuous from the left or left continuous)이라고 한다. 함수 f가 우연속과 좌연속을 모두 만족할 때 연속이라고 한다.

예제 3.6

함수 f가 다음과 같이 정의될 때 $x=0$에서 연속 여부를 밝혀라.

$$f(x)=\begin{cases}1 & \text{for} \quad x\in(-\infty,0)\\ x & \text{for} \quad x\in[0,\infty)\end{cases}$$

풀이 $f(0)=0$, $f(0-)=1$, $f(0+)=0$이므로 $x=0$에서 함수 f는 우연속이지만 좌연속은 아니다. 따라서 함수 f는 $x=0$에서 연속이 아니다.

통계학에서 확률변수 X에 대한 분포함수는 $F(x)=P(X\le x)$로 정의된다. 이때 임의의 x에서 $F(x+)=F(x)$이므로 우연속이다. 한편,

$$F(x-)=P(X<x)=P(X\le x)-P(X=x)=F(x)-P(X=x)$$

이므로 $P(X=x)=0$이면 F는 x에서 좌연속이고, 따라서 연속이다. 그러나 $P(X=x)>0$이면 F는 x에서 좌연속이 아니고 따라서 불연속(discontinuous)이며 $P(X=x)$만큼 점프한다. (그림 참조)

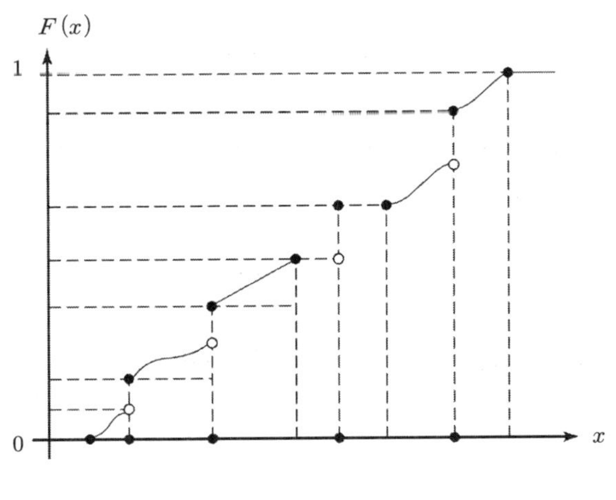

함수의 연속을 ϵ, δ를 이용하여 다음과 같이 정의할 수 있다.

■ **함수의 연속(2)**

함수 $f(x)$가 $x=a$에서 임의의 $\epsilon>0$에 대하여 $\delta>0$가 존재해서 $|x-a|<\delta$을 만족하는 x에 대하여 다음을 만족할 때

$$|f(x)-f(a)|<\epsilon$$

함수 $f(x)$는 $x=a$에서 연속이라고 한다.

함수 f가 $x=a$에서 연속이기 위한 조건을 다른 말로 얘기하면 "임의의 ϵ에 대하여 δ가 존재해서 x가 a의 δ −근방에 포함되면 $f(x)$는 $f(a)$의 ϵ −근방에 포함된다."가 된다.

예제 3.7

함수 f가 다음과 같을 때 $x=0$에서 연속임을 보여라.

$$f(x)=\begin{cases} 2x\sin\left(\frac{1}{x}\right) & \text{for} \quad x\neq 0 \\ 0 & \text{for} \quad x=0 \end{cases}$$

풀이 $x_0 \in \mathbb{R}$에 대해서 함수 f가 연속이려면 임의의 $\epsilon>0$에 대하여 적절한 $\delta>0$를 찾아야 한다. 여기서 $x_0=0$이며

$$|f(x)-f(x_0)|=|2x\sin\left(\frac{1}{x}\right)-0|\leq|2x|=2|x-x_0|$$

이다. 따라서 주어진 임의의 $\epsilon>0$에 대하여 $0<\delta<\frac{\epsilon}{2}$로 잡으면 $|x-x_0|<\delta$을 만족하는 x에 대하여

$$|f(x)-f(x_0)|<\epsilon$$

가 되어 함수 f는 $x_0=0$에서 연속이 된다.

예제 3.8

함수 f가 다음과 같이 정의될 때 연속성을 밝혀라.

$$f(x)=\begin{cases}1 & \text{for} \quad x\in\mathbb{Q}\\ 0 & \text{for} \quad x\in\mathbb{Q}^c\end{cases}$$

풀이 임의의 점 $x_0\in\mathbb{R}$에 대해서도 함수 f의 좌극한과 우극한이 존재하지 않는다. 따라서 함수의 우연속과 좌연속에 대한 정의를 이용하여 연속성을 파악해 보자. 주어진 $0<\epsilon<1$에 대하여 δ를 아무리 작게 잡아도 x_0의 δ−근방에 무리수와 유리수가 존재한다. 따라서 δ−근방의 x에 대하여 $|f(x)-f(x_0)|=1>\epsilon$이고 연속의 조건을 만족하지 못한다. 이로부터 함수 f가 어느 점에서도 연속이 아니라는 사실을 알 수 있다.

함수 f와 g가 연속함수일 때 두 함수의 합, $f+g$와 곱 fg는 연속이다. 또한 상수 c에 대하여 cf도 연속이고, $g(x)\neq 0$인 x에 대하여 $f(x)/g(x)$도 연속이다.

다음 정리는 두 연속함수의 합성함수도 연속임을 보여 준다.

정리 3.4 함수 $f(x)$는 $x=a$에서 연속이고 함수 $g(y)$는 $y=f(a)$에서 연속이면 이들의 합성함수 $h(x)=g(f(x))$도 $x=a$에서 연속이다.

증명 함수 $g(y)$가 $y=f(a)$에서 연속이므로 임의의 $\epsilon>0$에 대하여 $\delta'>0$이 존재해서 $|y-f(a)|<\delta'$을 만족하는 y에 대하여

$$|g(y)-g(f(a))|<\epsilon$$

을 만족하고, 함수 $f(x)$가 $x=a$에서 연속이므로 주어진 δ'에 대하여 $\delta>0$이 존재해서 $|x-a|<\delta$을 만족하는 x에 대하여

$$|f(x)-f(a)|<\delta'$$

을 만족한다. 따라서 $|x-a|<\delta$을 만족하는 x에 대하여

$$|h(x)-h(a)|=|g(f(x))-g(f(a))|<\epsilon$$

을 만족하므로 $h(x)$는 $x=a$에서 연속이다.

따라서 정리 3.4에 의하면 함수 $f(x)$가 연속이면 $|f(x)|$, $(f(x))^2$, $\log(f(x))$도 연속이다.

정리 3.5 함수 f가 닫힌구간 $[a, b]$에서 연속이면 그 구간에서 유계이다.

증명 주어진 구간에서 유계가 아니라 가정하면 각 자연수 n에 대하여 $|f(x_n)| > n$이 되는 $x_n \in [a, b]$이 존재한다. 이렇게 형성된 수열 $\{x_n\}$은 유계수열이므로 정리 2.4에 따르면 수렴하는 부분수열 $x_{n_k} \to x_0 \in [a, b]$이 존재한다. 함수의 연속성으로부터 $f(x_{n_k}) \to f(x_0)$가 성립하는데 이와 동시에 주어진 가정 $|f(x_n)| > n$(모든 n에서)을 만족할 수 없으므로 함수 f는 유계가 되어야 한다.

위 정리에서 함수의 최댓값 $M = f(x_0)$과 최솟값 $m = f(y_0)$을 갖는 $x_0, y_0 \in [a, b]$가 존재한다. 한편, 열린구간이나 반열린구간에서 연속인 함수는 유계일 필요가 없다. 예를 들면 구간 $(0, 1]$에서 연속함수 $f(x) = \frac{1}{x}$는 유계함수가 아니다.

정리 3.6 (중간값정리, Intermediate Value Theorem) 함수 f가 구간 $[a, b]$에서 연속이며 구간의 경계의 함수값 사이의 중간값 s, 즉 $f(a) < s < f(b)$에 대하여 $x \in (a, b)$가 존재하여 $f(x) = s$가 된다.

증명 집합 $S = \{x \in [a, b] : f(x) \le s\}$는 $a \in S$이므로 공집합이 아니고 또한 위로 유계이다. c를 집합 S의 상한이라고 할 때 $f(c) = s$임을 주장하고자 한다. c가 집합 S의 상한이므로 $x_n \to c$인 수열 $\{x_n\}$이 S에 존재한다. 함수 f의 연속성으로부터 $f(x_n) \to f(c)$가 되며 모든 n에 대하여 $f(x_n) \le s$이므로 $f(c) \le s$가 된다. $b > c$이므로 $y_n = c + (b-c)/n$로 놓으면 $n \to \infty$일 때 $y_n \to c$이고 따라서 $f(y_n) \to f(c)$가 성립한다. 모든 n에 대하여 $f(y_n) > s$이므로 $f(c) \ge s$가 되고 앞의 결과와 합하면 $f(c) = s$가 성립한다.

예제 3.9

다음의 기술이 옳음을 설명하라.

(1) 방정식 $(1-x)\cos x = \sin x$ 는 구간 (0, 1)에서 적어도 하나의 해를 가진다.

(2) 홀수차수 다항식은 적어도 한 개의 실근을 가진다.

풀이

(1) $f(x) = (1-x)\cos x - \sin x$ 라고 하면 $f(0) = 1$, $f(1) = -\sin(1) < 0$이다. 따라서 중간값정리에 의해서 $f(x_0) = 0$ 을 만족하는 x_0가 존재한다.

(2) 다항식

$$p(x) = a_n x^n + a_{n-1} x^{n-1} + \cdots + a_1 x + a_0$$

에서 n이 홀수이며 $a_n \neq 0$이라 하자. 식을 변형하면

$$p(x) = x^n \left(a_n + \frac{a_{n-1}}{x} + \cdots + \frac{a_0}{x^n} \right)$$

가 되고, 만일 $a_n > 0$이라면 $x \to \infty$일 때 $p(x) \to \infty$이며 $x \to -\infty$일 때 $p(x) \to -\infty$가 된다. 따라서 중간값정리에 의해서 $p(x_0) = 0$인 x_0가 존재한다.

중간값정리를 축구에 응용하면 다음과 같은 내용이 가능할 수 있다. 즉, 축구공을 앞이마에 놓고 뛰어가면 공은 뛰는 사람 앞으로 떨어질 것이며, 정수리에 놓고 뛴다면 뒤로 떨어질 것이다. 중간값정리에 의하면 앞이마와 정수리 사이의 위치가 존재하여 달릴 때 공이 떨어지지 않는 지점이 존재하여야 한다.

통계계산 분야에서 구간 (a, b)에서 증가하는 연속함수 f가 $f(a) < 0 < f(b)$를 만족할 때 중간값정리를 이용하여 근을 찾는 계산법이 이분(bisection) 알고리즘이다. 아래의 그림 3.3은 구간 (a_1, b_1)에서 연속이며 $F(a_1) > 0$이고 $F(b_1) < 0$일 때 구간의 이분점 $(a_1 + b_1)/2$에서의 함수값의 부호를 계산하여 $F((a_1 + b_1)/2) < 0$이면 부호가 다른 경곗값 a_1을 이용하여 새로운 크기가 반인 구간 (a_1, b_2), $b_2 = (a_1 + b_1)/2$를 만들고 이 과정을 반복하여 $F(x) = 0$이 되는 근 x를 찾아가는 과정을 도식화한 것이다.

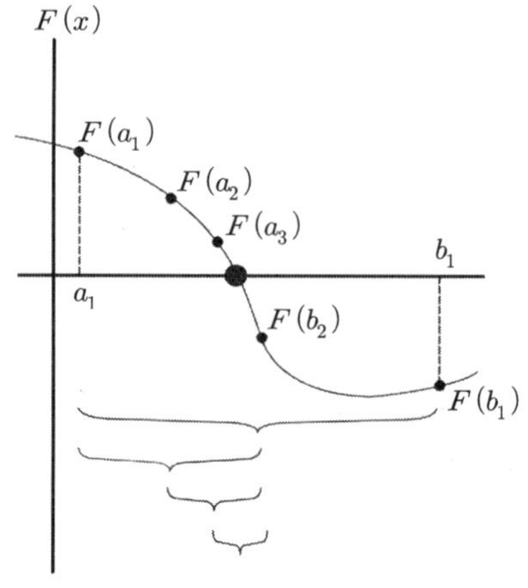

그림 3.3 이분법 알고리즘

예제 3.10

함수 $f(x) = x^2$ 가 $x = 1$ 과 $x = 10$ 에서 연속이라는 사실을 확인하기 위해서 함수의 연속에 대한 두 번째 정의를 이용한다고 할 때 $\epsilon = 0.1$ 에 대하여 적절한 $\delta > 0$를 구하라.

풀이 우선 $x = x_0$ 인 경우 $f(x_0) = x_0^2$ 이고, $f(x_0 \pm \delta) = x_0^2 \pm 2x_0\delta + \delta^2$ 이다. 따라서 $|f(x_0 \pm \delta) - f(x_0)| \le 2|x_0|\delta + \delta^2$ 이 성립하므로 $2|x_0|\delta + \delta^2 < 0.1$ 을 만족하는 δ를 구하면 된다. 즉, 아래와 같이 주어진 x_0 에서 $0 < \delta < \sqrt{x_0^2 + 0.1} - |x_0|$를 만족하는 δ를 정하면 된다.

$$x_0 = 1 \text{ 일 때 } \delta < \sqrt{1.1} - 1 \approx 0.04881$$
$$x_0 = 10 \text{ 일 때 } \delta < \sqrt{100.1} - 10 \approx 0.004999$$

위의 예제에서 보듯이 δ는 ϵ 뿐 아니라 x_0 에 영향을 받는다. 일반적으로 함수의 기울기가 증가할수록 적합한 δ의 값은 작아진다. 위 예제 3.10의 경우에도 $|x_0|$가 클수록 함수의 증가폭이 증가하고 적절한 δ는 작아지는 것을 알 수 있다. 따라서 $f(x) = x^2$ 의 경우 모든 $x = x_0$ 에 대하여 만족하는 하나의 δ를 정할 수 없다. 그러나 어떤 함수의 경우에는 모든 x_0 에 대하여 만족하는 δ가 존재하는 경우가 있는데, 이와 같은 함수를 균등연속함수라고 한다.

■ **균등연속함수**

함수 $f: X \to Y$ 가 임의의 $\epsilon > 0$ 에 대하여 $\delta > 0$ 가 존재해서 $|x-y| < \delta$를 만족하는 모든 $x,\ y \in X$에 대하여 다음을 만족할 때

$$|f(x)-f(y)| < \epsilon$$

함수 f 가 X에서 균등연속함수(uniformly continuous function)라고 한다.

예를 들어 $f(x)=x$ 인 경우 임의의 ϵ 에 대하여 x_0 의 값과 무관하게 $\delta=\epsilon$ 이면 $|x-x_0| < \delta$ 일 때 $|f(x)-f(x_0)| = |x-x_0| < \epsilon$ 을 만족한다. 따라서 $f(x)=x$ 는 균등연속이다. 이외에도 기울기가 유계인 함수들은 균등연속성을 갖는다. 한편, $g(x)=x^2$ 는 위에서 설명한 바와 같이 x 가 $\pm\infty$ 에 가까워질 때 기울기가 $\pm\infty$ 에 가까워지므로 균등연속함수가 아니다. 또한 $g(x)=\log x$ 인 경우는 x 가 0에 가까워질 때 기울기가 ∞ 에 가까워지고, 균등연속함수가 아니다.

다음의 정리는 균등연속함수가 되는 하나의 전형적인 상황을 제시한다.

정리 3.7 유계이고 닫힌구간 I에서 함수 f 가 연속일 때 함수 f 는 구간 I에서 균등연속이다.

예제 3.11

다음 함수들의 연속성과 균등연속성의 여부를 설명하라.

(1) $f(x)=\log x, \quad x > a > 0$

(2) $f(x)=e^{-|x|}$

(3) $f(x)=\sin\dfrac{1}{x}, \quad x > 0$

풀이

(1) 앞에서 설명한 바와 같이 정의역이 $x>0$ 인 경우에는 균등연속이 아니다. 그러나 정의역이 $x > a > 0$일 때는 함수의 기울기가 무한히 증가하지 않고 $x=a$일 때의 기울기보다 작으므로 균등연속함수가 된다. 이를 다음과 같이 수학적으로 설명할 수 있다.

주어진 $\epsilon > 0$에 대하여 $|x-y| < \delta$이면 $|f(x)-f(y)| < \epsilon$을 만족하는 $\delta > 0$를 찾아보자. 우선,

$$|f(x)-f(y)| = |\log x - \log y| \le \log x - \log(x-\delta)$$

이므로 $\log \frac{x}{x-\delta} < \epsilon$를 만족하는 δ를 찾으면 된다. 여기서

$$\begin{aligned} \log \frac{x}{x-\delta} < \epsilon \quad &\Leftrightarrow \quad \frac{x}{x-\delta} < e^{\epsilon} \\ &\Leftrightarrow \quad x < e^{\epsilon}x - e^{\epsilon}\delta \\ &\Leftrightarrow \quad \delta < \frac{e^{\epsilon}-1}{e^{\epsilon}}x \end{aligned}$$

이 성립하므로 이 관계로부터 $\delta = \frac{e^{\epsilon/2}-1}{e^{\epsilon/2}}a$로 구하면 된다. 따라서 균등연속이다.

(2) 함수가 e^x인 경우에는 x가 증가하면서 기울기가 무한히 증가하므로 균등연속함수가 아니다. 그러나 $f(x) = e^{-|x|}$인 경우에는 $|x| \to 0$일 때 기울기가 최대가 되고 유한하므로 균등연속함수가 된다. (1)에서와 비슷하게 수학적으로도 증명이 가능하나 여기서는 생략한다.

(3) 함수가 $\sin x$인 경우에는 기울기가 유계이므로 균등연속이다. 그러나 $f(x) = \sin\frac{1}{x}$의 경우 $x \to 0$일 때 0과 1 사이를 무한히 반복하므로 기울기 무한히 증가, 감소한다. 따라서 균등연속이 아니다.

3.4 함수의 미분과 근사

이 절에서는 우리가 이미 알고 있는 기초적인 미분법을 활용하여 임의의 함수를 다항함수로 근사시키는 방법을 소개하고자 한다.

구간 I에서 정의된 함수 f가 I의 한 점 $x=a$에서 **미분가능**(differentiable)하기 위한 조건은 극한

$$\lim_{x \to a} \frac{f(x)-f(a)}{x-a} \qquad \text{혹은} \qquad \lim_{h \to 0} \frac{f(a+h)-f(a)}{h}$$

이 존재하는 것이다. 이때 극한값을 $f'(a)$로 표현한다. 함수 f가 모든 x에서 미분가능할 때 $f'(x)$를 함수 f의 **도함수**(derivative)라고 한다. 예를 들어 $f(x)=x^k$의 도함수는 $f'(x)=k\,x^{k-1}$이다. 도함수 $f'(x)$이 미분가능할 때 이를 한번 더 미분한 함수를 $f''(x)$ 혹은 $f^{(2)}(x)$로 나타내며, 이를 f의 **2차 도함수**(second derivative)라 한다. 일반적으로 $f(x)$가 k번 미분가능할 때, k번 미분한 함수를 $f^{(k)}(x)$로 나타내며, 이를 f의 **k-차 도함수**(k–th derivative)라 한다, 한편 $f'(x)$를 $\dfrac{d}{dx}f(x)$로, $f^{(k)}(x)$를 $\dfrac{d^k}{dx^k}f(x)$로 나타내기도 한다. 그리고 $x=x_0$에서 함수 $f'(x)$를 k번 미분한 값을 $f^{(k)}(x_0)$ 혹은 $\left.\dfrac{d^k}{dx^k}f(x)\right|_{x=x_0}$로 나타낸다.

구간 I에서 정의된 함수 f가 I의 한 점 $x=a$에서 미분가능하면, $x\to a(x\neq a)$일 때

$$f(x)-f(a)=\frac{f(x)-f(a)}{x-a}(x-a)\to f'(x)\cdot 0=0$$

이다. 따라서 함수 f는 $x=a$에서 연속이다.

다항함수 $f(x)=x^n$의 미분을 구해보자. 이항정리에 의하여 $(a+h)^n=a^n+na^{n-1}h+\cdots+h^n$이므로

$$f'(a)=\lim_{h\to 0}\frac{f(a+h)-f(a)}{h}=\lim_{h\to 0}\frac{(a^n+na^{n-1}h+\cdots+h^n)-a^n}{h}=na^{n-1}$$

이다. 즉 함수 $f(x)=x^n$의 도함수는 $f'(x)=nx^{n-1}$이다. 이러한 관계는 함수 $f(x)=x^\alpha$(단, α는 0이 아닌 상수)에 대해서도 성립하여 $f(x)=x^\alpha$의 도함수는 $f'(x)=\alpha\,x^{\alpha-1}$이다. 예를 들어 $f(x)=x^{\frac{1}{2}}$의 도함수는 $f'(x)=\dfrac{1}{2}x^{-\frac{1}{2}}$이다.

다항함수, 지수함수, 로그함수의 미분은 다음과 같이 정리할 수 있다.

■ 여러 함수의 미분

(1) $(x^\alpha)'=\alpha x^{\alpha-1}$

(2) $(e^x)'=e^x,\quad (e^{f(x)})'=f'(x)\,e^{f(x)}$

(3) $(\log x)'=\dfrac{1}{x},\quad (\log f(x))'=\dfrac{f'(x)}{f(x)}$

일반적인 함수의 미분을 구하기 위해서는 앞에서 설명한 다항함수, 지수함수, 로그함수의 기본적인 형태뿐만 아니라 다양한 연산을 통해 정의된 함수나 합성함수로 정의된 함수의 미분을 구하는 방법을 익히는 것이 유용하다. 다음은 함수들의 연산으로 정의된 함수의 도함수를 얻는 방법을 정리한 것이다.

■ 도함수와 관련한 정리

미분가능한 두 함수 f 와 g 의 연산으로 얻어진 함수들의 도함수는 다음과 같다.

(1) 상수 a, b 에 대하여 $[af(x)+bg(x)]' = af'(x)+bg'(x)$

(2) $[f(x)g(x)]' = f'(x)g(x)+f(x)g'(x)$

(3) $g(x) \neq 0$ 이면 $\left[\dfrac{f(x)}{g(x)}\right]' = \dfrac{f'(x)g(x)-f(x)g'(x)}{g^2(x)}$

(4) $[f(g(x))]' = f'(g(x))g'(x)$

예제 3.12

다음 물음에 답하라.

(1) $f(x) = (a+bx)^k$의 2차 도함수를 구하라.

(2) $g(x) = axe^{bx}$의 도함수를 구하라.

(3) $h(x) = x^a e^{-\frac{x}{b}}$의 도함수를 구하라.

풀이

(1) 도함수와 관련한 정리의 (4)를 이용하면

$$f'(x) = k(a+bx)^{k-1} \cdot b = bk(a+bx)^{k-1}$$

이고, 이 과정을 다시 한 번 반복하면 다음과 같이 2차 도함수를 얻을 수 있다.

$$f''(x) = b^2k(k-1)(a+bx)^{k-2}$$

(2) 도함수와 관련한 정리의 (2)와 (4)를 이용하면 다음과 같이 도함수를 얻을 수 있다.

$$g'(x) = ae^{bx} + axbe^{bx} = (1+xb)ae^{bx}$$

(3) 위 (2)에서와 같이 도함수와 관련한 정리의 (2)와 (4)를 이용하면 다음과 같이 도함수를 얻을 수 있다.

$$h'(x) = ax^{a-1}e^{-\frac{x}{b}} + x^a\left(-\frac{1}{b}\right)e^{-\frac{x}{b}} = \left(a - \frac{x}{b}\right)x^{a-1}e^{-\frac{x}{b}}$$

합성함수 미분법을 이용하면 지수함수와 로그함수에 대하여 다음과 같은 결과를 얻을 수 있다.

(1) $f(x) = e^{g(x)}$일 때, $f'(x) = g'(x)e^{g(x)}$

(2) $f(x) = \log g(x)$일 때, $f'(x) = \dfrac{g'(x)}{g(x)}$

예제 3.13

다음 물음에 답하라.

(1) $f(x) = e^{3x^2+2x}$의 도함수를 구하라.

(2) $f(x) = \log(3x^2+2x)$의 도함수를 구하라.

풀이

(1) $g(x) = 3x^2 + 2x$라고 할 때, $f(x) = e^{g(x)}$이다. 함수 $f(x) = e^{g(x)}$에 대하여 $f'(x) = g'(x)e^{g(x)}$임을 이용하면 도함수를 다음과 같이 얻을 수 있다.

$$f'(x) = (6x+2) \cdot e^{3x^2+2x}$$

(2) $g(x) = 3x^2 + 2x$라고 할 때, $f(x) = \log g(x)$이다. 함수 $f(x) = \log g(x)$에 대하여 $f'(x) = \dfrac{g'(x)}{g(x)}$임을 이용하면 도함수를 다음과 같이 얻을 수 있다.

$$f'(x) = \frac{6x+2}{3x^2+2x}$$

다른 관점으로 함수 $f(x)$가 $x=a$에서 미분가능함을 작은 o를 이용하면

$$f(a+h)=f(a)+f'(a)h+o(h)$$

로 표현할 수 있다. 즉 $x=a+h$에서의 함수의 값을 h에 대한 선형식 $f(a)+f'(a)h$과 나머지 $o(h)$의 합으로 표현할 수 있다. 다시 말하면 $x=a$ 부근에서 함수 $f(a+h)-f(a)$가 선형함수 $g(h)=f'(a)h$로 근사할 수 있다는 것이다. 도함수 값 $f'(a)$는 기울기로서 구간 $[a, a+h]$의 함수값의 차이를 구간 길이 h보다 늘리거나 ($|f'(a)|>1$) 줄이거나($|f'(a)|<1$), 조정하는 역할을 한다고 볼 수 있다.

■ **평균값정리(Mean Value Theorem)**

함수 f가 구간 $[a, b]$에서 연속이고 (a, b)에서 미분가능하면 다음을 만족하는 상수 $c\in(a, b)$가 존재한다.

$$f(b)-f(a)=f'(c)(b-a)$$

예제 3.14

구간 $[a, b]$에서 정의된 미분가능한 실수함수 f가 상수함수일 필요충분조건은 모든 $x\in[a, b]$에 대하여 $f'(x)=0$ 이다. 이를 증명하라.

풀이 미분의 정의에 따라 f가 상수함수이면 $f'(x)=0$ 이다. 역을 증명하려면 $a<x\le b$라고 할 때 평균값정리에 의하면 $c\in(a, x)$가 존재하여 $f(x)-f(a)=f'(c)(x-a)$를 만족한다. 조건에 의하면 $f'(c)=0$이므로 $f(x)=f(a)$가 성립한다. x는 임의의 값이므로 f는 상수함수가 된다.

평균값정리를 이용하여 함수의 선형근사를 다음과 같이 생각할 수 있다. 함수 f가 x_0에서 미분가능하다고 할 때 다음의 선형 다항식을 고려해 보자.

$$P_1(x)=f(x_0)+f'(x_0)(x-x_0)$$

이 함수는 $P_1(x_0)=f(x_0)$이고, $P_1'(x_0)=f'(x_0)$이므로 $(x_0, f(x_0))$에서의 함수 f의 접선방정식이고, $f(x)$의 x_0 근방에서의 자연스러운 선형근사가 된다. 함수 f와 선형근사함수의 차이를 $R_1(x)=f(x)-P_1(x)$로 놓으면 $R_1(x)$는 오차함수이며 다음 정리로부터 오차함수의 크기를 가늠할 수 있다.

■ **확장된 평균값정리**

함수 f와 f' 이 구간 $[a,b]$ 에서 연속이고 f' 은 구간 (a,b)에서 미분가능하면 다음을 만족하는 $c \in (a,b)$가 존재한다.

$$f(b)=f(a)+f'(a)(b-a)+\frac{f''(c)}{2}(b-a)^2$$

위 정리에서 $b=x$, $a=x_0$로 놓으면

$$R_1(x)=f(x)-P_1(x)=\frac{f''(c)}{2}(x-x_0)^2$$

가 된다. 따라서 $f''(c)$가 유한하면 위 식은 $x \to x_0$일 때 오차함수 $R_1(x)$가 얼마나 빨리 0에 가까워지는지를 나타낸다. 이를 확장하여 함수 f를 보다 높은 차수의 다항식으로 함수를 근사하면 더 좋은 근사함수를 얻을 수 있으며 이 결과가 다음의 테일러 정리이다.

■ **테일러 정리(Taylor's theorem)**

구간 $[a,b]$ 에서 정의된 함수 f가 n차 도함수까지 존재할 때, $x \in [a,b]$에 대하여 적절한 $c \in (a,x)$가 존재해서

$$f(x)=f(a)+f'(a)(x-a)+\frac{f''(a)}{2!}f(x-a)^2+\cdots+\frac{f^{(n-1)}(a)}{(n-1)!}(x-a)^{n-1}+\frac{f^{(n)}(c)}{n!}(x-n)^n$$

을 만족한다.

다항식

$$P_n(x) = f(a) + f'(a)(x-a) + \frac{f''(a)}{2!}(x-a)^2 + \cdots + \frac{f^{(n)}(a)}{n!}(x-a)^n$$

을 **n차 테일러 다항식**이라고 하며 함수 f를 $P_n(x)$로 근사할 때 오차를 나타내는 **나머지 항**(remainder term)은 $x \to a$일 때

$$R_n(x) = f(x) - P_n(x) = \frac{f^{(n+1)}(c)}{(n+1)!}(x-a)^{n+1} = O(|x-a|^{n+1}) = o(|x-a|^n)$$

로 표현할 수 있다.

예제 3.15

다음 함수를 제시한 a값 주변에서 차수에 따라 테일러 다항식으로 근사하라.

(1) $x^2 + 3x + 2, \quad a = 1, \quad n = 2$

(2) $\sin x, \quad a = 0, \quad n = 5$

(3) $\sqrt{x}, \quad a = 1, \quad n = 4$

풀이

(1) $f(x) = x^2 + 3x + 2$에 대하여 $f'(x) = 2x + 3$, $f''(x) = 2$이므로 $f'(1) = 5$, $f''(2) = 2$이다. 따라서 $a = 1$ 근처에서 2차 테일러 다항식으로 근사하면

$$P_2(x) = f(1) + f'(1)(x-1) + \frac{f''(1)}{2!}(x-1)^2 = 6 + 5(x-1) + (x-1)^2$$

이며, 이 경우는 $x^2 + 3x + 2 = P_2(x)$이 성립한다.

(2) 주어진 함수의 $f^{(2m)}(0) = 0$이므로 홀수 차수만 남는다. 따라서

$$P_5(x) = x - \frac{x^3}{3!} + \frac{x^5}{5!}$$

이 되고 $P_5 = P_6$이므로 $\sin x = P_5(x) + O(x^7)$으로 표현할 수 있다.

(3) $f(x)=\sqrt{x}$ 를 $a=1$ 근처에서 4차 테일러 다항식으로 근사하면

$$P_4(x)=1+\frac{1}{2}(x-1)-\frac{1}{8}(x-1)^2+\frac{1}{16}(x-1)^3-\frac{5}{128}(x-1)^4$$

이 되고 $\sqrt{x}=P_4(x)+O((x-1)^5)$ 으로 표현할 수 있다.

만약 함수 f 가 모든 차수의 도함수가 존재한다고 하면 테일러 정리의 식은

$$f(x)=f(a)+\sum_{n=1}^{\infty}\frac{(x-a)^n}{n!}f^{(n)}(a)=\sum_{n=0}^{\infty}\frac{(x-a)^n}{n!}f^{(n)}(a)$$

이 되고, 이때의 급수를 **테일러 급수**라고 한다. 특히 $a=0$ 일 때

$$f(x)=f(0)+\sum_{n=1}^{\infty}\frac{x^n}{n!}f^{(n)}(0)=\sum_{n=0}^{\infty}\frac{x^n}{n!}f^{(n)}(0)$$

를 **매클로린 급수**(Maclaurin's series)라고 한다.

예제 3.16

다음 함수에 대하여 $a=0$ 근처에서 테일러(매클로린) 급수를 구하라.

(1) $h(x)=(1+x)^3$

(2) $f(x)=e^{cx}$

(3) $g(x)=\log(1+x)$

풀이

(1) 함수 h 는 $h(0)=1$, $h'(0)=3$, $h''(0)=6$, $h'''(0)=6$ 이고, $n\geq 4$ 일 때 $h^{(n)}(0)=0$ 이다. 따라서 h 의 매클로린 급수는 다음과 같다.

$$\begin{aligned} h(x)&=h(0)+xh'(0)+\frac{x^2}{2}h''(0)+\frac{x^3}{3!}h'''(0)\\ &=1+3x+3x^2+x^3 \end{aligned}$$

(2) 함수 f 의 n −차 도함수는 $f^{(n)}(x)=c^n f(x)$ 이므로 $f^{(n)}(0)=c^n$ 이고, 따라서 f 의 매클로린 급수는 다음과 같다.

$$f(x)=f(0)+\sum_{n=1}^{\infty}\frac{x^n}{n!}f^{(n)}(0)=1+\sum_{n=1}^{\infty}\frac{x^n}{n!}c^n=\sum_{n=0}^{\infty}\frac{(cx)^n}{n!}$$

(3) 함수 g는 $g'(x)=\dfrac{1}{(1+x)}$, $g''(x)=-\dfrac{1}{(1+x)^2}$, $g^{(3)}(x)=\dfrac{2}{(1+x)^3}$이고, 임의의 n에 대하여 $g^{(n)}(x)=(-1)^{n-1}\dfrac{(n-1)!}{(1+x)^n}$이다. 따라서 테일러 정리에 의하여 다음과 같다.

$$g(x)=x-\frac{x^2}{2}+\frac{x^3}{3}+\cdots+(-1)^{n-1}\frac{x^n}{n}+\cdots$$

함수를 n차 테일러 다항식과 나머지 항의 합으로 표현할 때 이 예제로부터 다음과 같은 매우 간단한 형태의 근사 함수식을 얻을 수 있다. 즉, 1차 테일러 다항식을 이용하면 $x\to 0$일 때

$$e^x=1+x+o(|x|)\approx 1+x$$
$$\log(1+x)=x+o(|x|)\approx x$$

을 만족한다. 이 결과를 이용하면 앞 장의 연습문제 2.8의 경우도 쉽게 보여 줄 수 있다.

이 예제 3.16의 결과는 통계학에서 유용하게 이용되는데, 다음의 예제 3.17은 하나의 예를 제시한다.

예제 3.17

음이 아닌 정수값을 갖는 확률변수 X의 확률질량함수가 $p(n)$일 때 X의 적률생성함수(moment generating function) $\phi(t)$와 확률생성함수(probability generating function) $\psi(t)$는 다음과 같이 정의된다.

$$\phi(t)=\sum_{n=0}^{\infty}e^{tn}p(n),\qquad \psi(t)=\sum_{n=0}^{\infty}t^n p(n)$$

확률변수 X가 모수가 λ인 포아송(Poisson)분포를 따른다고 할 때, X의 적률생성함수와 확률생성함수를 구하라.

풀이 포아송 확률변수의 확률질량함수는 다음과 같이 주어진다.

$$p(n) = \frac{\lambda^n e^{-\lambda}}{n!}, \; n = 0, 1, 2, \ldots$$

따라서 적률생성함수는 매클로린 급수를 이용하면 $\sum_{n=0}^{\infty} \frac{(\lambda e^t)^n}{n!} = e^{\lambda e^t}$가 되어

$$\phi(t) = \sum_{n=0}^{\infty} e^{tn} p(n) = e^{-\lambda} \sum_{n=0}^{\infty} \frac{(\lambda e^t)^n}{n!} = e^{-\lambda} e^{\lambda e^t} = \exp[\lambda(e^t - 1)]$$

이고, 동일한 방법으로 확률생성함수를 구하면 다음과 같다.

$$\psi(t) = \sum_{n=0}^{\infty} t^n p(n) = e^{-\lambda} \sum_{n=0}^{\infty} \frac{(\lambda t)^n}{n!} = e^{-\lambda} e^{\lambda t} = \exp[\lambda(t-1)]$$

적절한 조건하에서 적률생성함수의 $k(=1, 2, \ldots)$차 도함수를 $t=0$에서 계산하면 확률변수의 k차 (비중심)적률을 구할 수 있다. 즉,

$$E(X^k) = \mu'_k = \left. \frac{d^k \phi(t)}{dt^k} \right|_{t=0}$$

가 성립한다. 포아송 확률변수의 적률생성함수는 $\phi(t) = \exp[\lambda(e^t - 1)]$이므로 $\phi'(t)|_{t=0} = \lambda e^t \exp(\lambda(e^t - 1))|_{t=0} = \lambda$가 된다.

같은 방법으로 확률생성함수 $\psi(t)$에서도 다음과 같이 확률을 생성할 수 있다.

$$\frac{1}{k!} \left. \frac{d^k \psi(t)}{dt^k} \right|_{t=0} = p(k) = P(X=k), \; k = 1, 2, \ldots$$

통계학에서 확률변수 X의 함수 $g(X)$를 $X=\mu$ 부근에서 1차 테일러 다항식으로 근사시키면 다음과 같다.

$$g(X) \approx g(\mu) + g'(\mu)(X - \mu)$$

따라서 $g(X)$의 기댓값과 분산을 근사식을 이용하여 구하면

$$E[g(X)] \approx E[g(\mu) + g'(\mu)(X-\mu)] = g(\mu) = g[E(X)]$$
$$Var(g(X)) \approx g'(\mu)^2 Var(X)$$

가 된다. 예를 들어 $g(X)=1/X$라고 하면

$$E(1/X) \approx 1/\mu, \qquad Var(1/X) \approx (1/\mu)^4\, Var X$$

을 만족하므로 확률변수 $1/X$의 근사적인 기댓값과 분산을 구할 수 있다.

만약 이 근사적인 값보다 더 정확한 근삿값을 원한다면 2차 테일러 다항식으로 근사시키면 된다. 즉,

$$g(X) \approx g(\mu) + g'(\mu)(X-\mu) + \frac{g'(\mu)^2}{2!}(X-\mu)^2$$

가 된다. 위 예에서 $g(X)=1/X$이라면 $E(\frac{1}{X}) \approx \frac{1}{\mu} + \frac{\sigma^2}{2\mu^4}$ 로 근사할 수 있다.

지금까지는 변수가 하나인 일변수 함수의 미분에 대해 다루었다. 일반적으로는 함수에 영향을 주는 변수가 여러 개일 수 있다. 예를 들어 $f(x,y)=2x^2+3xy+y^2$는 두 개의 변수 x, y의 함수이며, 이 함수는 정의역이 $\mathbb{R}^2$이고 공역이 $\mathbb{R}$ 인 함수이다. 변수가 두 개인 함수를 이변수 함수(bivariate function)라고 하며, 변수가 여러 개인 함수를 다변수 함수(multivariate function)라고 한다. 여기에서는 주로 이변수 함수의 미분법에 대해 설명하고자 한다.

이변수 함수 $f(x,y)$에 대하여 한 점 $(x,y)=(a,b)$에서 변수 x의 값이 변함에 따라 함숫값 $f(x,y)$의 변화율의 극한

$$\lim_{h \to 0} \frac{f(a+h,b)-f(a,b)}{h}$$

이 존재할 때, 이 값을 $\frac{\partial}{\partial x} f(x,y) \Big|_{(x,y)=(a,b)}$ 로 표현한다. 이 극한을 점 (x,y)에서 구한 값을 간단히 $\frac{\partial}{\partial x} f(x,y)$ 또는 $\frac{d}{dx} f(x,y)$로 나타낸다. 즉

$$\frac{\partial}{\partial x} f(x,y) = \lim_{h \to 0} \frac{f(x+h,y)-f(x,y)}{h}$$

이고, 이를 x에 대한 **편도함수**(partial derivative)라고 한다. 이 극한에서 주목할 점은 변수 y의 값은 변하지 않고 고정된 상태에서 변수 x의 값의 변화에 따른 함숫값의 변화율의 극한이라는 것이다. 따라서 x에 대한 편도함수 $\frac{\partial}{\partial x} f(x,y)$를 구할 때는 다른 변수인 y는 상수처럼 간주하면 된다.

마찬가지로 변수 y의 값이 변함에 따라 함숫값 $f(x,y)$의 변화율의 극한이 존재할 때, 이를 y에 대한 편도함수(partial derivative)라고 하며, $\frac{\partial}{\partial y}f(x,y)$로 나타낸다. 즉

$$\frac{\partial}{\partial y}f(x,y) = \lim_{h \to 0}\frac{f(x,y+h)-f(x,y)}{h}$$

이다.

예제 3.18

함수 $f(x,y)=3x^2y^3e^{3x+y}$에 대하여 다음 물음에 답하라.

(1) x에 대한 편도함수 $\frac{\partial}{\partial x}f(x,y)$를 구하라.

(2) y에 대한 편도함수 $\frac{\partial}{\partial y}f(x,y)$를 구하라.

풀이

(1) x에 대한 편도함수 $\frac{\partial}{\partial x}f(x,y)$를 구하려면 다른 변수인 y는 상수로 간주하고 함수 $f(x,y)$를 x에 대해 미분하면 된다. 따라서 편도함수 $\frac{\partial}{\partial x}f(x,y)$는 다음과 같다.

$$\frac{\partial}{\partial x}f(x,y) = 6xy^3e^{3x+y}+9x^2y^3e^{3x+y}$$

(2) y에 대한 편도함수 $\frac{\partial}{\partial y}f(x,y)$를 구하려면 다른 변수인 x는 상수로 간주하고 함수 $f(x,y)$를 y에 대해 미분하면 된다. 따라서 편도함수 $\frac{\partial}{\partial y}f(x,y)$는 다음과 같다.

$$\frac{\partial}{\partial y}f(x,y) = 9x^2y^2e^{3x+y}+3x^2y^3e^{3x+y}$$

다변수 함수에 대한 미분은 6장에서 자세히 설명할 것이다.

3.5 함수의 적분

이 절에서는 미분의 반대 개념인 적분에 대해 알아보도록 하자. 함수 $f(x)$에 대하여, $F'(x)=f(x)$인 함수 $F(x)$를 $f(x)$의 **역도함수**(anti-derivative)라고 한다. $F(x)$가 $f(x)$의 역도함수일 때, 상수 c에 대하여 $(F(x)+c)'=f(x)$이므로 $F(x)+c$ 역시 $f(x)$의 역도함수이다. 함수 $f(x)$의 역도함수인 $F(x)+c$를 $f(x)$의 **부정적분**(indefinite integral)이라고 하며, 기호로 다음과 같이 나타낸다.

$$\int f(x)\,dx = F(x)+c$$

함수 $f(x)=x^{\alpha}$에 대하여 $f'(x)=\alpha x^{\alpha-1}$ (단, $\alpha \neq 1$)이므로 $\alpha x^{\alpha-1}$의 부정적분은 다음과 같다.

$$\int \alpha x^{\alpha-1}\,dx = x^{\alpha}+c$$

지수함수 $e^{ax}\,(a \neq 0)$의 도함수가 ae^{ax}이므로

$$\int ae^{ax}dx = e^{ax}+c \quad \text{혹은} \quad \int e^{ax}dx = \frac{1}{a}e^{ax}+c$$

이 성립한다. 일반적으로 $\left(e^{f(x)}\right)'=f'(x)e^{f(x)}$이므로 이를 부정적분으로 나타내면 다음과 같다.

$$\int f'(x)e^{f(x)}dx = e^{f(x)}+c$$

로그함수 $\log|f(x)|$의 도함수가 $\dfrac{f'(x)}{f(x)}$이므로 이를 부정적분으로 나타내면 다음과 같다.

$$\int \frac{f'(x)}{f(x)}dx = \log|f(x)|+c$$

위 식에서 $f(x)$가 양수일 때는 간단히 $\displaystyle\int \frac{f'(x)}{f(x)}dx = \log f(x)+c$로 나타낸다. 예를 들어 $\log(x^2+2x+5)$의 도함수가 $\dfrac{2x+2}{x^2+2x+5}$이므로

$$\int \frac{2x+2}{x^2+2x+5}dx = \log(x^2+2x+5)+c$$

이다.

다항함수, 지수함수, 로그함수의 부정적분은 다음과 같이 정리할 수 있다.

■ 여러 함수의 부정적분

(1) $\int x^{\alpha}dx = \frac{1}{\alpha+1}x^{\alpha+1}+c$ (단, $\alpha \neq -1$)

(2) $\int e^x dx = e^x + c$, $\int f'(x)e^{f(x)}dx = e^{f(x)}+c$

(3) $\int \frac{1}{x}dx = \log|x|+c$, $\int \frac{f'(x)}{f(x)}dx = \log|f(x)|+c$

구간 $[a, b]$를 n개의 같은 간격의 작은 구간으로 나누고 각 작은 구간의 길이를 $\triangle x$, 각 작은 구간의 점 x_i에 대하여 다음 극한이 존재할 때

$$\lim_{n\to\infty}\sum_{i=1}^{n} f(x_i)\cdot\triangle x$$

이 값을 구간 $[a, b]$에서 $f(x)$의 **정적분**(definite integral)이라고 하며, 기호로 $\int_a^b f(x)dx$로 나타낸다. 위의 극한이 유한할 때 함수 $f(x)$는 구간 $[a, b]$에서 적분가능(integrabe)하다고 한다. 정적분은 구간 $[a, b]$에서 x축과 함수 $f(x)$의 그래프로 둘러싸인 영역의 넓이를 일반화한 것으로 볼 수 있다.

함수 $f(x)$가 구간 $[a, b]$에서 연속이면 $f(x)$는 구간 $[a, b]$에서 적분가능함을 보일 수 있다. 미적분학의 기본정리(fundamental theorem of calculus)는 부정적분과 정적분 사이의 관계를 보여준다.

■ 미적분학의 기본정리

(1) 함수 f가 구간 $[a,b]$에서 연속일 때, $a \le x \le b$에서 정의된 함수 $F(x)=\int_a^x f(t)dt$는 $a<x<b$에서 미분가능하며 $F'(x)=f(x)$이다.

(2) 함수 f와 F가 구간 $[a,b]$에서 연속이며 $a<x<b$에서 $F'(x)=f(x)$일 때, $\int_a^b f(t)dt = F(b)-F(a)$이다.

미적분의 기본정리를 이용하면 다항함수, 지수함수, 로그함수의 정적분에 대하여 다음 결과를 얻을 수 있다.

(1) $\int_a^b x^\alpha\, dx = \frac{1}{\alpha+1} x^{\alpha+1} \Big]_a^b = \frac{1}{\alpha+1}(b^{\alpha+1} - a^{\alpha+1})$ (단, $\alpha \neq -1$)

(2) $\int_a^b e^x\, dx = e^x \Big]_a^b = e^b - a^a$, $\int_a^b f'(x) e^{f(x)}\, dx = e^{f(x)} \Big]_a^b = e^{f(b)} - e^{f(a)}$

(3) $\int_a^b \frac{1}{x}\, dx = \log x \Big]_a^b = \log b - \log a$,

$\int_a^b \frac{f'(x)}{f(x)}\, dx = \log f(x) \Big]_a^b = \log f(b) - \log f(a)$

합성함수와 곱함수의 미분법도 적분에 활용될 수 있다. 함수 $f(x)$와 $g(x)$가 미분가능할 때, 합성함수 $f(g(x))$를 미분하면

$$[f(g(x))]' = f'(g(x))g'(x)$$

이므로 $f'(g(x))g'(x)$에 대한 부정적분은 다음과 같이 나타낼 수 있다.

$$\int f'(g(x))g'(x)dx = f(g(x)) + c$$

이를 정적분으로 나타내면 다음과 같다.

$$\int_a^b f'(g(x))g'(x)dx = f(g(x)) \Big]_a^b = f(g(b)) - f(g(a))$$

한편 $f(g(b)) - f(g(a)) = \int_{g(a)}^{g(b)} f'(t)\, dt$이므로 위 식은 다음과 같이 나타낼 수 있다.

$$\int_a^b f'(g(x))g'(x)\, dx = f(g(b) - f(g(a)) = \int_{g(a)}^{g(b)} f'(t)\, dt$$

$t = g(x)$라고 할 때 $\frac{dt}{dx} = g'(x)$이므로 위 식의 왼편은 $\int_a^b f'(g(x)) \frac{dt}{dx}\, dx$라고 표현할 수도 있다. 이러한 적분 방법을 **치환적분**(integration by substitution)이라고 한다.

함수 $f(x)$와 $g(x)$가 미분가능할 때, 곱함수 $f(x)g(x)$를 미분하면 다음과 같다.

$$[f(x)g(x)]' = f'(x)g(x) + f(x)g'(x)$$

따라서 $f'(x)g(x) + f(x)g'(x)$에 대한 부정적분은 다음과 같이 나타낼 수 있다.

$$\int (f'(x)g(x) + f(x)g'(x))dx = f(x)g(x) + c$$

이를 정적분으로 나타내면 다음과 같다.

$$\int_a^b [f'(x)g(x) + f(x)g'(x)]\,dx = f(x)g(x)\Big]_a^b$$

이를 정리하면

$$\int_a^b f'(x)g(x)dx = f(x)g(x)\Big]_a^b - \int_a^b f(x)g'(x)dx$$

이 성립한다. 이러한 적분 방법을 **부분적분**(integration by parts)이라고 한다.

■ 치환적분과 부분적분

함수 f는 미분가능하고, g는 연속일 때 다음을 만족한다.

- 치환적분 : $\displaystyle\int_a^b g(f(x))f'(x)dx = \int_{f(a)}^{f(b)} g(y)dy$
- 부분적분 : $\displaystyle\int_a^b f'(x)g(x)dx = f(x)g(x)\Big]_a^b - \int_a^b f(x)g'(x)dx$

예제 3.19

다음 적분을 실행하라.

(1) $\displaystyle\int_0^\infty e^{-2x}dx$

(2) $\displaystyle\int_0^\infty xe^{-\frac{1}{2}x^2}dx$

(3) $\displaystyle\int_1^2 \log x\,dx$

(4) $\displaystyle\int_0^\infty xe^{-x}dx$

풀이

(1) 함수 e^{-2x} 의 역도함수가 $F(x)=-\frac{1}{2}e^{-2x}$ 이므로

$$\int_0^\infty e^{-2x}dx = F(\infty)-F(0)=-\frac{1}{2}e^{-\infty}+\frac{1}{2}e^0=\frac{1}{2}$$

이다.

(2) 치환적분을 이용하기 위해서 $g(y)=e^{-y}$, $y=f(x)=\frac{1}{2}x^2$ 라고 놓으면 $f'(x)=x$ 이고, $xe^{-\frac{1}{2}x^2}=g(f(x))f'(x)$가 성립한다. 따라서 $dy=xdx$로부터 다음과 같이 얻을 수 있다.

$$\int_0^\infty xe^{-\frac{1}{2}x^2}dx=\int_0^\infty g(f(x))f'(x)dx=\int_{f(0)}^{f(\infty)}g(y)dy=\int_0^\infty e^{-y}dy=1$$

(3) 부분적분을 이용하고자 $f'(x)=1$, $g(x)=\log x$라 하면 $f(x)=x$, $g'(x)=1/x$이다. 따라서 다음과 같이 구할 수 있다.

$$\int_1^2 \log x\, dx = x\log x\Big]_1^2-\int_1^2 1dx=2\log 2-1$$

(4) $f'(x)=e^{-x}, g(x)=x$라고 할 때 $f(x)=-e^{-x}, g'(x)=1$이므로, 부분적분법에 의하여 다음과 같이 구할 수 있다.

$$\begin{aligned}\int_0^\infty xe^{-x}dx &= -xe^{-x}\Big]_0^\infty+\int_0^\infty e^{-x}dx\\ &=\int_0^\infty e^{-x}dx=-e^{-x}\Big]_0^\infty=1\end{aligned}$$

적분 식으로 표현된 식을 미분할 필요성이 있는 경우도 있다. 미적분학의 기본정리에서 설명한 것처럼 함수 f가 닫힌 구간 $[a,b[$에서 연속일 때, 열린 구간 (a,b)에 속하는 x에 대하여 다음이 성립한다.

$$\frac{d}{dx}\int_a^x f(t)dt=f(x)$$

적분 범위를 x의 함수로 일반화한 $\int_{g(x)}^{h(x)} f(t)dt$를 x에 대해 미분한 결과도 비슷한 방법으로 얻을 수 있다. $F'(x)=f(x)$라고 할 때, 다음이 성립한다.

$$\int_{g(x)}^{h(x)} f(t)dt = F(t)\Big]_{g(x)}^{h(x)} = F(h(x)) - F(g(x))$$

즉 함수 $f(x)$가 연속이고 함수 $g(x)$와 $h(x)$가 미분가능 할 때 다음이 성립한다.

$$\frac{d}{dx}\int_{g(x)}^{h(x)} f(t)dt = \frac{d}{dx}[F(h(x)) - F(g(x))] = f(h(x))h'(x) - f(g(x))g'(x)$$

예제 3.20

다음 물음에 답하라.

(1) $\dfrac{d}{dx}\displaystyle\int_0^x te^{t^2}dt$를 구하라.

(2) $\dfrac{d}{dx}\displaystyle\int_{3x}^{x^2} te^{t^2}dt$를 구하라.

풀이

(1) 앞에서 설명한 적분 식의 미분법을 이용하면 다음 결과를 얻을 수 있다.

$$\frac{d}{dx}\int_0^x te^{t^2}dt = xe^{x^2}$$

(2) 적분 범위 $3x$와 x^2이 모두 미분가능하고, 도함수가 각각 3과 $2x$이므로 다음 결과를 얻을 수 있다.

$$\frac{d}{dx}\int_{3x}^{x^2} te^{t^2}dt = x^2e^{x^4}\cdot 2x - 3xe^{9x^2}\cdot 3 = 2x^3e^{x^4} - 9xe^{x^2}$$

통계학에서 연속확률변수 X의 확률밀도함수를 f라고 하면 분포함수는 다음과 같이 정의한다.

$$F(x) = P(X \le x) = \int_{-\infty}^{x} f(t)\,dt$$

이때 $P(-\infty < X < \infty) = 1$ 이므로 확률밀도함수를 실수 전체에서 적분하면 1이라는 사실을 알 수 있다. 이 사실은 통계학에서 필요한 많은 적분계산을 용이하게 해 준다. 예를 들어 위의 예제 3.19의 (1)의 결과로부터

$$\int_0^\infty 2e^{-2x}dx = 1$$

이 성립하는데, 함수 $2e^{-2x}I_{\{x>0\}}$는 기댓값이 1/2인 지수분포의 확률밀도함수이다. 일반적으로 기댓값이 $1/\lambda$ 인 지수분포의 확률밀도함수 $\lambda e^{-\lambda x}I_{\{x>0\}}$를 이용하여

$$\int_0^\infty \lambda e^{-\lambda x}dx = 1$$

를 쉽게 계산할 수 있다.

연속확률변수의 평균(μ)과 분산(σ^2)은 확률밀도함수 $f(x)$를 이용하여 다음과 같이 정의한다.

$$\mu = E(X) = \int_{-\infty}^\infty xf(x)dx$$
$$\sigma^2 = Var(X) = \int_{-\infty}^\infty (x-\mu)^2 f(x)dx$$

또한 k차 중심적률(k−th central moment) $\mu_k\,(k=1,2,\ldots)$은

$$\mu_k = E[(X-\mu)^k] = \int_{-\infty}^\infty (x-\mu)^k f(x)dx$$

로 표현된다. 2차 중심적률은 분산이다($\sigma^2 = \mu_2$).

연속확률변수의 증가함수 $Y = h(X)$에 대하여 다음이 성립함을 쉽게 알 수 있다.

$$P(a < Y < b) = P(h^{-1}(a) < X < h^{-1}(b)) = \int_{h^{-1}(a)}^{h^{-1}(b)} f_X(x)dx$$

위 식에서 $x = h^{-1}(y)$로 변환하면 $dx = \dfrac{dh^{-1}(y)}{dy}dy$이고, 미분의 연쇄법칙에 따르면 모든 a, b에 대하여 다음이 성립한다.

$$P(a < Y < b) = \int_a^b f_X(h^{-1}(y))\frac{dh^{-1}(y)}{dy}dy$$

연속확률변수 Y의 확률밀도함수를 f_Y라 하면 정의에 따라 모든 a, b에 대하여

$$P(a < Y < b) = \int_a^b f_Y(y)dy$$

이므로 다음이 성립한다.

$$f_Y(y) = f_X(h^{-1}(y)) \cdot \frac{dh^{-1}(y)}{dy}$$

만약 h가 감소함수라면 위 식의 우변은 음수가 되므로 모든 증가함수와 감소함수에 대하여

$$f_Y(y) = f_X(h^{-1}(y)) \cdot \left| \frac{dh^{-1}(y)}{dy} \right|$$

가 성립한다.

예제 3.21

확률변수 X, 평균 0, 표준편차 1인 정규확률변수라고 할 때 $Y = \sigma X + \mu (\sigma > 0)$의 확률밀도함수를 구하라.

풀이 $y = \sigma x + \mu = h(x)$로부터 $x = \frac{y - \mu}{\sigma} = h^{-1}(y)$이고, $\frac{dh^{-1}(y)}{dy} = \frac{1}{\sigma}$이다.
표준정규분포를 따르는 확률변수 X의 확률밀도함수는 $\phi(x) = \frac{1}{\sqrt{2\pi}} e^{-x^2/2}$이므로 위의 설명과 같이 확률변수 Y의 확률밀도함수는

$$f_Y(y) = \phi(h^{-1}(y)) \cdot \frac{dh^{-1}(y)}{dy} = \frac{1}{\sqrt{2\pi}\,\sigma} e^{-\frac{(x \quad \mu)^2}{2\sigma^2}}$$

이다.

다음은 적분에서의 평균값정리를 기술한 것이다.

■ 적분의 평균값정리

함수 f 가 구간 $[a, b]$ 에서 연속이면 다음 조건을 만족하는 $c \in (a, b)$ 가 존재한다.

$$f(c) = \frac{\int_a^b f(x)dx}{b-a}$$

위 정리에서 $f(c)$는 함수 $f(x)$의 구간 (a, b)에서 평균값이라 할 수 있다. 즉,

$$\int_a^b f(c)dx = \int_a^b f(x)dx$$

가 되어 일반적인 평균의 의미와 일치한다.

연속확률변수 X의 확률밀도함수를 f, 분포함수를 F라 하면 적분의 평균값정리에 의하면 $c \in (x-\delta, x+\delta)$가 존재해서

$$P(x-\frac{\delta}{2} < X < x+\frac{\delta}{2}) = F(x+\delta/2) - F(x-\delta/2) = \int_{x-\delta/2}^{x+\delta/2} f(u)du = \delta f(c)$$

이고, 테일러 정리에 의하면 $f(c) = f(x) + O(\delta)$이므로

$$P(x-\frac{\delta}{2} < X \leq x+\frac{\delta}{2}) = \delta f(x) + o(\delta)$$

로 표현할 수 있다. 즉, 확률변수 X가 x 주변의 값을 가질 확률은 대략 주변의 길이(δ)와 x에서의 확률밀도함수의 값을 곱한 면적으로 구할 수 있다.

확률변수 T가 제품의 수명을 나타낸다고 할 때, 제품이 시간 t까지 작동하고 이후 짧은 시간 δ 이내 $(t, t+\delta)$에서 고장이 날 확률은 $P(t < T \leq t+\delta | T \geq t)$이다. 확률변수 T의 분포함수를 F, 확률밀도함수를 f라 하고 적분의 평균값정리를 이용하면

$$P(t < T \leq t+\delta | T \geq t) = \frac{P(t < T \leq t+\delta)}{P(T \geq t)} = \frac{F(t+\delta) - F(t)}{1-F(t)} = \frac{\delta f(t) + o(\delta)}{1-F(t)}$$

을 얻을 수 있다. 신뢰성분석에서 사용하는 고장률(failure rate)함수는 위 식에서 $\delta \to 0$일 때 시간 $T = t$에서의 순간 고장률로 다음과 같이 정의한다.

$$\lambda(t) = \lim_{\delta \to 0} \frac{1}{\delta} P(t \leq T \leq T + \delta \mid T \geq t) = \frac{f(t)}{1 - F(t)}$$

확률변수 T가 제품의 수명이 아니라 사람의 수명에 적용되면 고장률함수는 위험률함수(hazard function)라고도 하며 생존분석 분야에서 많이 사용하는 함수이다.

예제 3.22

어떤 제품의 수명(T)이 평균이 $1/\lambda$인 지수분포를 따른다고 할 때 고장률함수를 구하라.

풀이 $T \sim \text{Exp}(\lambda)$이므로 확률밀도함수는 $f(t) = \lambda e^{-\lambda t}$이며 $F(t) = 1 - e^{-\lambda t}$가 된다. 따라서 고장률함수는

$$\lambda(t) = \frac{\lambda e^{-\lambda t}}{1 - (1 - e^{-\lambda t})} = \lambda$$

가 되어 고장률이 시간에 관계없이 일정한 상수가 된다. 즉, 어떤 제품의 수명이 지수분포를 따른다고 하면 특정 시점에서의 제품의 고장률은 제품의 사용시간과 무관하게 일정하다.

통계학에서 많이 이용하는 감마함수는 다음과 같이 적분을 이용하여 정의된다.

■ **감마함수(Gamma Function)**

$$\Gamma(\alpha) = \int_0^{\infty} x^{\alpha - 1} e^{-x} dx, \quad \alpha > 0$$

정리 3.8 감마함수는 다음과 같은 성질을 갖는다.

(1) $\Gamma(\alpha + 1) = \alpha \Gamma(\alpha)$

(2) $\Gamma(n) = (n-1)!$, $n \in \mathbb{N}$

(3) $\Gamma(1/2) = \sqrt{\pi}$

증명

(1) 감마함수의 정의로부터 다음과 같이 얻을 수 있다.

$$\Gamma(\alpha+1)=\int_0^\infty x^\alpha e^{-x}dx=-x^\alpha e^{-x}\Big]_0^\infty+\alpha\int_0^\infty x^{\alpha-1}e^{-x}dx=\alpha\Gamma(\alpha)$$

(2) $\Gamma(1)=1$이라는 사실과 위 (1)의 결과를 순차적으로 이용하면 $n\in\mathbb{N}$에 대하여

$$\Gamma(n)=(n-1)\Gamma(n-1)=\cdots=(n-1)!\Gamma(1)=(n-1)!$$

을 얻을 수 있다.

(3) 함수의 정의로부터 $\Gamma(1/2)=\int_0^\infty x^{-1/2}e^{-x}dx$이고, $\sqrt{x}=t$라 놓으면 $x^{-1/2}dx=2dt$이다. 한편 정규분포의 확률밀도함수를 적분하면 1이라는 사실로부터

$$\int_0^\infty \frac{1}{\sqrt{\pi}}e^{-x^2}dx=\int_0^\infty \frac{1}{\sqrt{2\pi}(1/\sqrt{2})}e^{-\frac{x^2}{2(1/2)}}dx=\frac{1}{2}$$

이 성립하므로

$$\Gamma(1/2)=\int_0^\infty 2e^{-t^2}dt=\sqrt{\pi}$$

를 얻을 수 있다.

통계학에서 자주 접하는 적분문제로 중적분이 있다. 중적분의 2차원 이상의 공간에 정의된 함수를 원하는 구역에서 적분하는 것이다. 여기서는 2차원 공간에서 하는 적분을 다루고자 한다. 일반적으로 함수 $f:\mathbb{R}^2\to\mathbb{R}$을 $A\subset\mathbb{R}^2$에서 적분한다는 것은 다음과 같이 표현할 수 있다.

$$\int\int_{(x,y)\in A} f(x,y)dx\,dy \quad \text{혹은} \quad \int\int_{(x,y)\in A} f(x,y)dy\,dx$$

적분은 안쪽부터 순차적으로 이루어지는데, $dx\,dy$로 쓰인 앞의 경우에는 x 좌표축에 대한 적분을 먼저 구하고, 그 구해진 함수를 y 좌표축에 대하여 적분하는 것을 의미한다. 한편 $dy\,dx$로 쓰인 뒤의 경우에는 y 좌표축에 대한 적분을 먼저 실시한 후 x 좌표축에

대하여 계산하는 것이다. 함수가 적분가능할 때 이 두 경우의 결과가 같으며, 따라서 적분을 시행하는 순서는 중요하지 않고 다만 수월성에 의해 결정된다.

이 적분 계산에서 중요한 문제는 구역 A를 각 좌표축에서 어느 구역으로 표현하느냐 하는 것이다. 이는 예제들을 통하여 연습하기로 하자.

예제 3.23

다음 함수를 주어진 구간에서 적분하라.

$$f(x, y) = 2e^{-x}e^{-2y}, \qquad x > 0, \quad y > 0$$

(1) $0 < x < t, \quad 0 < y < \infty$

(2) $1 < x < \infty, \quad 0 < y < 1$

(3) $0 < x < y < \infty$

(4) $\dfrac{x}{y} < u$

풀이 (1)과 (2) 두 경우에는 x와 y의 구역이 서로 연관이 없이 독립적으로 정해져 있다. 따라서 이 경우에는 각 좌표축에 정해져 있는 대로 표현하면 된다. (3)과 (4)의 경우에는 각 구역이 서로 연관되어 있다. 이 경우에는 처음 적분을 시행하는 좌표축에서는 두 구역의 관계를 고려하여 정하고 나머지 좌표축에서는 그 관계를 고려하지 않고 나머지 제한조건만을 고려하여 구역을 정한다. 예를 들어 (3)의 경우 x에 대하여 먼저 적분을 하는 경우 x가 $(0, y)$인 구역에서 먼저 적분을 하고 그 적분의 결과를 y에 대해서 $(0, \infty)$에서 적분을 한다. 만약 y에 대하여 먼저 적분을 하는 경우 y가 (x, ∞)인 구역에서 먼저 적분을 하고 그 적분의 결과를 x에 대해서 $(0, \infty)$에서 적분을 한다. 즉, 다음을 만족한다.

$$\iint_{0<x<y<\infty} f(x, y)dxdy = \int_0^\infty \int_0^y f(x, y)dxdy = \int_0^\infty \int_x^\infty f(x, y)dydx$$

(1) $$\int_0^t \int_0^\infty 2e^{-x}e^{-2y}dy\,dx = \int_0^t e^{-x}\left(\int_0^\infty 2e^{-2y}dy\right)dx$$
$$= 1 - e^{-t}$$

(2) $$\int_0^1 \int_1^\infty 2e^{-x}e^{-2y}dx\,dy = \int_1^\infty e^{-x}dx \int_0^1 2e^{-2y}dy$$
$$= e^{-1}(1 - e^{-2})$$

(3) $\int_0^\infty\int_x^\infty 2e^{-x}e^{-2y}dy\,dx = \int_0^\infty e^{-x}\left(\int_x^\infty 2e^{-2y}dy\right)dx$

$$= \int_0^\infty e^{-x}(e^{-2x})dx$$

$$= 1/3$$

(4) 주어진 구역 $\frac{x}{y} < u$은 다르게 표현하면 $0 < x < uy < \infty$ 이거나 $0 < \frac{x}{u} < y < \infty$ 이다. 따라서 x 에 대하여 먼저 적분한다고 할 때 앞의 표현을 이용하여 다음과 같이 구할 수 있다.

$$\int_0^\infty\int_0^{uy} 2e^{-(x+2y)}dxdy = \int_0^\infty 2e^{-2y}(1-e^{-uy})dy$$

$$= 1 - \int_0^\infty 2e^{-(2+u)y}dy$$

$$= 1 - \frac{2}{(2+u)}$$

다음의 예제는 다양한 함수의 중적분과정을 보여 준다.

예제 3.24

다음 함수들의 적분을 실행하라.

(1) $f(x,y) = ye^{-2y}e^{-xy}, \quad 0 < x < \infty, \quad 0 < y < \infty$

(2) $f(x,y) = \dfrac{e^{-x/y}e^{-y}}{y}, \quad x > 0, \quad y > 0$

(3) $f(x,y) = x^4ye^{-y}, \quad 0 < y < \infty, \quad 0 < x < y$

(4) $f(x,y) = x^3e^{-y}, \quad 0 < x < y < \infty$

(5) $f(x,y) = \frac{1}{8}xy^2(x^2-y)e^{-x}, \quad 0 < x < \infty, \quad -x \le y \le x$

풀이

(1) $\int_0^\infty e^{-2y}\int_0^\infty ye^{-xy}\,dx\,dy = \frac{1}{2}\int_0^\infty 2e^{-2y}dy = \frac{1}{2}$

(2) $\int_0^\infty e^{-y}\int_0^\infty \frac{1}{y}e^{-\frac{1}{y}x}\,dx\,dy = \int_0^\infty e^{-y}dy = 1$

(3) $\int_0^\infty ye^{-y}\int_0^y x^4 dx\,dy = \frac{1}{5}\int_0^\infty y^6 e^{-y} dy = \frac{\Gamma(7)}{5} = 144$

(4) $\int_0^\infty x^3 \int_x^\infty e^{-y}\,dy\,dx = \int_0^\infty x^3 e^{-x} dx = \Gamma(4) = 6$

(5) $\int_0^\infty \int_{-x}^x \frac{1}{8} xy^2(x^2 - y)e^{-x} dy\,dx$

$= \int_0^\infty \frac{1}{8} x^3 e^{-x} \int_{-x}^x y^2 dy\,dx - \int_0^\infty \frac{1}{8} xe^{-x} \int_{-x}^x y^3 dy\,dx$

$= \int_0^\infty \frac{1}{12} x^6 e^{-x}\,dx$

$= \frac{\Gamma(7)}{12}$

$= 60$

다음은 스털링 공식이라고 알려진 근사식을 적분을 이용하여 설명한다.

예제 3.25

스털링 공식(Sterling equation) 적분을 이용하여 다음을 설명하라.

$$m \to \infty \text{일 때 } m! \approx \sqrt{2\pi}\, m^{m+1/2} e^{-m}$$

풀이 $m! = \Gamma(m+1) = \int_0^\infty x^m e^{-x} dx$

$$= \int_0^\infty \exp(m\log x - x)dx \qquad [\ x = my,\ dx = m\,dy\ ]$$

$$= \int_0^\infty \exp(m\log m + m\log y - my)m\,dy$$

$$= m^{m+1}\int_0^\infty \exp(m(\log y - y))dy$$

$$= m^{m+1}e^{-m}\int_0^\infty \exp(m(\log y - y + 1))dy$$

이때 앞의 예제 3.16(3)의 결과로부터

$$\log y = \log(1+(y-1)) = y-1-\frac{(y-1)^2}{2}+\frac{(y-1)^3}{3}-\cdots$$

이므로 이를 대입하면

$$m! = m^{m+1}e^{-m}\int_0^{\infty}\exp\left(-m\frac{(y-1)^2}{2}\right)\exp\left(m\frac{(y-1)^3}{3}-\cdots\right)dy$$

여기서 $t=\sqrt{m}(y-1)$이라 놓으면 $dt=\sqrt{m}\,dy$이므로

$$m! = m^{m+1/2}e^{-m}\int_{-\sqrt{m}}^{\infty}\exp\left(-\frac{t^2}{2}\right)\exp\left(O\left(\frac{1}{\sqrt{m}}\right)\right)dy \approx \sqrt{2\pi}\,m^{m+1/2}e^{-m}$$

이다.

다음 정리들은 몇 개의 유용한 적분 부등식을 제공한다.

■ 몇 개의 유용한 적분 부등식

(1) 함수 f가 구간 $[a, b]$에서 적분가능하면 $|f|$도 적분가능하며 다음을 만족한다.

$$\left|\int_a^b f(x)dx\right| \le \int_a^b |f(x)|dx$$

(2) 횔더 부등식(Hölder's inequality) 실수 p, q가 $1/p+1/q=1\ (1\le p,\ q\le\infty)$를 만족하며 함수 $f,\ g$가 적분가능하면 다음을 만족한다.

$$\left|\int f(x)g(x)dx\right| \le \left(\int |f(x)|^p dx\right)^{1/p}\left(\int |g(x)|^q dx\right)^{1/q}$$

다음의 코시-슈바르츠 부등식은 횔더 부등식에서 $p=q=2$인 특별한 예로 볼 수 있다.

정리 3.9 **코시-슈바르츠 부등식**(Cauchy-Schwartz Inequality) 함수 f, g가 모두 구간 $[a,\ b]$에서 적분가능하면 다음을 만족한다.

$$\left(\int_a^b f(x)g(x)dx\right)^2 \le \left(\int_a^b f^2(x)dx\right)\left(\int_a^b g^2(x)dx\right)$$

(증명) 상수 α에 대하여 $\int_a^b (f(x)+\alpha\, g(x))^2 dx \ge 0$을 만족한다. 따라서

$$\int_a^b f^2(x)dx + 2\alpha\int_a^b f(x)g(x)dx + \alpha^2\int_a^b g^2(x)dx \ge 0$$

이 성립하고 이 부등식이 모든 α에 대하여 성립하기 위해서는 근의 공식으로부터 $(b^2 - 4ac \le 0)$ 다음을 만족해야 한다.

$$\left(\int_a^b f(x)g(x)dx\right)^2 - \left(\int_a^b f^2(x)dx\right)\left(\int_a^b g^2(x)dx\right) \le 0$$

정리 3.10 **체비셰프 부등식**(Chebyshev's Inequality) 확률변수 X의 기댓값 μ와 분산 σ^2이 존재하면 임의의 양수 k에 대하여 다음 부등식이 성립한다.

$$P(|X-\mu| \ge k\sigma) \le \frac{1}{k^2}$$

(증명) 연속확률변수인 경우에 증명하자.

$$\sigma^2 = \int_{-\infty}^{\infty}(x-\mu)^2 f(x)dx = \int_{|x-\mu|<k\sigma} + \int_{|x-\mu|\ge k\sigma} \ge \int_{|x-\mu|\ge k\sigma}(x-\mu)^2 f(x)dx$$

이며 마지막 적분의 피적분함수 $(x-\mu)^2$을 $k^2\sigma^2$으로 대체하면

$$\sigma^2 \ge k^2\sigma^2\int_{|x-\mu|\ge k\sigma} f(x)dx = k^2\sigma^2 P(|X-\mu| \ge k\sigma)$$

이 되고 이식을 정리하면 원하는 부등식을 얻는다.

정리 3.11 **젠센 부등식(Jensen's Inequality)** 확률변수 X 의 기댓값 $\mu = E(X)$이 유한하고 함수 $\phi(x)$가 이차 미분가능하고 볼록함수(convex)라면 다음이 성립한다.

$$E[\phi(X)] \geq \phi[E(X)]$$

증명 $\phi(x)$가 볼록함수이므로 $\phi''(x) \geq 0$이 된다. 평균값정리를 μ 주변에 적용하면

$$\phi(X) = \phi(\mu) + (X - \mu)\phi'(c)$$

이다. 여기서 c는 μ와 X 사이의 값이다. 만일 $X > \mu$라면 $c > \mu$이고 따라서 $\phi'(c) \geq \phi'(\mu)$이므로

$$\phi(X) - \phi(\mu) = (X - \mu)\phi'(c) \geq (X - \mu)\phi'(\mu)$$

이다. 또한 $X < \mu$ 라면 $c < \mu$이고 $\phi'(c) \leq \phi'(\mu)$이므로 위 부등식을 만족한다. 따라서 양쪽에 기댓값을 취하면

$$E[\phi(X) - \phi(\mu)] \geq \phi'(\mu)E(X - \mu) = 0$$

을 만족하므로 따라서 $E[\phi(X)] \geq \phi(\mu) = \phi[E(X)]$이 성립한다.

3.6 연습문제

3.1 다음의 극한을 구하라.

(1) $\lim_{x \to 1}(2x + 3)$　　(2) $\lim_{x \to 1}(x^3 + x)$

3.2 다음 함수가 $x = x_0$에서 극한이 존재하는지 확인하라.

(1) $x_0 = 0,\quad f(x) = x \sin\left(\frac{1}{x}\right)$

(2) $x_0 = 1,\quad f(x) = \begin{cases} \sin \dfrac{5}{x-1} & x < 1 \\ 0 & x = 1 \\ \dfrac{0.1}{x-1} & x > 1 \end{cases}$

3.3 다음 함수의 주어진 점 x_0에서 좌극한과 우극한을 구하고 극한이 존재하는지 확인하라. 단, 그림에서 한 눈금의 간격은 1로 한다.

(1) $x_0 = 0$, $f(x) = \dfrac{1}{1+2^{-1/x}}$

(2) $x_0 = 0$, 그림 3.4에 주어진 함수

(3) $x_0 = 1$, 그림 3.5에 주어진 함수

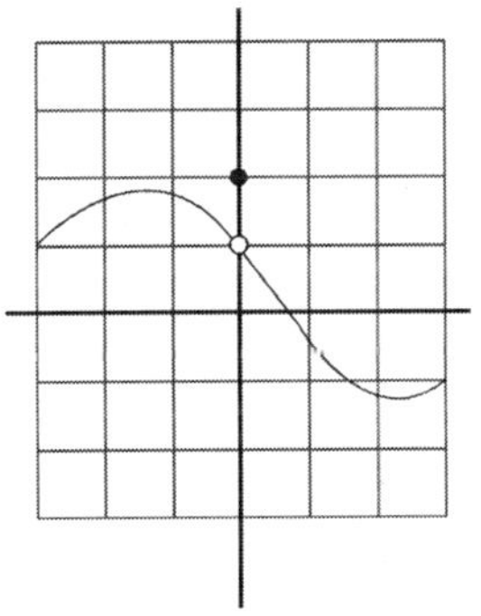

그림 3.4

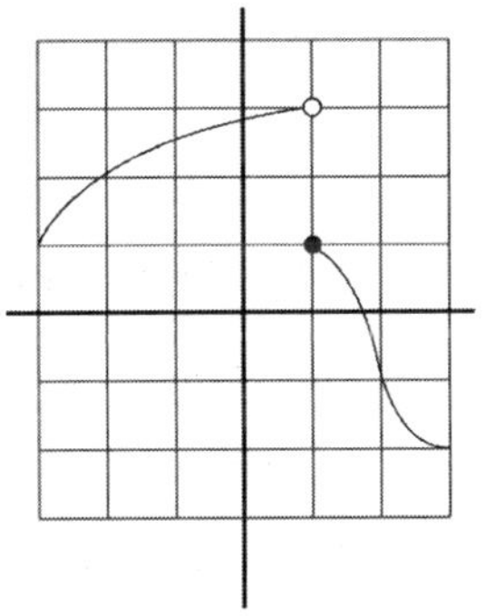

그림 3.5

3.4 다음 함수

$$f(x) = \begin{cases} a + bx & \text{if } x > 2 \\ 3 & \text{if } x = 2 \\ b - ax^2 & \text{if } x < 2 \end{cases}$$

에서 $\lim_{x \to 2} f(x)$가 존재하고 그 값이 $f(2)$가 되도록 a, b를 구하라.

3.5 다음 함수의 극한을 구하라. (단, $\sec(x) = 1/\cos(x)$)

(1) $\lim_{x \to 0} \dfrac{1 - \cos x}{x}$ (2) $\lim_{x \to 0} \dfrac{\sec x - 1}{x}$

3.6 ϵ과 δ를 사용하는 연속함수의 정의를 사용하여 함수 $f(x)$가 $x = a$에서 연속일 때, 함수 $2f(x)$도 $x = a$에서 연속임을 설명하라.

3.7 다음 각 경우의 함수를 큰 O와 작은 o를 이용하여 표현하라.

(1) $x \to \infty$, $f(x) = 3x^3 + 4x^2$ (2) $x \to 0$, $f(x) = 3x^3 + 4x^2$

3.8 다음 기술의 옳고 그름을 판단하라.

(1) $O(x) = O(\sqrt{x}), \quad x \geq 1$

(2) $O(\sqrt{x}) = O(x), \quad x \geq 1$

(3) $g(x) = o(1)$이면 $\dfrac{1}{1+o(g(x))} = 1 + o(g(x))$가 성립한다.

(4) 만일 $x \to \infty$에서 $i = 1, 2$에 대하여 $f_i(x) = O(g_i(x))$이면 $x \to \infty$에서 $f_1(x) + f_2(x) = O(g_1(x) + g_2(x))$이 성립한다. (단, $g_1(x)$와 $g_2(x)$는 양수 값을 가지는 함수이다.)

3.9 다음 계단함수(step function)의 불연속인 지점을 밝히고 그 점에서 우연속이나 좌연속의 여부를 판단하라.

(1) $f(x) = I_{[0,1)}(x)$

(2) $f(x) = 4I_{(-5,1)}(x) + 3I_{[1,\infty)}(x)$

(3) $f(x) = 0.5I_{\{0\}}(\mathrm{x}) + \mathrm{I}_{(0,\infty)}(\mathrm{x})$

3.10 함수의 연속성의 두 번째 정의를 이용하여 함수 $f(x) = \sqrt{x}$의 연속성을 판단하라.

3.11 다음 함수의 $x = 3$과 $x = -3$에서 연속성을 판단하라.

$$f(x) = \begin{cases} \dfrac{x^3 - 27}{x^2 - 9} & \text{if } x \neq 3 \\ \dfrac{9}{2} & \text{if } x = 3 \end{cases}$$

3.12 다음의 세 함수가 모두 정의되고, 모두 연속인 x값들의 집합을 구하라.

$$f(x) = \sqrt{x^2 - 2x}, \quad g(x) = \log\left(\frac{x-1}{x+2}\right), \quad h(x) = (\sin(x^{20} + 5))^{1/3}$$

3.13 정리 3.4를 이용하여 다음 함수의 연속성을 판단하라.

(1) $f(x) = \dfrac{\sin(x^2+1)}{x}$

(2) $f(x) = \dfrac{x + \cos(\log x)}{1 - \sqrt{x}}$

3.14 중간값정리를 이용하여 다음을 보여라.

(1) 함수 $f(x)=\log x-1$의 해는 2와 3 사이에 있다.

(2) 함수 $f(x)=x^5+2x^3+x-5$는 한 개 이상의 실수 근이 존재한다.

(3) 함수 $f(x)=x^2+\cos(\pi x)$의 값이 4가 되는 x값이 구간 [0,2] 사이에 존재한다.

3.15 다음 함수들에 대하여 주어진 구간에서 연속인지 균등연속인지 판단하라.

(1) $f(x)=\dfrac{1}{x+2},\quad x>0$

(2) $f(x)=\left[\dfrac{x-1}{3-x}\right]^{1/2},\quad 1\le x<3$

3.16 다음 함수들에 대하여 주어진 구간에서 연속인지 균등연속인지 판단하라.

(1) $f(x)=\sqrt{x},\quad x\in[0,\infty)$

(2) $f(x)=x^3,\quad x\in(-\infty,\infty)$

3.17 함수 $f(x)=1/x^2$은 구간 $[1,\infty)$에서는 균등연속이지만 $(0,1]$에서는 균등연속이 아님을 보여라.

3.18 함수 $f(x)=x^2$은 연속이지만 구간 $(0,\infty)$에서 균등연속이 아님을 보여라.

3.19 다음 함수가 $x=0$에서 미분가능한지 확인하라.

(1) $f(x)=\begin{cases}x^2\sin(1/x) & x\ne 0\\ 0 & x=0\end{cases}$

(2) $f(x)=\begin{cases}x\sin(1/x) & x\ne 0\\ 0 & x=0\end{cases}$

(3) $f(x)=\begin{cases}1/x & x\ne 0\\ 0 & x=0\end{cases}$

3.20 함수 $f(x)=x^4+\sin(x^2)-\log(x)e^x+7$의 1차 도함수를 구하라.

3.21 다음 함수의 주어진 구간 $[a,b]$에서 평균값정리를 사용할 수 있는지 확인하고 가능한 경우에 $f(b)-f(a)=f'(c)(b-a)$를 만족하는 상수 c를 구하라.

(1) $f(x)=(x+1)^3,\quad [-1,1]$ (2) $f(x)=\dfrac{x-4}{x-3},\quad [0,5]$

3.22 다음과 같은 함수의 조건이 주어졌을 때 $f(1)$의 최댓값을 구하라.

$$\text{조건: } f(0)=-2, \quad f'(x) \le 8 \quad \forall\, x$$

3.23 어떤 승용차가 고속도로를 주행하는 중에 터널 입구에서 카메라에 찍힌 속도가 시속 60km이었고 1분 후 터널을 통과직후 속도도 시속 60km이었다고 하자. 터널의 길이가 2km라고 할 때 이 승용차가 터널 내부에서 제한속도인 시속 100km를 넘은 지점이 있다는 것을 평균값정리를 이용하여 설명하라.

3.24 다음 함수들을 $x=a(\neq 0)$에서의 선형근사식과 나머지 $o(h)$의 합으로 표현하라.

(1) $f(x)=x^2$　　　　(2) $f(x)=1/x$

3.25 다음 함수를 제시한 값($x=0$) 주변에서 n차 테일러 다항식을 구하라.

(1) e^x　　　　(2) $\dfrac{1}{1-x}$　　　　(3) $\log(1+x)$

3.26 테일러 정리를 이용하여 다음을 보여라.

$$\lim_{x\to 0}\left(\frac{1-\cos x}{x^2}\right)=\frac{1}{2}$$

3.27 $f(x)=\cos x$를 $x=0$ 주변에서 차수가 4인 테일러 다항식을 구하고, 이 다항식과 함수의 차이를 나타내는 오차함수의 가장 큰 항의 order를 구하라.

3.28 다음 함수의 매클로린 급수를 구하라.

$$f(x)=\log(1+2x)$$

3.29 포아송분포의 확률질량함수가 $p(n)=e^{-\lambda}\lambda^n/n!$일 때 기댓값 $\sum_{n=0}^{\infty} np(n)$을 매클로린 급수를 이용하여 구하라.

3.30 어떤 질병에 걸릴 확률을 p라 하자. 이때 $g(p) = \log\left(\frac{p}{1-p}\right)$를 로그오즈라고 한다. n명 중 X명이 이 질병에 걸렸다면 $\hat{p} = \frac{X}{n}$으로 추정을 하고 $g(\hat{p})$으로 $g(p)$를 추정한다고 하자. 이때 테일러 다항식 근사를 이용하여 $Var(g(\hat{p}))$의 근사적인 값을 구하라.

3.31 $\int_2^3 \log 2x \, dx$를 계산하라.

3.32 확률변수 Y의 분포함수가 다음과 같을 때 $W = \sqrt{Y}$의 확률밀도함수를 구하라.

$$F(y) = \begin{cases} 1 - e^{-y}, & y \geq 0 \\ 0, & y < 0 \end{cases}$$

3.33 구간 $[0, 1]$에서 함수 $f(x) = x(1-x)$가 적분의 평균값정리를 만족하도록 적당한 c값을 구하라.

3.34 다음은 확률변수 X의 확률밀도함수이다. 기댓값이 존재하는지 확인하라.

$$f(x) = \frac{1}{\pi(1+x^2)}, \qquad -\infty < x < \infty$$

3.35 $\int_0^\infty \int_0^\infty e^{-x/y^2} e^{-y} \, dy \, dx$를 계산하라.

3.36 주어진 구간에서 다음 함수의 적분을 구하라.

$$f(x, y) = xy(x^2 - y)e^{-2x}, \quad 0 < x < \infty, \quad -x \leq y \leq x$$

3.37 평균이 μ이고 분산이 σ^2인 확률표본 $X_1, X_2, \ldots, X_n$이 주어졌을 때 체비셰프 부등식을 이용하여 임의의 $\epsilon > 0$에 대하여 $n \to \infty$일 때 다음이 성립함을 보여라.

$$P(|\overline{X} - \mu| > \epsilon) \to 0$$

4장

벡터와 행렬

이 장에서는 선형대수의 기본인 벡터와 행렬에 대해서 소개한다. 1절에서는 행렬과 벡터의 정의와 종류 그리고 그와 관련한 기본적인 개념을 다루고, 2절에서는 행렬의 합과 곱에 대한 기초적인 연산방법을 공부한다. 3절에서는 행렬식과 이에 관련된 성질 및 행렬의 곱에 대한 역원인 역행렬을 다룬다. 4절은 행렬의 거듭제곱이 자기 자신과 같은 행렬의 성질과 대칭행렬을 이용한 이차형식에 대해 알아본다.

4.1 행렬

행렬(matrix)은 다음과 같이 m개의 **행**(row)과 n개의 **열**(column)을 mn개의 숫자로 채운 모양을 기본으로 한다.

$$A=\begin{pmatrix} a_{11} & a_{12} & \dots & a_{1n} \\ a_{21} & a_{22} & \dots & a_{2n} \\ \vdots & \vdots & \ddots & \vdots \\ a_{m1} & a_{m2} & \dots & a_{mn} \end{pmatrix}$$

이때 A를 **차수**(order)가 $m \times n$인, 혹은 간단히 $m \times n$ 행렬이라고 한다. 실수값 a_{ij}는 행렬 A의 i번째 행, j번째 열의 원소((i, j)−번째 원소)를 나타낸다. 이 원소를 이용하여 행렬 A를 $\{a_{ij}\}$로 표현하기도 한다.

행렬의 행의 수와 열의 수가 같을 때, 즉, $m=n$일 때 행렬 A를 차수가 m인 **정사각행렬**(square matrix)이라고 한다. 정사각행렬 중에 대각원소를 제외한 모든 원소가 0인 행렬을 **대각행렬**(diagonal matrix)이라고 하는데, 보통 대각행렬은 D로 표현하며 대각원소를 이용하여 다음과 같이 간단하게 행렬을 표현할 수 있다.

$$D=\begin{pmatrix} a_{11} & 0 & \dots & \dots & 0 \\ 0 & a_{22} & 0 & \dots & 0 \\ \vdots & 0 & \ddots & & \vdots \\ \vdots & \vdots & & \ddots & 0 \\ 0 & 0 & \dots & 0 & a_{mm} \end{pmatrix} = diag(a_{11},\ a_{22},\ \dots,\ a_{mm})$$

대각행렬 중에서 대각의 원소가 모두 1일 때 이를 **단위행렬**(identity matrix) 또는 항등행렬이라고 하고, 보통 이를 I로 표현하거나 차수를 밝혀야 할 경우에는 차수를 아래첨자에 넣어 I_m으로 표현한다. 또한 정사각행렬 중에서 대각원소와 그 오른쪽 위의 원소를 제외한 나머지 원소는 모두 0인 행렬을 위삼각행렬(upper triangular matrix), 대각원소와 그 왼쪽 아래의 원소를 제외한 나머지 원소는 모두 0인 행렬을 아래삼각행렬(lower triangular matrix)이라고 한다. 예를 들어

$$A=\begin{pmatrix} 1 & 2 & 3 \\ 0 & 4 & 5 \\ 0 & 0 & 6 \end{pmatrix}, \qquad B=\begin{pmatrix} 1 & 0 & 0 \\ 2 & 3 & 0 \\ 4 & 5 & 6 \end{pmatrix}$$

가 있을 때 A는 위삼각행렬이고, B는 아래삼각행렬이다.

벡터(vector)는 행렬의 하나의 특별한 경우라고 할 수 있는데, $n=1$ 인 경우의 행렬, 즉 $m\times 1$ 행렬을 **열벡터**(column vector)라고 하고, $m=1$ 인 경우의 행렬, 즉 $1\times n$ 행렬을 **행벡터**(row vector)라고 한다. 위의 $m\times n$ 행렬 A 의 i –번째 행벡터는 $(a_{i1}, a_{i2}, \ldots, a_{in})$이고, j –번째 열벡터는 $\begin{pmatrix} a_{1j} \\ a_{2j} \\ \vdots \\ a_{mj} \end{pmatrix}$이다. 또한 $m=n=1$ 인 행렬, 즉 원소가 하나인 행렬을 **스칼라**(scalar)라고 한다. 보통 벡터를 스칼라와 구분하기 위해서 진하게(bold) 표현하고, 특별한 언급이 없으면 앞으로 벡터는 열벡터를 의미한다.

앞으로 많이 사용하는 특별한 벡터를 소개하자면 모든 원소가 0인 영벡터를 $\mathbf{0}$, 모든 원소가 1인 일벡터를 $\mathbf{1}$, 그리고 단위행렬의 i 번째 열벡터, 즉 i 번째 원소만 1이고 나머지 원소는 모두 0인 벡터를 $\boldsymbol{e}_i$로 표현한다. 예를 들어 $m=5$ 일 때 영벡터, 일벡터, 단위벡터와 단위행렬을 표현하면 다음과 같다.

$$\mathbf{0}=\begin{pmatrix} 0 \\ 0 \\ 0 \\ 0 \\ 0 \end{pmatrix}, \quad \mathbf{1}=\begin{pmatrix} 1 \\ 1 \\ 1 \\ 1 \\ 1 \end{pmatrix}, \quad \boldsymbol{e}_2=\begin{pmatrix} 0 \\ 1 \\ 0 \\ 0 \\ 0 \end{pmatrix}, \quad I_5=(\boldsymbol{e}_1, \boldsymbol{e}_2, \boldsymbol{e}_3, \boldsymbol{e}_4, \boldsymbol{e}_5)$$

행렬에서 행과 열의 역할을 바꿀 때 얻어지는 행렬을 **전치행렬**(transpose matrix)이라고 한다. $m\times n$ 행렬 A 의 전치행렬은 $n\times m$ 행렬이 되고 A' (또는 A^t)로 표현한다. 전치행렬 A' 의 (i,j) –번째 원소는 A 의 (j,i) –번째 원소이다. 다음은 전치행렬의 간단한 예를 보여 준다.

$$B=\begin{pmatrix} 2 & 0 & 3 \\ -1 & 2 & 0 \end{pmatrix} \Rightarrow B'=\begin{pmatrix} 2 & -1 \\ 0 & 2 \\ 3 & 0 \end{pmatrix}$$

위에서 보는 바와 같이 B의 첫 번째 행벡터 $(2,0,3)$을 전치시키면 B' 의 첫 번째 열벡터 $\begin{pmatrix} 2 \\ 0 \\ 3 \end{pmatrix}$을 얻을 수 있다. 일반적으로 행벡터를 전치시키면 열벡터가 되고 열벡터를 전치시키면 행벡터를 얻는다. 위에서 우리가 진하게 표현하는 벡터는 열벡터를 나타낸다고 하였는데, 따라서 행벡터는 열벡터 $\boldsymbol{a}$의 전치($\boldsymbol{a}'$)로 표현해야 한다. 위의 $m\times n$ 행렬 A 에서 열벡터와 행벡터가 모두 관심의 대상일 때 이를 표현하기 위해서 두 개의 첨자를 써서 다음과 같은 벡터를 이용하여

$$\boldsymbol{a}_{i\,.} = \begin{pmatrix} a_{i1} \\ a_{i2} \\ \vdots \\ a_{in} \end{pmatrix}, \qquad \boldsymbol{a}_{.\,j} = \begin{pmatrix} a_{1j} \\ a_{2j} \\ \vdots \\ a_{mj} \end{pmatrix}$$

행렬 A를 다음과 같이 표현할 수 있다.

$$A = \begin{pmatrix} \boldsymbol{a}_{1\,.}{}' \\ \boldsymbol{a}_{2\,.}{}' \\ \vdots \\ \boldsymbol{a}_{m\,.}{}' \end{pmatrix} = (\boldsymbol{a}_{.\,1}, \boldsymbol{a}_{.\,2}, \ldots, \boldsymbol{a}_{.\,n})$$

스칼라의 경우에는 전치해도 같은 스칼라를 얻는다. 또한 위삼각행렬을 전치하면 아래삼각행렬이 된다.

예제 4.1

다음 행렬 A의 4개의 열벡터를 $\boldsymbol{a}_{.\,1}, \boldsymbol{a}_{.\,2}, \boldsymbol{a}_{.\,3}, \boldsymbol{a}_{.\,4}$라고 할 때 A'을 구하고, 이 4개의 벡터들로 표현하라.

$$A = (\boldsymbol{a}_{.\,1}, \boldsymbol{a}_{.\,2}, \boldsymbol{a}_{.\,3}, \boldsymbol{a}_{.\,4}) = \begin{pmatrix} 1 & 2 & 3 & 4 \\ 5 & 6 & 7 & 8 \\ 0 & 1 & 2 & 3 \end{pmatrix}$$

풀이 A를 전치하면 열벡터들이 행벡터가 되므로

$$A' = \begin{pmatrix} \boldsymbol{a}_{.\,1}{}' \\ \boldsymbol{a}_{.\,2}{}' \\ \boldsymbol{a}_{.\,3}{}' \\ \boldsymbol{a}_{.\,4}{}' \end{pmatrix} = \begin{pmatrix} 1 & 5 & 0 \\ 2 & 6 & 1 \\ 3 & 7 & 2 \\ 4 & 8 & 3 \end{pmatrix}$$

로 표현할 수 있다.

이 예제에서 행렬 A를 3개의 행벡터로 표현하면 전치행렬은 행벡터를 전치하여 3개의 열벡터로 다음과 같이 표현할 수 있다.

$$A = \begin{pmatrix} \boldsymbol{a}_{1\,.}{}' \\ \boldsymbol{a}_{2\,.}{}' \\ \boldsymbol{a}_{3\,.}{}' \end{pmatrix} \quad \Rightarrow \quad A' = (\boldsymbol{a}_{1\,.}, \boldsymbol{a}_{2\,.}, \boldsymbol{a}_{3\,.})$$

행렬 B가 정사각행렬이고, B'와 같을 때 B를 **대칭행렬**(symmetric matrix)이라고 한다. 다음은 대칭행렬의 간단한 예이다.

$$B = \begin{pmatrix} 1 & 4 \\ 4 & 5 \end{pmatrix} = B'$$

행렬을 필요에 따라서 몇 개의 부분으로 나누는 것을 **행렬의 분할**(partitioning of matrix)이라고 한다. 예를 들면 다음 행렬

$$C = \left(\begin{array}{ccc|cc} 1 & 2 & 3 & 4 & 8 \\ 5 & 6 & 7 & 8 & 4 \\ \hline 0 & 1 & 2 & 3 & 5 \\ 8 & 6 & 2 & 0 & 3 \end{array}\right)$$

에서 점선으로 나누어진 네 부분을 행렬로 표시할 수 있다. 즉,

$$C_{11} = \begin{pmatrix} 1 & 2 & 3 \\ 5 & 6 & 7 \end{pmatrix},\ C_{12} = \begin{pmatrix} 4 & 8 \\ 8 & 4 \end{pmatrix},\ C_{21} = \begin{pmatrix} 0 & 1 & 2 \\ 8 & 6 & 2 \end{pmatrix},\ C_{22} = \begin{pmatrix} 3 & 5 \\ 0 & 3 \end{pmatrix}$$

라 하면 주어진 행렬 C는

$$C = \begin{pmatrix} C_{11} & C_{12} \\ C_{21} & C_{22} \end{pmatrix}$$

로 나타낼 수 있다. 위와 같은 행렬의 분할에서 $C_{11}, C_{12}, C_{21}, C_{22}$를 행렬 C의 **부분행렬**(submatrix)이라고 한다. 이러한 부분행렬로 표현된 행렬을 분할행렬(partitioned matrix)이라고 한다. 분할행렬 C의 전치행렬은 다음과 같이 부분행렬의 전치행렬들로 표현할 수 있다.

$$C' = \begin{pmatrix} C_{11}' & C_{21}' \\ C_{12}' & C_{22}' \end{pmatrix}$$

행렬의 분할과 반대로 행렬을 합하여 첨가행렬(augmented matrix) 또는 붙임행렬을 만드는 경우도 있다. 예를 들면 임의의 정사각행렬 $A\,(n \times n)$에 대하여 그와 차원이 동일한 단위행렬 I_n을 병합하여 $n \times 2n$ 행렬 $[A, I]$을 만들어 행렬 A의 역행렬을 계산하는 데 사용하기도 한다.

4.2 행렬의 연산

두 행렬의 합을 계산하려면 두 행렬의 차수가 같아야 한다. 두 개의 $m \times n$ 행렬 $A=\{a_{ij}\}$, $B=\{b_{ij}\}$ 가 있을 때 두 행렬의 합의 (i,j)-번째 원소는 다음과 같이 계산할 수 있다.

$$(A+B)_{ij} = (A)_{ij} + (B)_{ij} = a_{ij} + b_{ij}$$

또한 행렬에 스칼라를 곱할 수 있는데, 이는 모든 원소에 스칼라를 곱해서 얻을 수 있다. 즉, 행렬 $A=\{a_{ij}\}$ 와 스칼라 c를 곱하여 얻은 행렬의 (i,j)-번째 원소는 다음과 같이 계산한다.

$$(cA)_{ij} = c \cdot (A)_{ij} = ca_{ij}$$

두 행렬의 곱을 계산하기에 앞서 두 벡터의 곱을 구하는 방법을 소개하자. 일반적으로 벡터의 곱은 차수가 같은 두 벡터의 동일 위치의 원소들 간의 곱들의 합으로 정의된다. 즉, $\boldsymbol{a} = (a_1, a_2, \ldots, a_n)'$, $\boldsymbol{b} = (b_1, b_2, \ldots, b_n)'$일 때 두 벡디 $\boldsymbol{a}$와 $\boldsymbol{b}$의 곱은

$$\boldsymbol{a}'\boldsymbol{b} = \boldsymbol{b}'\boldsymbol{a} = \sum_{k=1}^{n} a_k b_k$$

로 구한다. 이를 $\boldsymbol{a} \circ \boldsymbol{b}$로 표현하고 **내적**(inner or dot product)이라 부르기도 한다. 두 벡터 $\boldsymbol{a}$와 $\boldsymbol{b}$ 의 내적이 0일 때 두 벡터는 직교한다고 한다. 벡터 $\boldsymbol{a}$ 에 대하여

$$\boldsymbol{a}'\boldsymbol{a} = \sum a_i^2 = \|\boldsymbol{a}\|^2 \geq 0$$

이 성립한다. 이때 $\|\cdot\|$는 벡터의 크기를 나타낸다. 위의 식에서 등호가 성립하는 경우는 $\boldsymbol{a} = \boldsymbol{0}$ 인 경우뿐이다. 또한 벡터의 곱에 관련하여 다음을 만족한다.

- 스칼라 α에 대하여 $(\alpha\boldsymbol{x})'\boldsymbol{y} = \alpha(\boldsymbol{x}'\boldsymbol{y})$
- $(\boldsymbol{x}+\boldsymbol{y})'\boldsymbol{z} = \boldsymbol{x}'\boldsymbol{z} + \boldsymbol{y}'\boldsymbol{z}$

두 확률변수를 X, Y라 하고 이 확률변수들의 n회 관측값의 편차(관측값-평균= $x_i - \overline{x}$)를 벡터로 $\boldsymbol{x} = (x_1 - \overline{x}, \ldots, x_n - \overline{x})'$와 $\boldsymbol{y} = (y_1 - \overline{y}, \ldots, y_n - \overline{y})'$라고 할 때

두 벡터의 내적은 다음과 같다.

$$\boldsymbol{x} \circ \boldsymbol{y} = \sum_{i=1}^{n}(x_i - \overline{x})(y_i - \overline{y})$$

이 값을 $n-1$로 나누면 표본 공분산 값으로서 두 확률변수의 공분산($Cov(X,Y)$)의 추정값이 된다. 또한 위와 같은 확률변수 X의 편차벡터 $\boldsymbol{x}$와 그 자신의 내적은

$$\boldsymbol{x} \circ \boldsymbol{x} = \sum_{i=1}^{n}(x_i - \overline{x})^2$$

이며 이 값을 $n-1$로 나누면 표본분산 값으로서 확률변수 X의 분산($Var(X)$)의 추정값이 된다. 이를 이용하여

$$r = \frac{\boldsymbol{x} \circ \boldsymbol{y}}{\sqrt{\boldsymbol{x} \circ \boldsymbol{x}}\sqrt{\boldsymbol{y} \circ \boldsymbol{y}}} = \frac{\sum(x_i - \overline{x})(y_i - \overline{y})}{\sqrt{\sum(x_i - \overline{x})^2}\sqrt{\sum(y_i - \overline{y})^2}}$$

을 구하면 이 값 r은 표본상관계수의 값으로서 두 확률변수의 모 상관계수 $\rho = Corr(X,Y)$의 추정값이 된다.

두 행렬 A와 B의 곱 AB를 구하려면 A의 열의 수와 B의 행의 수가 같아야 한다. 만약 다음과 같이 A가 $m \times p$, B가 $p \times n$ 행렬이면

$$A = \begin{pmatrix} a_{11} & a_{12} & \dots & a_{1p} \\ a_{21} & a_{22} & \dots & a_{2p} \\ \vdots & \vdots & \ddots & \vdots \\ a_{m1} & a_{m2} & \dots & a_{mp} \end{pmatrix}, \qquad B = \begin{pmatrix} b_{11} & b_{12} & \dots & b_{1n} \\ b_{21} & b_{22} & \dots & b_{2n} \\ \vdots & \vdots & \ddots & \vdots \\ b_{p1} & b_{p2} & \dots & b_{pn} \end{pmatrix}$$

AB는 $m \times n$ 행렬이 되고, 이때 AB의 (i,j)-번째 원소는 $(AB)_{ij} = \sum_{k=1}^{p} a_{ik}b_{kj}$이다. 행렬 A의 i번째 행벡터를 $\boldsymbol{a}_{i.}' = (a_{i1}, a_{i2}, \dots, a_{ip})$, 행렬 B의 j번째 열벡터를 $\boldsymbol{b}_{.j} = \begin{pmatrix} b_{1j} \\ b_{2j} \\ \vdots \\ b_{pj} \end{pmatrix}$라 놓으면 $(AB)_{ij}$는 다음과 같이 벡터 $\boldsymbol{a}_{i.}$와 $\boldsymbol{b}_{.j}$의 내적으로 표현할 수 있다.

$$(AB)_{ij} = \sum_{k=1}^{p} a_{ik}b_{kj} = \boldsymbol{a}_{i.}'\boldsymbol{b}_{.j} = \boldsymbol{a}_{i.} \circ \boldsymbol{b}_{.j}$$

따라서 AB는 다음과 같이 구할 수 있다.

$$AB=\begin{pmatrix}(AB)_{11} & (AB)_{12} & \dots & (AB)_{1n}\\ (AB)_{21} & (AB)_{22} & \dots & (AB)_{2n}\\ \vdots & \vdots & \ddots & \vdots\\ (AB)_{m1} & (AB)_{m2} & \dots & (AB)_{mn}\end{pmatrix}=\begin{pmatrix}a_{1\cdot}{}'b_{\cdot 1} & a_{1\cdot}{}'b_{\cdot 2} & \dots & a_{1\cdot}{}'b_{\cdot n}\\ a_{2\cdot}{}'b_{\cdot 1} & a_{2\cdot}{}'b_{\cdot 2} & \dots & a_{2\cdot}{}'b_{\cdot n}\\ \vdots & \vdots & \ddots & \vdots\\ a_{m\cdot}{}'b_{\cdot 1} & a_{m\cdot}{}'b_{\cdot 2} & \dots & a_{m\cdot}{}'b_{\cdot n}\end{pmatrix}$$

행렬 A가 정사각행렬일 때 AA는 A^2으로 표현하며 그 $(i, j)-$번째 원소는 A의 $i-$번째 행벡터와 A의 $j-$번째 열벡터의 곱으로 구할 수 있다.

행렬의 곱 계산에서 한 가지 주의할 점은 행렬의 곱은 수의 곱과는 달리 교환법칙이 성립하지 않는다는 것이다. 위의 행렬 A와 B의 위치를 바꾸면 B의 열의 개수는 n이고, A의 행의 개수는 m으로 두 행렬의 곱을 정의할 수 없다. 혹시 구할 수 있다고 해도 일반적으로 $AB \neq BA$이다. 예를 들어 앞의 2×3 행렬 A에 대하여 $A'A$와 AA'을 구해 보면 다음과 같이 전혀 다른 행렬을 얻게 되는 것을 알 수 있다.

$$A'A=\begin{pmatrix}2 & -1\\ 0 & 2\\ 3 & 0\end{pmatrix}\begin{pmatrix}2 & 0 & 3\\ -1 & 2 & 0\end{pmatrix}=\begin{pmatrix}5 & -2 & 6\\ -2 & 4 & 0\\ 6 & 0 & 9\end{pmatrix},$$

$$AA'=\begin{pmatrix}2 & 0 & 3\\ -1 & 2 & 0\end{pmatrix}\begin{pmatrix}2 & -1\\ 0 & 2\\ 3 & 0\end{pmatrix}=\begin{pmatrix}13 & -2\\ -2 & 5\end{pmatrix}$$

다음은 행렬의 합과 곱에 관한 몇 가지 법칙을 정리한 것이다.

■ 행렬의 합과 곱에 관한 몇 가지 법칙

스칼라 α와 β, 행렬 A, B, C, D에 대하여 다음을 만족한다.

(i) $A+B=B+A$

(ii) $(A+B)+C=A+(B+C)$

(iii) $(\alpha+\beta)(A+B)=\alpha A+\beta A+\alpha B+\beta B$

(iv) $(A+B)(C+D)=AC+BC+AD+BD$

(v) $(AB)C=A(BC)$

(vi) $(A+B)'=A'+B'$

(vii) $(AB)'=B'A'$

여기서 위 법칙의 (vii)에 대하여 설명해 보자. 행렬 $A=\{a_{ij}\}$의 전치행렬을 $C=c_{ij}=a_{ji}$, 행렬 $B=\{b_{ij}\}$의 전치행렬을 $D=\{d_{ij}\}=\{b_{ji}\}$라고 하면 행렬 $(AB)'$의 (i,j)-번째 원소는 행렬 AB의 (j,i)-번째 원소이므로

$$(AB)'_{i,j}=(AB)_{j,i}=\sum_{k=1}^{p}a_{jk}b_{ki}=\sum_{k=1}^{p}c_{kj}d_{ik}=\sum_{k=1}^{p}d_{ik}c_{kj}=(DC)_{i,j}$$

이 성립한다.

예제 4.2

다음 행렬 A, B, C에 대하여 각 항의 식이 계산이 가능한지 여부를 밝히고 가능한 경우 계산하라.

$$A=\begin{pmatrix}2&0&3\\-1&2&0\end{pmatrix},\quad B=\begin{pmatrix}1&0\\0&2\\3&1\end{pmatrix},\quad C=\begin{pmatrix}1&0\\0&2\end{pmatrix}$$

(1) $AB+2A$　　(2) ABC

(3) BAC　　(4) $3(AB+C)$

풀이 곱 AB는 2×2 행렬이고, BA는 3×3 행렬이다. 따라서 (1)과 (3)은 계산이 불가능하고, (2)와 (4)는 계산이 가능하다. 우선 AB를 구해 보면

$$AB=\begin{pmatrix}2&0&3\\-1&2&0\end{pmatrix}\begin{pmatrix}1&0\\0&2\\3&1\end{pmatrix}=\begin{pmatrix}11&3\\-1&4\end{pmatrix}$$

이다. 이로부터 다음을 구할 수 있다.

(2) $ABC=\begin{pmatrix}11&3\\-1&4\end{pmatrix}\begin{pmatrix}1&0\\0&2\end{pmatrix}=\begin{pmatrix}11&6\\-1&8\end{pmatrix}$

(4) $3(AB+C)=3\left(\begin{pmatrix}11&3\\-1&4\end{pmatrix}+\begin{pmatrix}1&0\\0&2\end{pmatrix}\right)=3\begin{pmatrix}12&3\\-1&6\end{pmatrix}=\begin{pmatrix}36&9\\-3&18\end{pmatrix}$

행렬이 분할되어 있는 분할행렬의 경우 각 부분행렬을 행렬의 원소로 간주하고 계산한다. 이 계산과정에서 부분행렬들의 곱을 계산하여야 하는데, 물론 부분행렬의 곱의 계산이 가능한 경우에만 곱을 구할 수 있다. 예들 들어 앞 절에서 나온 분할행렬

C에 대하여 $C'C$를 구하려면 다음과 같이 구할 수 있다.

$$C'C = \begin{pmatrix} C_{11}' & C_{21}' \\ C_{12}' & C_{22}' \end{pmatrix}\begin{pmatrix} C_{11} & C_{12} \\ C_{21} & C_{22} \end{pmatrix} = \begin{pmatrix} C_{11}'C_{11} + C_{21}'C_{21}, & C_{11}'C_{12} + C_{21}'C_{22} \\ C_{12}'C_{11} + C_{22}'C_{21}, & C_{12}'C_{12} + C_{22}'C_{22} \end{pmatrix}$$

이와 같은 방법을 확장해 보면 각 행렬은 행벡터 또는 열벡터로 분할될 수 있으므로 위에서 구한 행렬의 곱 AB는 행렬 A가 m개의 행벡터로 분할되어 있고, 행렬 B가 n개의 열벡터로 분할되어 있다고 할 때 곱의 계산을 나타낸 것이라고 할 수 있다.

$$AB = \begin{pmatrix} \boldsymbol{a}_{1.}' \\ \boldsymbol{a}_{2.}' \\ \vdots \\ \boldsymbol{a}_{m.}' \end{pmatrix}(\boldsymbol{b}_{.1}, \boldsymbol{b}_{.2}, \ldots, \boldsymbol{b}_{.n}) = \begin{pmatrix} \boldsymbol{a}_{1.}'\boldsymbol{b}_{.1} & \boldsymbol{a}_{1.}'\boldsymbol{b}_{.2} & \ldots & \boldsymbol{a}_{1.}'\boldsymbol{b}_{.n} \\ \boldsymbol{a}_{2.}'\boldsymbol{b}_{.1} & \boldsymbol{a}_{2.}'\boldsymbol{b}_{.2} & \ldots & \boldsymbol{a}_{2.}'\boldsymbol{b}_{.n} \\ \vdots & \vdots & \ddots & \vdots \\ \boldsymbol{a}_{m.}'\boldsymbol{b}_{.1} & \boldsymbol{a}_{m.}'\boldsymbol{b}_{.2} & \ldots & \boldsymbol{a}_{m.}'\boldsymbol{b}_{.n} \end{pmatrix} \quad (4.1)$$

세 개의 행렬 A, B, C가 있고 세 행렬의 곱이 계산 가능할 때 그들의 곱 ABC는 $(AB)C$ 혹은 $A(BC)$로 순차적으로 구한다. ABC의 (i, j)−번째 원소가 관심의 대상일 때는 식 (4.1)을 얻는 방법으로 다음과 같이 구한다.

$$(ABC)_{i,j} = \boldsymbol{a}_{i.}'B\boldsymbol{c}_{.j}$$

예제 4.3

세 행렬 A, B, C가 아래와 같이 주어져 있을 때 세 행렬의 곱 ABC의 (1,2)−번째 원소를 구하라.

$$A = \begin{pmatrix} 2 & 0 & 3 \\ 5 & 1 & 0 \end{pmatrix}, \qquad B = \begin{pmatrix} 2 & -1 & -3 \\ 4 & 4 & 0 \\ -2 & 2 & 4 \end{pmatrix}, \qquad C = \begin{pmatrix} 2 & 0 & 0 \\ 0 & 2 & 2 \\ 0 & 2 & 5 \end{pmatrix}$$

풀이 위에 주어진 식을 이용하여 ABC의 (1,2)−번째 원소는 다음과 같이 구한다.

$$(2, 0, 3)\begin{pmatrix} 2 & -1 & -3 \\ 4 & 4 & 0 \\ -2 & 2 & 4 \end{pmatrix}\begin{pmatrix} 0 \\ 2 \\ 2 \end{pmatrix} = (-2, 4, 6)\begin{pmatrix} 0 \\ 2 \\ 2 \end{pmatrix} = 20$$

한편, 위 식 (4.1)은 다음과 같이 행렬 A가 p개의 열벡터로, 행렬 B가 p개의 행벡터로 분할되어 있다고 할 때

$$A = (\boldsymbol{a}_{\cdot 1}, \ \dots, \boldsymbol{a}_{\cdot p}), \qquad B = \begin{pmatrix} \boldsymbol{b}_{1 \cdot}{}' \\ \vdots \\ \boldsymbol{b}_{p \cdot}{}' \end{pmatrix}$$

행렬의 곱 AB는 다음과 같이 표현할 수 있다.

$$AB = (\boldsymbol{a}_{\cdot 1}, \ \dots, \boldsymbol{a}_{\cdot p}) \begin{pmatrix} \boldsymbol{b}_{1 \cdot}{}' \\ \vdots \\ \boldsymbol{b}_{p \cdot}{}' \end{pmatrix} = \boldsymbol{a}_{\cdot 1} \boldsymbol{b}_{1 \cdot}{}' + \ \cdots \ + \boldsymbol{a}_{\cdot p} \boldsymbol{b}_{p \cdot}{}' \qquad (4.2)$$

예제 4.4

차수가 n 인 일벡터 $\mathbf{1}$ 과 $\boldsymbol{x} = (x_1, \ \dots, \ x_n)'$ 를 열벡터로 하는 행렬 $X = (\mathbf{1}, \ \boldsymbol{x})$ 에 대하여 식 (4.1)과 (4.2)를 이용하여 $X'X$를 구하고, 그 둘의 결과가 일치함을 보여라.

풀이 식 (4.1)에 의하면

$$X'X = \begin{pmatrix} \mathbf{1}'\mathbf{1} & \mathbf{1}'\boldsymbol{x} \\ \boldsymbol{x}'\mathbf{1} & \boldsymbol{x}'\boldsymbol{x} \end{pmatrix} = \begin{pmatrix} n & \sum x_i \\ \sum x_i & \sum x_i^2 \end{pmatrix}$$

이고, 식 (4.2)에 의하면

$$X'X = \sum_{i=1}^{n} \begin{pmatrix} 1 \\ x_i \end{pmatrix} (1, \ x_i) = \sum_{i=1}^{n} \begin{pmatrix} 1 & x_i \\ x_i & x_i^2 \end{pmatrix} = \begin{pmatrix} n & \sum x_i \\ \sum x_i & \sum x_i^2 \end{pmatrix}$$

이므로 두 식으로부터 같은 결과를 얻는다.

정사각행렬의 특성을 나타내는 수치로 행렬의 대각원소의 합으로 계산하는 **대각합** (trace)이 있다. 행렬 A가 $m \times m$ 정사각행렬일 때, A 의 대각합은

$$tr(A) = \sum_{i=1}^{m} a_{ii}$$

로 정의한다. 행렬 $A(n \times m)$와 $B(m \times n)$의 곱 AB의 대각합은 다음과 같이 BA의 대각합과 같다.

$$tr(AB) = \sum_{i=1}^{n} (AB)_{ii} = \sum_{i=1}^{n} \sum_{j=1}^{m} a_{ij} b_{ji} = \sum_{j=1}^{m} \sum_{i=1}^{n} b_{ji} a_{ij} = \sum_{j=1}^{m} (BA)_{jj} = tr(BA)$$

여기에서 $B = A'$ 이라면 $tr(A'A) = \sum_{i=1}^{n}\sum_{j=1}^{m} a_{ij}^2$가 된다.

이를 확장하면 다음과 같은 성질을 얻는다.

$$tr(ABC) = tr(CAB) = tr(BCA)$$

그러나 $tr(ABC) \neq tr(BAC)$이다. 다음은 대각합과 관련한 몇 가지의 성질을 정리한 것이다.

■ 대각합과 관련한 몇 가지의 성질

스칼라 α 와 행렬 A, B에 대하여 다음을 만족한다.

(i) $tr(A) = tr(A')$

(ii) $tr(\alpha A) = \alpha(tr(A))$

(iii) $tr(A+B) = tr(A) + tr(B)$

(iv) $tr(AB) = tr(BA)$

(v) $tr(A'A) = 0$의 필요충분조건은 $A = 0$이다.

예제 4.5

예제 4.2의 행렬 A, B, C의 연산으로 이루어진 각 행렬들의 대각합을 구하라.

$$A = \begin{pmatrix} 2 & 0 & 3 \\ -1 & 2 & 0 \end{pmatrix}, \qquad B = \begin{pmatrix} 1 & 0 \\ 0 & 2 \\ 3 & 1 \end{pmatrix}, \qquad C = \begin{pmatrix} 1 & 0 \\ 0 & 2 \end{pmatrix}$$

(1) $A'A$ (2) AA'

(3) ABC (4) $3(AB+C)$

풀이 앞에서 계산한 결과를 이용하면 다음과 같다.

$$A'A = \begin{pmatrix} 5 & -2 & 6 \\ -2 & 4 & 0 \\ 6 & 0 & 9 \end{pmatrix}, \qquad AA' = \begin{pmatrix} 13 & -2 \\ -2 & 5 \end{pmatrix},$$

$$ABC = \begin{pmatrix} 11 & 6 \\ -1 & 8 \end{pmatrix}, \qquad 3(AB+C) = \begin{pmatrix} 36 & 9 \\ -3 & 18 \end{pmatrix}$$

(1) $tr(A'A) = 5+4+9 = 18$

(2) $tr(AA') = 13+5 = 18$

(3) $tr(ABC) = 11+8 = 19$

(4) $tr(3(AB+C)) = 36+18 = 54$

이 예제에서 (1)과 (2)의 결과로부터 대각합의 성질의 (iv)를 확인할 수 있다. 또한 (4)의 경우는 다음과 같이 대각합의 성질의 (ii)와 (iii)을 이용하여 얻는 것과 같은 값을 갖는 것을 알 수 있다.

$$tr(3(AB+C)) = 3tr(AB) + 3tr(C) = 3(11+4) + 3(1+2) = 54$$

4.3 행렬식과 역행렬

정사각행렬의 특징을 수치로 나타내는 것으로 **행렬식**(determinant)이 있다. 행렬 A의 행렬식은 $|A|$ 혹은 $\det(A)$로 표현하고 $A = \{a_{ij}\}$가 2×2 행렬일 때 다음과 같이 구한다.

$$|A| = \begin{vmatrix} a_{11} & a_{12} \\ a_{21} & a_{22} \end{vmatrix} = a_{11}a_{22} - a_{12}a_{21}$$

일반적으로 행렬 A가 $m\times m$일 때 다음과 같이 정의한다.

$$|A| = \sum_{i=1}^{m} (-1)^{i+1} a_{1i} |M_{1i}|$$

위 식에서 M_{1i}는 행렬 A에서 첫 번째 행과 i-번째 열을 제거한 $(m-1)\times(m-1)$ 부분행렬이다. 따라서 이 식은 오른쪽 항의 행렬식이 2×2 행렬의 행렬식으로 표현될 때까지 추가로 전개된다. 예를 들어 $A = \{a_{ij}\}$가 3×3 행렬일 때 다음과 같이 계산한다.

$$\begin{aligned}|A| &= a_{11}\times|M_{11}| - a_{12}\times|M_{12}| + a_{13}\times|M_{13}| \\ &= a_{11}\begin{vmatrix} a_{22} & a_{23} \\ a_{32} & a_{33}\end{vmatrix} - a_{12}\begin{vmatrix} a_{21} & a_{23} \\ a_{31} & a_{33}\end{vmatrix} + a_{13}\begin{vmatrix} a_{21} & a_{22} \\ a_{31} & a_{32}\end{vmatrix} \\ &= a_{11}(a_{22}a_{33} - a_{23}a_{32}) - a_{12}(a_{21}a_{33} - a_{23}a_{31}) + a_{13}(a_{21}a_{32} - a_{22}a_{31}) \\ &= a_{11}a_{22}a_{33} + a_{21}a_{32}a_{13} + a_{12}a_{23}a_{31} - a_{13}a_{22}a_{31} - a_{12}a_{21}a_{33} - a_{23}a_{32}a_{11}\end{aligned}$$

예제 4.6

$A = \begin{pmatrix} 1 & 2 & -1 \\ 5 & 0 & 3 \\ 1 & 2 & 1 \end{pmatrix}$의 행렬식을 구하라.

풀이 앞에서 설명한 행렬식의 계산방법에 따라 다음과 같이 계산할 수 있다.

$$\begin{aligned}|A| &= 1\times|M_{11}| - 2\times|M_{12}| + (-1)\times|M_{13}| \\ &= \det\begin{pmatrix} 0 & 3 \\ 2 & 1\end{pmatrix} - 2\det\begin{pmatrix} 5 & 3 \\ 1 & 1\end{pmatrix} - \det\begin{pmatrix} 5 & 0 \\ 1 & 2\end{pmatrix} \\ &= -6 - 2\times 2 - 1\times 10 \\ &= -20\end{aligned}$$

행렬식을 구하는 식은 위에 주어진 것과 같이 꼭 첫 번째 행을 따라 전개할 필요는 없다. 어떤 행이나 혹은 열을 따라 전개해도 마찬가지 값을 얻는다. 즉,

$$|A| = \sum_{i=1}^{m}(-1)^{i+j}a_{ij}|M_{ij}| = \sum_{j=1}^{m}(-1)^{i+j}a_{ij}|M_{ij}|$$

위 예제 4.6의 행렬 A에 대해서도 두 번째 행을 따라 전개한 식을 이용할 경우

$$\begin{aligned}|A| &= -5\times|M_{21}| + 0\times|M_{22}| - 3\times|M_{23}| \\ &= -5\det\begin{pmatrix} 2 & -1 \\ 2 & 1\end{pmatrix} - 3\det\begin{pmatrix} 1 & 2 \\ 1 & 2\end{pmatrix} \\ &= -5\times 4 - 3\times 0 \\ &= -20\end{aligned}$$

으로 위와 같은 값을 얻게 되는 것을 볼 수 있다. 따라서 행렬식의 계산을 간편하게 할 수 있는, 즉 0의 항이 많은 행이나 열을 택하여 계산하는 것이 도움이 된다.

다음은 행렬식과 관련한 몇 가지의 특징을 정리한 것이다.

■ **행렬식과 관련한 몇 가지의 성질**

스칼라 α 와 $m \times m$ 행렬 A, B에 대하여 다음을 만족한다.

(i) $\det(A) = \det(A')$

(ii) $\det(\alpha A) = \alpha^m (\det(A))$

(iii) A 가 대각행렬이면 $\det(A) = a_{11} \times a_{22} \times \cdots \times a_{mm}$ 이다.

(iv) 행렬 A 의 행벡터나 열벡터가 원소가 모두 영일 때 $\det(A) = 0$ 이다.

(v) 행렬 A 의 어떤 열(행)벡터가 다른 열(행)벡터들의 선형합으로 표현되면 $\det(A) = 0$ 이다.

(vi) $\det(AB) = \det(A) \times \det(B)$

(vii) 정사각행렬 P, Q에 대하여 $\left|\begin{pmatrix} P & 0 \\ X & Q \end{pmatrix}\right| = |P| \cdot |Q|$

예제 4.7

다음 행렬의 행렬식을 구하라.

(1) $A = \begin{pmatrix} 1 & 5 & 1 \\ 2 & 0 & 2 \\ -1 & 3 & 1 \end{pmatrix}$, (2) $B = \begin{pmatrix} 2 & 4 & -2 \\ 10 & 0 & 6 \\ 2 & 4 & 2 \end{pmatrix}$

(3) $C = \begin{pmatrix} 1 & -2 & 1 \\ 2 & -4 & 2 \\ -1 & 2 & 1 \end{pmatrix}$, (4) $D = \begin{pmatrix} 10 & 0 & 0 \\ 0 & 8 & 12 \\ 0 & 12 & 20 \end{pmatrix}$

풀이

(1) 행렬 A 는 위의 예제 4.6에 주어진 행렬의 전치행렬이므로 행렬식의 성질 (i)로부터 $|A| = -20$임을 알 수 있다.

(2) 행렬 B는 $2A'$ 이므로 행렬식의 성질 (i)과 (ii)에 의해서 다음과 같이 구할 수 있다.

$$|B| = 2^3|A'| = 2^3|A| = -160$$

(3) 행렬 C의 첫 두 열 c_1, c_2 사이에 $c_2 = -2c_1$ 의 관계가 있으므로 행렬식의 성질 (v)에 의해서 행렬식은 0이다.

(4) 행렬 D의 행렬식은 행렬식의 성질 (vii)로부터 다음과 같이 얻을 수 있다.

$$|D| = 10\left|\begin{pmatrix} 8 & 12 \\ 12 & 20 \end{pmatrix}\right| = 10(160 - 144) = 160$$

대각행렬과 위삼각행렬, 아래삼각행렬의 행렬식은 대각선 원소들의 곱이 된다.

행렬식이 0인 행렬을 **특이**(singular)행렬이라고 하고, 행렬식이 0이 아닌 정사각행렬을 **정칙**(nonsingular)행렬이라고 한다. 위의 예제 4.7에서 C는 특이행렬이고, A, B, D는 정칙행렬이다.

예제 4.8

다음 분할 행렬 G의 행렬식을 구하라.

$$G=\begin{pmatrix} A & 0 \\ D & B \end{pmatrix},\quad A=\begin{pmatrix} 1 & 0 & 0 \\ 12 & 3 & 0 \\ 42 & 8 & 2 \end{pmatrix},$$

$$B=\begin{pmatrix} 2 & -1 \\ 21 & 2 \end{pmatrix},\quad D=\begin{pmatrix} 2 & 0 & 3 \\ 5 & 1 & 0 \end{pmatrix}$$

풀이 행렬식의 성질 (vii)을 이용하면

$$|G|=|A|\cdot|B|$$

이므로 A와 B의 행렬식이 필요하다. 행렬 A는 대각원소를 기준으로 오른쪽 위 칸이 모두 0인 행렬인데, 이와 같은 행렬을 삼각행렬이라고 한다. 이 경우 행렬식은 대각원소들의 곱으로 얻어진다.(연습문제 4.23 참조) 즉, $|A|=1\times2\times3=6$이다. 또한 $|B|=4+21=25$이므로 $|G|=6\times25=150$이다.

행렬의 역행렬을 정의하기에 앞서 n개의 미지수 $(x_1, x_2, \ldots, x_n)'=\boldsymbol{x}$에 대하여 다음과 같은 n차 연립방정식을 고려해 보자.

$$\begin{aligned} a_{11}x_1+a_{12}x_2+\cdots+a_{1n}x_n &= d_1 \\ a_{21}x_1+a_{22}x_2+\cdots+a_{2n}x_n &= d_2 \\ &\vdots \\ a_{n1}x_1+a_{n2}x_2+\cdots+a_{nn}x_n &= d_n \end{aligned}$$

이때 a_{ij}를 원소로 하는 행렬을 $A=\{a_{ij}\}$라고 하고, d_i를 원소로 하는 벡터를 $\boldsymbol{d}=(d_1, \ldots, d_n)'$라 하면 위의 n차 연립방정식은 다음과 같이 표현할 수 있다.

$$A\boldsymbol{x}=\boldsymbol{d}$$

만약 행렬 B가 존재해서 $BA=I$를 만족시킨다면 $A\boldsymbol{x}=\boldsymbol{d}$식의 양변 왼편에 B를 곱하여 $\boldsymbol{x}=B\boldsymbol{d}$를 구할 수 있다. 이와 같은 B를 A의 역행렬이라 하고 A^{-1}로

표현하면 n차 연립방정식의 해 벡터 $\boldsymbol{x}$는 다음과 같다.

$$\boldsymbol{x} = A^{-1}\boldsymbol{d}$$

이와 같은 A의 역행렬 A^{-1}는 다음 식을 만족한다.

$$AA^{-1} = A^{-1}A = I$$

행렬 A의 역행렬의 (i, j)−번째 원소는 다음과 같이 구한다.

$$(A^{-1})_{ij} = \frac{1}{|A|}(-1)^{i+j}|M_{ji}|$$

따라서 어떤 행렬의 역행렬이 존재하기 위해서는 그 행렬이 정칙행렬이어야 한다.

예를 들어 2×2 행렬 $A = \begin{pmatrix} a_{11} & a_{12} \\ a_{21} & a_{22} \end{pmatrix}$에 대하여 역행렬은

$$A^{-1} = \frac{1}{|A|}\begin{pmatrix} a_{22} & -a_{12} \\ -a_{21} & a_{11} \end{pmatrix}$$

이다. 만약 $A = \begin{pmatrix} 1 & 3 \\ 2 & 4 \end{pmatrix}$이면 $|A| = -2$이고, 그 역행렬은 다음과 같다.

$$A^{-1} = \frac{1}{(-2)}\begin{pmatrix} 4 & -3 \\ -2 & 1 \end{pmatrix} = \begin{pmatrix} -2 & 1.5 \\ 1 & -0.5 \end{pmatrix}$$

예제 4.9

위 예제 4.6의 행렬 A의 역행렬 A^{-1}을 구하라.

풀이 우선 $|A| = -20$ 이고,

$$|M_{11}| = -6, \quad |M_{12}| = 2, \quad |M_{13}| = 10, \quad |M_{21}| = 4, \quad |M_{22}| = 2,$$
$$|M_{23}| = 0, \quad |M_{31}| = 6, \quad |M_{32}| = 8, \quad |M_{33}| = -10$$

이다. 따라서 A의 역행렬은 다음과 같다.

$$A^{-1} = \frac{1}{(-20)}\begin{pmatrix} -6 & -4 & 6 \\ -2 & 2 & -8 \\ 10 & 0 & -10 \end{pmatrix} = \begin{pmatrix} 0.3 & 0.2 & -0.3 \\ 0.1 & -0.1 & 0.4 \\ -0.5 & 0 & 0.5 \end{pmatrix}$$

예제 4.10

다음 연립방정식의 해를 구하라.

$$\begin{aligned} &x_1+2x_2-x_3=2 \\ &5x_1+3x_3=0 \\ &x_1+2x_2+x_3=-2 \end{aligned}$$

풀이 위의 식을 $Ax = d$의 형태로 표현하면 $A=\begin{pmatrix}1 & 2 & -1\\ 5 & 0 & 3\\ 1 & 2 & 1\end{pmatrix}$, $d = (2,\ 0,\ -2)'$이다. 위 예제 4.9에서 구한 A의 역행렬을 이용하면 구하고자 하는 방정식의 해는 다음과 같다.

$$\begin{pmatrix}x_1\\ x_2\\ x_3\end{pmatrix}=\begin{pmatrix}0.3 & 0.2 & -0.3\\ 0.1 & -0.1 & 0.4\\ -0.5 & 0 & 0.5\end{pmatrix}\begin{pmatrix}2\\ 0\\ -2\end{pmatrix}=\begin{pmatrix}1.2\\ -0.6\\ -2\end{pmatrix}$$

다음은 역행렬과 관련한 몇 가지의 특징을 정리한 것이다.

■ **역행렬과 관련한 몇 가지의 성질**

스칼라 α와 $m\times m$ 정칙행렬 A, B에 대하여 다음을 만족한다.

(i) $(\alpha A)^{-1}=\alpha^{-1}A^{-1}$

(ii) $(A')^{-1}=(A^{-1})'$

(iii) $(A^{-1})^{-1}=A$

(iv) $|A^{-1}|=|A|^{-1}$

(v) $A=diag(a_{11},\ a_{22},\ldots,a_{mm})$이면, $A^{-1}=diag(a_{11}^{-1},\ a_{22}^{-1},\ldots,a_{mm}^{-1})$, $(a_{ii}\neq 0)$

(vi) $(AB)^{-1}=B^{-1}A^{-1}$

(vii) 정칙행렬 P, Q에 대하여 $\begin{pmatrix}P & 0\\ 0 & Q\end{pmatrix}^{-1}=\begin{pmatrix}P^{-1} & 0\\ 0 & Q^{-1}\end{pmatrix}$

예제 4.11

다음 행렬의 역행렬을 구하라.

(1) $A=\begin{pmatrix}2 & 6\\ 4 & 8\end{pmatrix}$, (2) $B=\begin{pmatrix}1 & 2\\ 3 & 4\end{pmatrix}$, (3) $C=\begin{pmatrix}10 & 0 & 0\\ 0 & 8 & 12\\ 0 & 12 & 20\end{pmatrix}$

풀이 (1) 행렬의 행렬식이 $|A|=-8$이므로 역행렬은 다음과 같다.

$$A^{-1}=\frac{1}{(-8)}\begin{pmatrix}8 & -6\\ -4 & 2\end{pmatrix}=\begin{pmatrix}-1 & 0.75\\ 0.5 & -0.25\end{pmatrix}$$

(2) 행렬 B는 $\frac{1}{2}A'$ 이므로 위의 역행렬의 성질 (i), (ii)에 의해서 다음과 같이 구할 수 있다.

$$B^{-1}=2(A^{-1})'=\begin{pmatrix}-2 & 1\\ 1.5 & -0.5\end{pmatrix}$$

(3) 행렬 C는 $Q=\begin{pmatrix}8 & 12\\ 12 & 20\end{pmatrix}$을 이용하여 $\begin{pmatrix}10 & \mathbf{0}'\\ \mathbf{0} & Q\end{pmatrix}$로 표현되고,

$$Q^{-1}=\frac{1}{|Q|}\begin{pmatrix}20 & -12\\ -12 & 8\end{pmatrix}=\begin{pmatrix}5/4 & -3/4\\ -3/4 & 1/2\end{pmatrix}$$

이므로 역행렬의 성질 (vii)에 의해서 역행렬은 다음과 같다.

$$C^{-1}=\begin{pmatrix}10^{-1} & \mathbf{0}'\\ \mathbf{0} & A_1^{-1}\end{pmatrix}=\begin{pmatrix}1/10 & 0 & 0\\ 0 & 5/4 & -3/4\\ 0 & -3/4 & 1/2\end{pmatrix}$$

정사각행렬 중 전치행렬이 역행렬인 행렬을 **직교행렬**(orthogonal matrix)이라고 한다. 즉,

$$AA'=A'A=I$$

을 만족하는 행렬 A를 직교행렬이라고 한다. 직교행렬의 조건으로부터 직교행렬의 열벡터 $\boldsymbol{a}_i$는 다음을 만족한다.

$$\boldsymbol{a}_i{}'\boldsymbol{a}_j=\begin{cases}1 & \text{for } i=j\\ 0 & \text{for } i\neq j\end{cases}$$

즉, 각 열벡터는 길이가 1이고 다른 열벡터와 직교한다. 이러한 벡터를 **정규직교**(orthonormal) 벡터라고 한다. 또한 행렬의 곱의 행렬식은 각 행렬식의 곱이므로 P가 직교행렬이라고 할 때 $|PP'| = |P|^2 = 1$ 이므로 직교행렬의 행렬식은 ± 1 이다.

예를 들어 e_i를 차수가 3인 단위벡터라 할 때, 세 벡터 e_1, e_2, e_3를 열벡터로 하는 행렬은 벡터의 순서와 상관없이 직교행렬이 된다. 따라서 행렬 Q가 $Q = (e_3, e_1, e_2)$일 때 임의의 3×3 행렬 A에 대하여 $|Q'AQ| = |A|$를 만족한다.

예제 4.12

다음의 경우에 적합한 직교행렬을 만들어 보라.

(1) 차수가 2인 벡터 $\boldsymbol{a}_1 = (1/\sqrt{2}, 1/\sqrt{2})'$을 첫 번째 열벡터로 하는 2×2 직교행렬

(2) 차수가 3인 벡터 $\boldsymbol{b}_1 = (1/\sqrt{2}, 1/2, 1/2)'$을 첫 번째 열벡터로 하는 3×3 직교행렬

풀이

(1) 벡터 $\boldsymbol{a}_1$에 직교하는 벡터로 $\boldsymbol{a}_2 = (1/\sqrt{2}, -1/\sqrt{2})'$가 있다. 이 두 벡터를 열벡터로 하는 행렬이 2×2 직교행렬이다.

(2) 차수가 3인 경우 벡터 $\boldsymbol{b}_1$에 직교하는 벡터로 다음과 같은 두 벡터를 생각해 볼 수 있다.

$$\boldsymbol{b}_2 = (0, 1/\sqrt{2}, -1/\sqrt{2})', \qquad \boldsymbol{b}_3 = (-1/\sqrt{2}, 1/2, 1/2)'$$

따라서 이 세 벡터를 열벡터로 하는 행렬이 3×3 직교행렬이다.

임의의 벡터 $\boldsymbol{x}$에 대하여 직교행렬 A를 곱하여 새로운 벡터

$$\boldsymbol{y} = A\boldsymbol{x}$$

를 얻을 수 있는데, 이를 벡터 $\boldsymbol{x}$의 **직교변환**(orthogonal transformation)이라고 한다. 직교변환된 벡터는 $\|\boldsymbol{y}\|^2 = \boldsymbol{y}'\boldsymbol{y} = \boldsymbol{x}'A'A\boldsymbol{x} = \boldsymbol{x}'\boldsymbol{x} = \|\boldsymbol{x}\|^2$을 만족하므로 원래 벡터의 길이와 같다.

특히 e_i들로 이루어진 직교행렬을 이용하여 벡터들의 원소의 위치를 바꿀 수 있다. 예를 들어 차수가 3인 벡터 e_1, e_2, e_3로 이루어진 직교행렬 $Q = (e_2, e_1, e_3)$를 고려해

보자. 임의의 차수가 3인 벡터 $\boldsymbol{x}=(x_1, x_2, x_3)'$ 에 대하여 다음과 같이 원소의 위치가 바뀐 벡터를 얻는다.

$$Q'\boldsymbol{x}=\begin{pmatrix}0&1&0\\1&0&0\\0&0&1\end{pmatrix}\begin{pmatrix}x_1\\x_2\\x_3\end{pmatrix}=\begin{pmatrix}x_2\\x_1\\x_3\end{pmatrix}, \qquad \boldsymbol{x}'Q=(x_1, x_2, x_3)\begin{pmatrix}0&1&0\\1&0&0\\0&0&1\end{pmatrix}=(x_2, x_1, x_3)$$

앞에 곱해진 직교행렬 Q'은 벡터의 첫 번째 행과 두 번째 행의 위치를 교환하였고, 뒤에 곱해진 Q는 앞 벡터의 첫 번째 열과 두 번째 열의 위치를 바꾸었다. 직교행렬 Q의 이와 같은 성질은 곱해지는 것이 벡터가 아니라 행렬일 때도 유지된다. 행렬 A의 앞에 Q'가 곱해지면 A의 첫 번째 행과 두 번째 행의 위치가 바뀌고, 뒤에 Q를 곱하면 행렬의 첫 번째 열과 두 번째 열의 위치가 바뀐다.

예를 들어 위 예제 4.11에서 행렬 $C=\begin{pmatrix}10&0&0\\0&8&12\\0&12&20\end{pmatrix}$로부터 행렬 D를 $D=Q'CQ$로 계산하면 앞에서와 마찬가지로 행렬 D는 우선 첫 두 행의 위치를 바꾸고, 그 행렬의 첫 두 열의 위치를 바꿔서 다음과 같이 얻어진다.

$$D=\begin{pmatrix}0&1&0\\1&0&0\\0&0&1\end{pmatrix}\begin{pmatrix}10&0&0\\0&8&12\\0&12&20\end{pmatrix}\begin{pmatrix}0&1&0\\1&0&0\\0&0&1\end{pmatrix}=\begin{pmatrix}0&8&12\\10&0&0\\0&12&20\end{pmatrix}\begin{pmatrix}0&1&0\\1&0&0\\0&0&1\end{pmatrix}=\begin{pmatrix}8&0&12\\0&10&0\\12&0&20\end{pmatrix}$$

이와 같은 사실은 행렬의 역행렬을 구할 때 유용하게 사용되기도 한다. 위의 역행렬에 대한 법칙으로부터 어떤 행렬 D가 행렬 A와 직교행렬 Q로부터 $D=Q'AQ$로 정의되면 그 역행렬은 다음을 만족한다.

$$D^{-1}=Q'A^{-1}Q$$

이 식은 특히 직교행렬 Q가 벡터 $\boldsymbol{e}_i$들로 이루어져 있을 때 역행렬을 얻는 데 유용한 도구가 된다. 예를 들어 위에서 고려한 $D=Q'CQ$의 역행렬은 $D^{-1}=Q'C^{-1}Q$로 구할 수 있고, 이때 양옆에 곱해지는 Q', Q도 C^{-1}의 위치를 같은 방법으로 바꾸는 역할을 한다. 즉, 위에서 구한 C^{-1}에 대하여 우선 첫 두 행의 위치를 바꾸고, 그 행렬의 첫 두 열의 위치를 바꿔서 D^{-1}의 역행렬을 다음과 같이 얻을 수 있다.

$$D^{-1}=\begin{pmatrix}0&1&0\\1&0&0\\0&0&1\end{pmatrix}\begin{pmatrix}1/10&0&0\\0&5/4&-3/4\\0&-3/4&1/2\end{pmatrix}\begin{pmatrix}0&1&0\\1&0&0\\0&0&1\end{pmatrix}$$
$$=\begin{pmatrix}0&5/4&-3/4\\1/10&0&0\\0&-3/4&1/2\end{pmatrix}\begin{pmatrix}0&1&0\\1&0&0\\0&0&1\end{pmatrix}$$
$$=\begin{pmatrix}5/4&0&-3/4\\0&1/10&0\\-3/4&0&1/2\end{pmatrix}$$

예제 4.13

다음 행렬의 역행렬을 구하라.

(1) $A=\begin{pmatrix}1&2&1\\2&0&2\\1&2&4\end{pmatrix}$, (2) $B=\begin{pmatrix}0&2&2\\2&1&1\\2&1&4\end{pmatrix}$

풀이

(1) 행렬의 행렬식이 $|A|=-12$이므로 역행렬은 다음과 같이 구할 수 있다.

$$A^{-1}=-\frac{1}{12}\begin{pmatrix}-4&-6&4\\-6&3&0\\4&0&-4\end{pmatrix}=\begin{pmatrix}1/3&1/2&-1/3\\1/2&-1/4&0\\-1/3&0&1/3\end{pmatrix}$$

(2) 차수가 3인 벡터 $\boldsymbol{e}_1, \boldsymbol{e}_2, \boldsymbol{e}_3$로 이루어진 직교행렬 $Q=(\boldsymbol{e}_2, \boldsymbol{e}_1, \boldsymbol{e}_3)$을 이용하여 행렬 B는 $B=Q'AQ$로 표현할 수 있다. 따라서 (1)에서 구한 A의 역행렬을 이용하여 우선 첫 두 행의 위치를 바꾸고, 첫 두 열의 위치를 바꿔서 다음과 같이 얻을 수 있다.

$$A^{-1}=\begin{pmatrix}1/3&1/2&-1/3\\1/2&-1/4&0\\-1/3&0&1/3\end{pmatrix}\Rightarrow\begin{pmatrix}1/2&-1/4&0\\1/3&1/2&-1/3\\-1/3&0&1/3\end{pmatrix}$$
$$\Rightarrow B^{-1}=\begin{pmatrix}-1/4&1/2&0\\1/2&1/3&-1/3\\0&-1/3&1/3\end{pmatrix}$$

이는 행렬 B의 역행렬을 바로 구한 것과 같음을 확인할 수 있다.

예제 4.14

다음 벡터들을 이용하여 다음과 같이 정의된 X에 대하여 $X'X$의 역행렬을 구하라.

$$\boldsymbol{x}_0 = (1, 1, 1, 1, 1, 1, 1, 1, 1, 1)'$$
$$\boldsymbol{x}_1 = (1, 1, 1, 1, 0, -1, -1, -1, -1, 0)'$$
$$\boldsymbol{x}_2 = (1, 2, 1, 2, 0, -1, -2, -1, -2, 0)'$$
$$\boldsymbol{x}_3 = (1, 1, -1, -1, 0, 1, 1, -1, -1, 0)'$$
$$\boldsymbol{x}_4 = (1, 1, -1, -1, 1, 1, -1, -1, 1, -1)'$$

(1) $X = (\boldsymbol{x}_0, \boldsymbol{x}_1, \boldsymbol{x}_2, \boldsymbol{x}_3, \boldsymbol{x}_4)$

(2) $X = (\boldsymbol{x}_1, \boldsymbol{x}_0, \boldsymbol{x}_3, \boldsymbol{x}_2, \boldsymbol{x}_4)$

풀이 (1) $X'X$를 구하면

$$X'X = \begin{pmatrix} 10 & 0 & 0 & 0 & 0 \\ 0 & 8 & 12 & 0 & 0 \\ 0 & 12 & 20 & 0 & 0 \\ 0 & 0 & 0 & 8 & 4 \\ 0 & 0 & 0 & 4 & 10 \end{pmatrix}$$

이고, $A = \begin{pmatrix} 8 & 12 \\ 12 & 20 \end{pmatrix}$, $B = \begin{pmatrix} 8 & 4 \\ 4 & 10 \end{pmatrix}$라고 하면 $X'X$는 $X'X = \begin{pmatrix} 10 & 0 & 0 \\ 0 & A & 0 \\ 0 & 0 & B \end{pmatrix}$로 표현할 수 있고, 따라서 그 역행렬은

$$(X'X)^{-1} = \begin{pmatrix} 10^{-1} & 0 & 0 \\ 0 & A^{-1} & 0 \\ 0 & 0 & B^{-1} \end{pmatrix}$$

로 구하면 된다. 한편 $|A| = 160 - 144 = 16$, $|B| = 80 - 16 = 64$이므로

$$A^{-1} = \frac{1}{|A|}\begin{pmatrix} 20 & -12 \\ -12 & 8 \end{pmatrix} = \begin{pmatrix} 5/4 & -3/4 \\ -3/4 & 1/2 \end{pmatrix},$$
$$B^{-1} = \frac{1}{64}\begin{pmatrix} 10 & -4 \\ -4 & 8 \end{pmatrix} = \begin{pmatrix} 5/32 & -1/16 \\ -1/16 & 1/8 \end{pmatrix}$$

이다. 따라서 구하고자 하는 역행렬은 다음과 같다.

$$(X'X)^{-1}=\begin{pmatrix} 1/10 & 0 & 0 & 0 & 0 \\ 0 & 5/4 & -3/4 & 0 & 0 \\ 0 & -3/4 & 1/2 & 0 & 0 \\ 0 & 0 & 0 & 5/32 & -1/16 \\ 0 & 0 & 0 & -1/16 & 1/8 \end{pmatrix}$$

(2) 이 경우의 $X'X$을 D, (1)의 $X'X$를 C라고 하면 차수가 5인 벡터 $\boldsymbol{e}_i$들로 이루어진 직교행렬 $Q=(\boldsymbol{e}_2, \boldsymbol{e}_1, \boldsymbol{e}_4, \boldsymbol{e}_3, \boldsymbol{e}_5)$에 대하여 $D=Q'CQ$의 관계가 성립한다. 이때의 직교행렬 $Q(Q')$는 첫 번째 열(행)과 두 번째 열(행)을 바꾸고, 세 번째 열(행)과 네 번째 열(행)을 바꾼다. 따라서 $D^{-1}=Q'C^{-1}Q$도 (1)에서 얻어진 $C^{-1}=(X'X)^{-1}$에 대하여 마찬가지로 행과 열을 교환하는 방법으로 다음과 같이 역행렬을 얻을 수 있다.

$$D^{-1}=(X'X)^{-1}=\begin{pmatrix} 5/4 & 0 & 0 & -3/4 & 0 \\ 0 & 1/10 & 0 & 0 & 0 \\ 0 & 0 & 5/32 & 0 & -1/16 \\ -3/4 & 0 & 0 & 1/2 & 0 \\ 0 & 0 & -1/16 & 0 & 1/8 \end{pmatrix}$$

다음의 두 정리는 역행렬과 관련한 유용한 도구를 제시한다.

정리 4.1 행렬 $A(n\times n)$, $B(n\times k)$, $C(k\times k)$, $D(k\times n)$에 대하여 행렬 A, C의 역행렬이 존재할 때 다음을 만족한다.

$$(A+BCD)^{-1}=A^{-1}-A^{-1}B(C^{-1}+DA^{-1}B)^{-1}DA^{-1}$$

예를 들어 벡터 $\boldsymbol{b}$, $\boldsymbol{d}$가 n 차원의 벡터일 때 위의 정리 4.1을 적용하면 다음의 식을 만족한다.

$$(A+\boldsymbol{b}\,\boldsymbol{d}')^{-1}=A^{-1}-\frac{A^{-1}\boldsymbol{b}\,\boldsymbol{d}'A^{-1}}{1+\boldsymbol{d}'A^{-1}\boldsymbol{b}}$$

예제 4.15

위의 예제 4.14의 (1)에서 X의 첫 행을 $\boldsymbol{a}'$이라 하고, 첫 행을 제외한 나머지로 이루어진 행렬을 X_{-1}라 할 때, $\boldsymbol{a}'(X_{-1}'X_{-1})^{-1}\boldsymbol{a}$ 을 구하라.

풀이 행렬 X는 $X=\begin{pmatrix}\boldsymbol{a}' \\ X_{-1}\end{pmatrix}$이므로

$$X'X=(\boldsymbol{a}\,,\ X_{-1}')\begin{pmatrix}\boldsymbol{a}' \\ X_{-1}\end{pmatrix}=\boldsymbol{a}\boldsymbol{a}'+X_{-1}'X_{-1}$$

으로 표현할 수 있다. 따라서 $X_{-1}'X_{-1}=X'X-\boldsymbol{a}\boldsymbol{a}'$에 정리 4.5를 이용하면

$$(X_{-1}'X_{-1})^{-1}=(X'X-\boldsymbol{a}\boldsymbol{a}')^{-1}-(X'X)^{-1}+\frac{(X'X)^{-1}\boldsymbol{a}\boldsymbol{a}'(X'X)^{-1}}{1-\boldsymbol{a}'(X'X)^{-1}\boldsymbol{a}}$$

의 식을 얻을 수 있고, 이로부터

$$\boldsymbol{a}'(X_{-1}'X_{-1})^{-1}\boldsymbol{a}=\boldsymbol{a}'(X'X)^{-1}\boldsymbol{a}+\frac{\boldsymbol{a}'(X'X)^{-1}\boldsymbol{a}\boldsymbol{a}'(X'X)^{-1}\boldsymbol{a}}{1-\boldsymbol{a}'(X'X)^{-1}\boldsymbol{a}}$$

를 얻을 수 있다. $\boldsymbol{a}'=(1,\,1,\,1,\,1,\,1)$ 이므로 $\boldsymbol{a}'(X'X)^{-1}\boldsymbol{a}=81/160$이고, 따라서

$$\boldsymbol{a}'(X_{-1}'X_{-1})^{-1}\boldsymbol{a}=81/160+\frac{(81/160)^2}{1-81/160}=1.0253$$

이다.

정리 4.2 행렬 $A(n\times n)$, $B(m\times n)$, $C(n\times m)$, $D(m\times m)$에 대하여 행렬 A, D의 역행렬이 존재할 때 다음을 만족한다.

$$\begin{pmatrix}A & C \\ B & D\end{pmatrix}^{-1}=\begin{pmatrix}E^{-1} & -A^{-1}CF^{-1} \\ -F^{-1}BA^{-1} & F^{-1}\end{pmatrix}$$

이때 $E=A-CD^{-1}B$, $F=D-BA^{-1}C$이다.

예제 4.16

예제 4.14의 (2)의 X를 다음과 같이 분할할 때 $X'X$의 역행렬을 정리 4.2를 이용하여 구하고 그 결과를 예제 4.14의 결과와 같은지 확인하라.

$$X=(X_1,\ X_2),\quad X_1=(\boldsymbol{x}_1,\ \boldsymbol{x}_0,\ \boldsymbol{x}_3),\quad X_2=(\boldsymbol{x}_2,\ \boldsymbol{x}_4)$$

풀이 행렬 $X'X$는 다음과 같이 분할된 형태를 갖는다.

$$X'X=\begin{pmatrix} X_1'X_1 & X_1'X_2 \\ X_2'X_1 & X_2'X_2 \end{pmatrix}=\begin{pmatrix} A & C \\ B & D \end{pmatrix}$$

이때, 행렬 A, B, C, D는 다음과 같다.

$$A=\begin{pmatrix} 8 & 0 & 0 \\ 0 & 10 & 0 \\ 0 & 0 & 8 \end{pmatrix},\quad B=\begin{pmatrix} 12 & 0 & 0 \\ 0 & 0 & 4 \end{pmatrix},\quad C=\begin{pmatrix} 12 & 0 \\ 0 & 0 \\ 0 & 4 \end{pmatrix},\quad D=\begin{pmatrix} 20 & 0 \\ 0 & 10 \end{pmatrix}$$

여기서

$$A^{-1}=\begin{pmatrix} 1/8 & 0 & 0 \\ 0 & 1/10 & 0 \\ 0 & 0 & 1/8 \end{pmatrix},\quad D^{-1}=\begin{pmatrix} 1/20 & 0 \\ 0 & 1/10 \end{pmatrix}$$

이고, 이로부터

$$E=A-CD^{-1}B=\begin{pmatrix} 8 & 0 & 0 \\ 0 & 10 & 0 \\ 0 & 0 & 8 \end{pmatrix}-\begin{pmatrix} 12 & 0 \\ 0 & 0 \\ 0 & 4 \end{pmatrix}\begin{pmatrix} 1/20 & 0 \\ 0 & 1/10 \end{pmatrix}\begin{pmatrix} 12 & 0 & 0 \\ 0 & 0 & 4 \end{pmatrix}=\begin{pmatrix} 4/5 & 0 & 0 \\ 0 & 10 & 0 \\ 0 & 0 & 32/5 \end{pmatrix},$$

$$F=D-BA^{-1}C=\begin{pmatrix} 20 & 0 \\ 0 & 10 \end{pmatrix}-\begin{pmatrix} 12 & 0 & 0 \\ 0 & 0 & 4 \end{pmatrix}\begin{pmatrix} 1/8 & 0 & 0 \\ 0 & 1/10 & 0 \\ 0 & 0 & 1/8 \end{pmatrix}\begin{pmatrix} 12 & 0 \\ 0 & 0 \\ 0 & 4 \end{pmatrix}=\begin{pmatrix} 2 & 0 \\ 0 & 8 \end{pmatrix}$$

을 구할 수 있고, 따라서

$$E^{-1}=\begin{pmatrix} 5/4 & 0 & 0 \\ 0 & 1/10 & 0 \\ 0 & 0 & 5/32 \end{pmatrix},\quad F^{-1}=\begin{pmatrix} 1/2 & 0 \\ 0 & 1/8 \end{pmatrix}$$

이다. 또한

$$F^{-1}BA^{-1}=\begin{pmatrix} 1/2 & 0 \\ 0 & 1/8 \end{pmatrix}\begin{pmatrix} 12 & 0 & 0 \\ 0 & 0 & 4 \end{pmatrix}\begin{pmatrix} 1/8 & 0 & 0 \\ 0 & 1/10 & 0 \\ 0 & 0 & 1/8 \end{pmatrix}=\begin{pmatrix} 3/4 & 0 & 0 \\ 0 & 0 & 1/16 \end{pmatrix}$$

이고, A와 F는 대칭행렬이고, $B'=C$이므로 $A^{-1}CF^{-1}=(F^{-1}BA^{-1})'$이다. 이로써 예제 4.14에서 얻은 결과와 같은 결과를 얻음을 알 수 있다.

간단한 암호화를 하는 과정에서도 행렬을 이용할 수 있다. 예를 들어 SNS에서 "123"이라는 메시지를 보낼 때 컴퓨터에서 1,2,3으로 코딩한다고 가정하자. 이 숫자를 벡터로 다음과 같이 표현해 보자.

$$\boldsymbol{a} = \begin{pmatrix} 1 \\ 2 \\ 3 \end{pmatrix}$$

여기에 본인만이 알고 있는 암호 행렬(역행렬이 존재하는) $B = \begin{pmatrix} 2 & -2 & 2 \\ 1 & 1 & 2 \\ 3 & 4 & 3 \end{pmatrix}$를 곱하여 암호화된 벡터

$$\boldsymbol{x} = B\boldsymbol{a} = \begin{pmatrix} 4 \\ 9 \\ 20 \end{pmatrix}$$

이 되면 전송되는 숫자열은 4,9,20이 된다.

이를 해독하여 원 메시지를 복원하는 과정은 암호화된 벡터 $\boldsymbol{x}$ 와 암호행렬의 역행렬 B^{-1}를 이용하며 벡터 $\boldsymbol{a}$를 복원하고 규칙에 따라서 적용하면 "123"이라는 메시지가 복원된다.

4.4 멱등행렬과 2차형식

정사각행렬 중에 특이한 행렬로 $A^2 = AA = A$를 만족하는 **멱등행렬**(idempotent matrix)이 있다. 실수의 경우를 보면 $x \in \mathbb{R}$ 중에서 $x^2 = x$ 인 특성을 만족하는 실수는 0, 1 이다. 멱등행렬의 가장 기본적인 예는 단위행렬과 원소가 모두 0인 영행렬이라고 할 수 있다. 다른 예로는 단위행렬과 영행렬의 사이라고 할 수 있는 다음과 같은 행렬이다.

$$n > p \text{에 대하여} \quad \begin{pmatrix} I_p & 0 \\ 0 & 0 \end{pmatrix}_{n \times n}$$

멱등행렬의 대표적인 예는 회귀분석에서 임의의 $n \times p$ 행렬 X에 대하여 $X'X$의 역행렬이 존재할 때 다음과 같다.

$$H = X(X'X)^{-1}X'$$

이때 H가 멱등행렬인 것은 쉽게 보일 수 있고, $I-H$도 멱등행렬임을 알 수 있다.

예제 4.17

다음의 벡터를 이용하여 만든 행렬 X_i로 멱등행렬 $X_i(X_i{}'X_i)^{-1}X_i{}'$을 만들라.

$$\mathbf{1}=(1,1,1,1,1)'$$
$$\boldsymbol{x}_1=(1,1,1,0,0)'$$

(1) $X_1=\mathbf{1}$ (2) $X_2=(\mathbf{1},\ \boldsymbol{x}_1)$

풀이

(1) 우선 $\mathbf{1}'\mathbf{1}=5$이므로 $(\mathbf{1}'\mathbf{1})^{-1}=1/5$이고, $\mathbf{1}\mathbf{1}'$는 모든 원소가 1일 5×5 인 행렬이다. 따라서 구하고자 하는 멱등행렬은 다음과 같다.

$$X_1(X_1{}'X_1)^{-1}X_1{}'=\mathbf{1}(\mathbf{1}'\mathbf{1})^{-1}\mathbf{1}'=\frac{1}{5}\begin{pmatrix}1&1&1&1&1\\1&1&1&1&1\\1&1&1&1&1\\1&1&1&1&1\\1&1&1&1&1\end{pmatrix}$$

(2) 우선 가운데 부분을 먼저 계산하면 $X_2{}'X_2=\begin{pmatrix}5&3\\3&3\end{pmatrix}$이므로

$$(X_2{}'X_2)^{-1}=\frac{1}{6}\begin{pmatrix}3&-3\\-3&5\end{pmatrix}=\begin{pmatrix}1/2&-1/2\\-1/2&5/6\end{pmatrix}$$

이고, 이를 이용하여 순차적으로 계산하면 다음과 같이 멱등행렬을 구할 수 있다.

$$X_2(X_2{}'X_2)^{-1}X_2{}'=\begin{pmatrix}1&1\\1&1\\1&1\\1&0\\1&0\end{pmatrix}\begin{pmatrix}1/2&-1/2\\-1/2&5/6\end{pmatrix}X_2{}'$$
$$=\begin{pmatrix}0&1/3\\0&1/3\\0&1/3\\1/2&-1/2\\1/2&-1/2\end{pmatrix}\begin{pmatrix}1&1&1&1&1\\1&1&1&0&0\end{pmatrix}$$
$$=\begin{pmatrix}1/3&1/3&1/3&0&0\\1/3&1/3&1/3&0&0\\1/3&1/3&1/3&0&0\\0&0&0&1/2&1/2\\0&0&0&1/2&1/2\end{pmatrix}$$

예제 4.18

$n \times p$ 행렬 X로 만든 멱등행렬 $H = X(X'X)^{-1}X'$의 대각합을 구하라.

풀이 대각합의 성질 $tr(AB) = tr(BA)$을 활용하면 다음과 같다.

$$tr(H) = tr(X(X'X)^{-1}X) = tr((X'X)^{-1}X'X) = tr(I_p) = p$$

예제 4.19

벡터 $\boldsymbol{y} = (y_1, \ \ldots, y_5)'$에 대하여 위 예제 4.17(1)과 (2)에서 구한 멱등행렬을 곱하면 어떤 벡터가 되는가?

풀이

(1) 위 예제 4.17의 결과로부터

$$\mathbf{1}(\mathbf{1}'\mathbf{1})^{-1}\mathbf{1}'\boldsymbol{y} = (\bar{y}, \ldots \bar{y})' = \bar{y}\mathbf{1}$$

을 얻을 수 있다.

(2) 벡터 $\boldsymbol{y}$의 첫 세 원소의 평균을 $\overline{y_A}$, 마지막 두 원소의 평균을 $\overline{y_B}$라고 하면 다음과 같이 얻을 수 있다.

$$X_2(X_2'X_2)^{-1}X_2'\boldsymbol{y} = \begin{pmatrix} 1/3 & 1/3 & 1/3 & 0 & 0 \\ 1/3 & 1/3 & 1/3 & 0 & 0 \\ 1/3 & 1/3 & 1/3 & 0 & 0 \\ 0 & 0 & 0 & 1/2 & 1/2 \\ 0 & 0 & 0 & 1/2 & 1/2 \end{pmatrix} \boldsymbol{y} = \begin{pmatrix} \overline{y_A} \\ \overline{y_A} \\ \overline{y_A} \\ \overline{y_B} \\ \overline{y_B} \end{pmatrix} = \overline{y_B}\mathbf{1} + (\overline{y_A} - \overline{y_B})\boldsymbol{x}_1$$

이 예제 4.19의 (1)에서 멱등행렬 $\mathbf{1}(\mathbf{1}'\mathbf{1})^{-1}\mathbf{1}'$를 H로 표현하면 $\bar{y}$는 $(\mathbf{1}'\mathbf{1})^{-1}\mathbf{1}'\boldsymbol{y}$이고 $\mathbf{1}'\mathbf{1} = 5$이므로 $5\bar{y}^2$은 다음과 같은 형태로 표현할 수 있다.

$$5\bar{y}^2 = \bar{y}'5\bar{y} = \boldsymbol{y}'\mathbf{1}(\mathbf{1}'\mathbf{1})^{-1}(\mathbf{1}'\mathbf{1})(\mathbf{1}'\mathbf{1})^{-1}\mathbf{1}'\boldsymbol{y} = \boldsymbol{y}'\mathbf{1}(\mathbf{1}'\mathbf{1})^{-1}\mathbf{1}'\boldsymbol{y} = \boldsymbol{y}'H\boldsymbol{y}$$

이와 같이 대칭행렬을 사이에 두고 양옆에 같은 벡터가 곱해지는 형태를 2차형식이라고 한다.(양옆에 다른 벡터가 곱해지는 경우에도 넓은 의미에서 2차형식이라 부르기도 하지만 이 교재에서는 그런 경우 2차형식에서 제외하기로 한다.)

일반적으로 변수 $x_1, x_2, \ldots, x_n$ 의 2차함수식

$$\sum_{i=1}^{n} c_i x_i^2 + \sum_{i<j} c_{ij} x_i x_j$$

에 대하여 $n \times n$ 대칭행렬 $A = \{a_{ij}\}$가 존재해서

$$\boldsymbol{x}' A \boldsymbol{x} = \sum_{i=1}^{n} \sum_{j=1}^{n} a_{ij} x_i x_j = \sum_{i=1}^{n} c_i x_i^2 + \sum_{i<j} c_{ij} x_i x_j$$

을 만족한다. 이때 $\boldsymbol{x} = (x_1, \ldots, x_n)'$, $a_{ii} = c_i$, $a_{ij} = a_{ji} = \dfrac{c_{ij}}{2}$ 이고, 식 $\boldsymbol{x}' A \boldsymbol{x}$ 을 $\boldsymbol{x}$ 의 **2차형식**(quadratic form)이라고 한다.

만일 A가 대칭이 아니라면 $(A + A')/2$로 대치하면 동등한 2차형식으로 표현할 수 있다. 즉, $\boldsymbol{x}' A \boldsymbol{x}$ 대신 $\boldsymbol{x}' [(A + A')/2] \boldsymbol{x}$를 사용하여 2차형식을 만든다. 이 책에서는 2차형식의 중앙에 있는 행렬은 대칭행렬로 가정하기로 한다.

예제 4.20

다음 물음에 답하라.

(1) 행렬 $A = \begin{pmatrix} 1 & 2 & 0 \\ 2 & 1 & -1 \\ 0 & -1 & 2 \end{pmatrix}$에 대하여 $\boldsymbol{x}$ 의 2차형식을 계산하라.

(2) $\boldsymbol{x}$ 의 2차형식으로 이차식 $3x_1^2 - 2x_2^2 + x_3^2 + 2x_1x_2 - 6x_1x_3$을 주는 행렬 A를 구하라.

풀이 2차함수식과 행렬의 관계로부터 다음과 같이 얻을 수 있다.

(1) $\boldsymbol{x}' A \boldsymbol{x} = x_1^2 + x_2^2 + 2x_3^2 + 4x_1x_2 - 2x_2x_3$

(2) $A = \begin{pmatrix} 3 & 1 & -3 \\ 1 & -2 & 0 \\ -3 & 0 & 1 \end{pmatrix}$

예제 4.21

두 벡터 $\boldsymbol{x} = (x_1, x_2, \ldots, x_n)'$, $\boldsymbol{y} = (y_1, y_2, \ldots, y_n)'$를 이용하여 다음 식을 벡터와 행렬로 표현하고, 이 중 2차형식으로 표현할 수 있는 것을 밝혀라.

(1) $n\bar{y}^2$ (2) $\sum y_i^2$

(3) $\sum(y_i-\bar{y})^2$ (4) $\sum(x_i-\bar{x})(y_i-\bar{y})$

풀이 $\mathbf{1}$을 차수가 n인 일벡터라고 하고, $H=\mathbf{1}(\mathbf{1}'\mathbf{1})^{-1}\mathbf{1}'$라고 하자.

(1) $n\bar{y}^2=\boldsymbol{y}'\mathbf{1}(\mathbf{1}'\mathbf{1})^{-1}\mathbf{1}'\boldsymbol{y}=\boldsymbol{y}'H\boldsymbol{y}$로 표현할 수 있으므로 2차형식이다.

(2) $\sum y_i^2=\boldsymbol{y}'\boldsymbol{y}=\boldsymbol{y}'I\boldsymbol{y}$로 표현할 수 있고, 따라서 2차형식이다.

(3) $\sum(y_i-\bar{y})^2=\sum y_i^2-n\bar{y}^2$이므로 위 (1), (2)의 결과를 이용하여 다음과 같이 표현할 수 있다.

$$\sum(y_i-\bar{y})^2=\sum y_i^2-n\bar{y}^2=\boldsymbol{y}'(I-H)\boldsymbol{y}$$

따라서 2차형식이다.

(4) $\sum(x_i-\bar{x})(y_i-\bar{y})=\sum x_iy_i-n\bar{x}\bar{y}$이고, $\sum x_iy_i=\boldsymbol{x}'\boldsymbol{y}$, $n\bar{x}\bar{y}=\boldsymbol{x}'H\boldsymbol{y}$이다. 따라서

$$\sum(x_i-\bar{x})(y_i-\bar{y})=\boldsymbol{x}'(I-H)\boldsymbol{y}$$

로 표현할 수 있다. 그러나 이 경우 행렬 양옆에 곱하는 벡터가 다르므로 앞에서 정의한 2차형식에 맞지 않는다.

다음 정의는 2차형식의 부호에 따라 행렬 A의 특성을 규정한다.

■ **(준)정부호행렬**

모든 벡터 $\boldsymbol{x}\neq\mathbf{0}$에 대하여 각 조건을 만족시키는 대칭행렬 A를 다음과 같이 정의한다.

(1) $\boldsymbol{x}'A\boldsymbol{x}>0$이면 A : 양의 정부호행렬(positive definite matrix)이다.

(2) $\boldsymbol{x}'A\boldsymbol{x}\geq 0$이면 A : 양의 준정부호행렬(positive semi-definite matrix)이다.

예제 4.22

확률변수 k개로 이루어진 확률벡터(random vector) $\boldsymbol{X}=(X_1,\ldots,X_k)'$에서 각 확률변수의 기댓값을 $\mu_i=E(X_i)$, $i=1,\ldots,k$라고 하면 확률벡터 $\boldsymbol{X}$의 기댓값은

$$E(\boldsymbol{X})=\boldsymbol{\mu}_{\boldsymbol{X}}=(E(X_1),\ldots,E(X_k))'=(\mu_1,\ldots,\mu_k)'$$

이고, $k\times k$ 분산-공분산행렬은

$$\mathrm{Var}(\boldsymbol{X}) = \Sigma = E\left[(\boldsymbol{X}-\boldsymbol{\mu}_{\boldsymbol{X}})(\boldsymbol{X}-\boldsymbol{\mu}_{\boldsymbol{X}})'\right]$$

로 정의된다. 이때 분산-공분산 행렬이 양의 준정부호행렬임을 보여라.

풀이 차수가 k인 임의의 상수벡터 $\boldsymbol{b}$에 대하여 기댓값의 성질을 이용하여 $\boldsymbol{b}'\Sigma\boldsymbol{b}$를 계산하면

$$\boldsymbol{b}'\Sigma\boldsymbol{b} = \boldsymbol{b}'\boldsymbol{E}\left[(\boldsymbol{X}-\boldsymbol{\mu}_{\boldsymbol{X}})(\boldsymbol{X}-\boldsymbol{\mu}_{\boldsymbol{X}})'\right]\boldsymbol{b} = E\left[\boldsymbol{b}'(\boldsymbol{X}-\boldsymbol{\mu}_{\boldsymbol{X}})(\boldsymbol{X}-\boldsymbol{\mu}_{\boldsymbol{X}})'\boldsymbol{b}\right]$$

이 된다. 이때 기댓값 안의 $\boldsymbol{b}'(\boldsymbol{X}-\boldsymbol{\mu}_{\boldsymbol{X}})$는 $1\times k$ 벡터와 $k\times 1$ 벡터의 곱으로서 1×1이 된다. 따라서 이 값의 전치행렬인 $(\boldsymbol{X}-\boldsymbol{\mu}_{\boldsymbol{X}})'\boldsymbol{b}$도 1×1이 되어 결국 기댓값은

$$E\left[(\boldsymbol{b}'(\boldsymbol{X}-\boldsymbol{\mu}_{\boldsymbol{X}}))^2\right] \geq 0$$

가 되므로 분산-공분산행렬 Σ는 임의의 상수벡터 $\boldsymbol{b}\neq\boldsymbol{0}$에 대하여 $\boldsymbol{b}'\Sigma\boldsymbol{b} \geq 0$가 성립하므로 양의 준정부호행렬이 된다.

위의 예제에서 $\boldsymbol{b} = (b_1,\ldots,b_k)'$라 하면 확률변수 $Y=\boldsymbol{b}'\boldsymbol{X} = b_1X_1 + \cdots + b_kX_k$는 확률변수들 $X_1,\ldots,X_k$의 선형결합이 된다. 이때 확률변수 Y의 분산을 구하면

$$\begin{aligned}\mathrm{Var}(Y) &= \mathrm{Var}(\boldsymbol{b}'\boldsymbol{X}) = E[(\boldsymbol{b}'\boldsymbol{X}-E(\boldsymbol{b}'\boldsymbol{X}))(\boldsymbol{b}'\boldsymbol{X}-E(\boldsymbol{b}'\boldsymbol{X}))'] = \boldsymbol{b}'\mathrm{Var}(\boldsymbol{X})\boldsymbol{b}\\ &= \boldsymbol{b}'\Sigma\boldsymbol{b}\end{aligned}$$

가 된다. 즉 이차형식 $\boldsymbol{b}'\Sigma\boldsymbol{b}$는 확률변수 $Y=\boldsymbol{b}'\boldsymbol{X}$의 분산이 된다.

예제 4.23

임의의 $n\times m$ 행렬 A에 대하여 $A'A$와 AA' 모두 양의 준정부호행렬임을 보여라.

풀이 차수가 n인 임의의 벡터 $\boldsymbol{x}$에 대하여 $A'\boldsymbol{x}$는 차수가 m인 벡터이고,

$$\boldsymbol{x}'AA'\boldsymbol{x} = \|A'\boldsymbol{x}\|^2 \geq 0$$

을 만족하므로 행렬 AA'는 양의 준정부호이다. 마찬가지 방법으로 행렬 $A'A$가 준정부호행렬임을 보일 수 있다.

예제 4.24

앞의 예제 4.17에서 구한 멱등행렬이 양의 정부호행렬인지 양의 준정부호행렬인지 판단하라.

풀이 임의의 벡터 $\boldsymbol{x}$ 에 대하여 $\boldsymbol{x}'H\boldsymbol{x} = \boldsymbol{x}'HH\boldsymbol{x} = \|H\boldsymbol{x}\|^2 \geq 0$이므로 모든 멱등행렬은 양의 준정부호행렬이나 양의 정부호행렬은 아닐 수 있다.

(1) $\boldsymbol{x} = (1, 0, 0, 0, -1)'$ 이면 $\mathbf{1}(\mathbf{1}'\mathbf{1})^{-1}\mathbf{1}'\boldsymbol{x} = 0$이므로 양의 정부호행렬은 아니다.

(2) $\boldsymbol{x} = (1, -1, 0, 1, -1)'$ 이면 $X_2(X_2'X_2)^{-1}X_2'\boldsymbol{x} = 0$이므로 양의 정부호행렬은 아니다.

4.5 R-프로그램을 이용한 예제

R은 자료의 정리 및 통계분석에 많이 이용되는 프로그램이다. R-프로그램을 이용하면 이 장에서 다루고 있는 행렬에 대한 여러 가지 연산을 할 수 있다. R-프로그램은 http://www.r-project.org에서 무료로 다운받을 수 있다. R-프로그램에는 기본적인 프로그램 사용법이 내장되어 있어서 쉽게 사용법을 익힐 수 있다.

R-프로그램을 이용하여 행렬을 만드는 기본적인 명령어는 matrix이다. 다음은 2×3 행렬을 만드는 간단한 예이다.

```
> A = matrix(c(2,0,3,-1,2,0), ncol=3, byrow=TRUE)
> A
     [,1] [,2] [,3]
[1,]    2    0    3
[2,]   -1    2    0
```

위에서 'c(2,0,3,−1,2,0)'는 행렬 A의 원소의 값은 2, 0, 3, −1, 2, 0임을 나타낸다. 또한 'ncol=3'는 행렬 A의 열의 수는 3임을 나타낸다. 따라서 6개의 원소로 이루어진 행렬 A의 행의 수는 2가 된다. 위 명령어에서 'ncol=3' 대신에 'nrow=2'을 사용하여도 같은 결과를 얻을 수 있다. 한편 'byrow=TRUE'는 주어진 6개의 값으로 행렬 A를 만들 때 첫 번째 행부터 차례로 값을 지정하라는 것을 나타낸다. 위 명령어에서

'byrow=TRUE'이 없거나 'byrow=FALSE'인 경우에는 6개의 값을 첫 번째 열부터 차례로 값을 지정하게 된다.

R-프로그램을 이용하여 행렬의 원소, 행과 열을 나타내는 방법은 다음과 같다.

```
> A = matrix(c(2,0,3,-1,2,0), ncol=3, byrow=TRUE)
> A[1,3]
[1] 3
> A[2,]
[1] -1  2  0
> A[,3]
[1] 3 0
```

'A[i,j]'는 행렬 A의 (i,j)-번째 원소의 값, 'A[i,]'는 A의 i번째 행벡터, 'A[,j]'는 A의 j번째 열벡터를 나타낸다.

예제 4.2에서 주어진 행렬을 만들어 행렬에 대한 간단한 연산을 하는 방법을 알아보도록 하자. 먼저 세 행렬 A, B, C를 다음과 같이 생성할 수 있다.

```
> A = matrix(c(2,0,3,-1,2,0), ncol=3, byrow=TRUE)
> B = matrix(c(1,0,0,2,3,1), ncol=2, byrow=TRUE)
> C = diag(c(1,2))
> B
     [,1] [,2]
[1,]    1    0
[2,]    0    2
[3,]    3    1
> C
     [,1] [,2]
[1,]    1    0
[2,]    0    2
```

'diag(c(1,2))'는 1과 2로 이루어진 대각행렬을 만드는 명령어이다. 위에서 만든 행렬을 이용하여 전치행렬, 행렬의 덧셈, 곱셈, 대각합을 구하는 방법은 다음과 같다.

```
> t(B)
     [,1] [,2] [,3]
[1,]    1    0    3
[2,]    0    2    1
> A + t(B)
```

```
       [,1] [,2] [,3]
[1,]    3    0    6
[2,]   -1    4    1
> A %*% B
       [,1] [,2]
[1,]   11    3
[2,]   -1    4
> sum(diag(A %*% B))
[1] 15
```

't(B)'는 B의 전치행렬을 구하는 명령어이며, 행렬의 덧셈은 연산자 '+'를 이용하여 구할 수 있다. 한 가지 주의할 사항은 행렬의 곱셈을 구하기 위해서는 연산자 '%*%'를 사용하여야 한다. 한편 'diag(A %*% B)'는 두 행렬 A와 B의 곱의 대각원소를 나타내며, 이들의 합을 구하는 명령어 'sum'을 이용하여 대각합을 계산할 수 있다.

R-프로그램을 이용하여 예제 4.6에 주어진 행렬의 행렬식과 역행렬을 구하는 방법은 다음과 같다.

```
> A = matrix(c(1,2,-1,5,0,3,1,2,1), ncol=3, byrow=TRUE)
> det(A)
[1] -20
> solve(A)
       [,1]  [,2]  [,3]
[1,]   0.3   0.2  -0.3
[2,]   0.1  -0.1   0.4
[3,]  -0.5   0.0   0.5
```

'det(A)'는 행렬 A의 행렬식을 구하는 명령어이며, 'solve(A)'는 A의 역행렬을 구하는 명령어이다. 위의 결과는 예제 4.6과 예제 4.9에서 얻은 결과와 일치함을 확인할 수 있다.

예제 4.25

예제 4.13에서 주어진 두 행렬 A와 B에 대하여 R-프로그램을 이용하여 A', AB, $A^{-1}B^{-1}$를 구하라.

풀이 두 행렬 A, B를 생성하고 A', AB, $(AB)^{-1}$, $A^{-1}B^{-1}$를 구하는 R-프로그램은 다음과 같다.

```
> A = matrix(c(1,2,1,2,0,2,1,2,4), ncol=3, byrow=TRUE)
> B = matrix(c(0,2,2,2,1,1,2,1,4), ncol=3, byrow=TRUE)
> t(A)
     [,1] [,2] [,3]
[1,]    1    2    1
[2,]    2    0    2
[3,]    1    2    4
> A %*% B
     [,1] [,2] [,3]
[1,]    6    5    8
[2,]    4    6   12
[3,]   12    8   20
> solve(A %*% B)
           [,1]        [,2]        [,3]
[1,]  0.1666667 -0.25000000  0.08333333
[2,]  0.4444444  0.16666667 -0.27777778
[3,] -0.2777778  0.08333333  0.11111111
> solve(A) %*% solve(B)
            [,1]       [,2]        [,3]
[1,]  0.16666667  0.4444444 -0.27777778
[2,] -0.25000000  0.1666667  0.08333333
[3,]  0.08333333 -0.2777778  0.11111111
```

4.6 연습문제

4.1 다음 행렬 A에 대하여 아래 물음에 답하라.

$$A = \begin{pmatrix} -2 & 3 & 1 & 2 \\ 0 & 2 & 2 & -4 \\ -3 & 2 & 0 & 1 \\ 2 & 1 & -1 & 2 \end{pmatrix}$$

(1) 행렬 A의 2번째 행, 4번째 열의 원소를 구하라.

(2) 행렬 A의 세 번째 행벡터와 두 번째 열벡터를 구하라.

(3) 행렬 A의 전치행렬을 구하라.

4.2 다음 연립방정식을 행렬과 벡터를 이용하여 표시하라.

$$\begin{aligned} &2x-y-3z=4 \\ &4x+4y=8 \\ &-2x+2y+4z=-4 \end{aligned}$$

4.3 오랜 경험상 어제 날씨가 맑음이면 오늘도 맑음일 확률은 0.7, 흐림일 확률은 0.2, 비올 확률은 0.1이고 어제 흐림이면 오늘도 흐림일 확률은 0.6, 맑음일 확률은 0.2, 비올 확률은 0.2이다. 그리고 어제 비가 왔으면 오늘도 비올 확률은 0.5, 맑을 확률은 0.2, 흐림일 확률은 0.3 정도라고 하자.

(1) 이틀간의 날씨 변화에 대한 확률을 행렬로 표시하라.

(2) 이 행렬의 행벡터와 열벡터를 설명하라.

(3) 이 행렬의 (2,3)-번째 원소의 의미를 설명하라.

4.4 다음 행렬의 전치행렬을 구하라.

(1) $\begin{pmatrix} 2 & -1 & -3 \\ 4 & 4 & 0 \\ -2 & 2 & 4 \end{pmatrix}$ (2) $\begin{pmatrix} n & \sum x_i \\ \sum x_i & \sum x_i^2 \end{pmatrix}$ (3) $\begin{pmatrix} 1 & 2 & 3 \\ 0 & 4 & 5 \\ 0 & 0 & 6 \end{pmatrix}$

4.5 예제 4.3에서 ABC의 (2,1)-번째 원소를 구하라.

4.6 다음과 같은 행렬 A, B, C에 대하여 아래의 행렬을 계산하라.

$$A=\begin{pmatrix} 2 & 1 \\ -1 & -3 \end{pmatrix},\quad B=\begin{pmatrix} 0 & 3 & 1 \\ -1 & -2 & 2 \end{pmatrix},\quad C=\begin{pmatrix} 2 & -2 \\ 0 & 0 \\ -1 & 0 \end{pmatrix}$$

(1) $3A$ (2) BC (3) CB (4) $A+BC$

4.7 5명의 천식 아동들의 호흡량(x)이 키(y)와 관련이 있는지 단순회귀모형 $y=\beta_0+\beta_1 x+\epsilon$으로 분석하려고 한다.

호흡량	25.6	15.1	9.8	3.5	8.3
키	90	97	97	118	125

(1) 이 자료를 $y = (1, x)\begin{pmatrix}\beta_0 \\ \beta_1\end{pmatrix} + \epsilon$ 형태로 나타낼 때 열벡터 y, x를 구하라.

(2) $X = (1, x)$로 나타낼 때 X의 3번째 행벡터를 구하라.

(3) 5번째 아동에 대한 모형식을 구하라.

4.8 다음의 벡터와 행렬에 대하여 연산을 하라.

$$x = \begin{pmatrix}5 \\ 7 \\ 2\end{pmatrix}, \qquad y = \begin{pmatrix}15 \\ 8 \\ 5 \\ 1 \\ 10\end{pmatrix}, \qquad A = \begin{pmatrix}5 & 20 & 16 & 7 & 17 \\ 7 & 18 & 12 & 9 & 21 \\ 6 & 25 & 8 & 5 & 13\end{pmatrix}$$

(1) $x'A$ (2) Ay (3) $x'Ay$

4.9 다음 세 행렬의 곱 DEF의 차수를 밝히고, (1,2)–번째 원소를 구하라.

$$D = \begin{pmatrix}2 & 0 & 3 \\ 5 & 1 & 0\end{pmatrix}, \qquad E = \begin{pmatrix}2 & -1 & -3 \\ 4 & 4 & 0 \\ -2 & 2 & 4\end{pmatrix}, \qquad F = \begin{pmatrix}2 & 0 & 0 \\ 0 & 2 & 2 \\ 0 & 2 & 5\end{pmatrix}$$

4.10 연습문제 4.3의 날씨의 변화를 나타내는 행렬 P에 대해서 P^2을 구하고 구한 행렬의 원소들의 의미를 설명하라.

4.11 동네 마트에서 과일 가격을 조사하니 개당 사과 4, 복숭아 6, 레몬 9, 오렌지 5, 배는 7(단위 100원)이었고, 시장에서 해당 제품의 가격을 같은 순서로 기록하면 5, 5, 10, 4, 6이라고 하자. 만약 사과 6개, 복숭아 12개, 레몬 3개, 오렌지 12개, 배는 6개를 사려고 한다면 한 곳에서 다 구매하는 경우와 가격이 싼 품목을 선택하여 사는 경우의 총 비용을 구하는 식을 한꺼번에 계산할 수 있도록 행렬을 이용하여 표현해 보라.

4.12 다음 열벡터들을 이용한 연산을 계산하라.

$$x = (5,0,2)', \quad y = (-7,1,2)', \quad z = (0,8,3)'$$

(1) $(x+y) \circ z$ (2) $(2y \circ z) \cdot x$

(3) $2(z \circ x) \cdot y$ (4) $5x \circ y + 3[z \circ (y-2x)]$

4.13 다음 행렬의 연산을 수행하라.

(1) $\begin{pmatrix}1 & 3\\ 1 & -1\end{pmatrix}\left[\begin{pmatrix}3 & 6\\ 4 & 4\end{pmatrix}-8\begin{pmatrix}5 & 4\\ 0 & 3\end{pmatrix}\right]$

(2) $\begin{pmatrix}8 & -6\\ 1 & -1\\ 3 & 2\end{pmatrix}\begin{pmatrix}0 & 3\\ 10 & 6\end{pmatrix}$

(3) $\begin{pmatrix}0 & 3\\ 10 & 6\end{pmatrix}\begin{pmatrix}8 & 1 & 3\\ -6 & -1 & 2\end{pmatrix}$

(4) $\begin{pmatrix}5 & 2\\ 2 & 5\end{pmatrix}\begin{pmatrix}1/\sqrt{2}\\ 1/\sqrt{2}\end{pmatrix}-7\begin{pmatrix}1/\sqrt{2}\\ 1/\sqrt{2}\end{pmatrix}$

(5) $\begin{pmatrix}1 & 0 & 0\\ 0 & 1 & 0\\ 0 & 0 & 1\end{pmatrix}-\dfrac{2}{14}\begin{pmatrix}1\\ 2\\ 3\end{pmatrix}(1,2,3)$

4.14 다음 주어진 행렬

$$A=\begin{pmatrix}1 & 0\\ -1 & 2\\ 2 & 0\end{pmatrix},\qquad B=\begin{pmatrix}3 & -1 & 4\\ -1 & 2 & 0\\ 4 & 0 & 0\end{pmatrix}$$

에 대하여 $A'BA$를 계산하고 대칭이 됨을 확인하라.

4.15 다음과 같은 행렬의 예를 제시하라.

(1) 영행렬이 아닌 두 행렬의 곱이 영행렬

(2) 영행렬이 아닌 행렬 A에서 $A^2 \neq \mathbf{0}$이지만 $A^3=\mathbf{0}$이 되는 행렬

4.16 다음 행렬의 연산의 결과를 구하라.

(1) $\begin{pmatrix}1 & 0 & 0\\ 0 & 1 & 0\\ 0 & 0 & 1\end{pmatrix}\begin{pmatrix}x_1\\ x_2\\ x_3\end{pmatrix}$

(2) $X=\begin{pmatrix}1 & 1\\ 1 & 2\\ 1 & 3\\ 1 & 4\end{pmatrix}$일 때 $X'X$

(3) $\boldsymbol{u}=\begin{pmatrix}u_1\\ u_2\\ \vdots\\ u_n\end{pmatrix}$일 때 $I-2\boldsymbol{u}\boldsymbol{u}'/\boldsymbol{u}'\boldsymbol{u}$

(4) $H=I-2\boldsymbol{u}\boldsymbol{u}'/\boldsymbol{u}'\boldsymbol{u}$라고 할 때 H^2

(5) $A=\begin{pmatrix}1 & 1\\ 1 & 1\end{pmatrix}$일 때 A^n

(6) $A=\begin{pmatrix}0 & 1 & 2\\ 0 & 0 & -1\\ 0 & 0 & 0\end{pmatrix}$일 때 A^2, A^3, A^n

4.17 다음 행렬의 대각합을 구하라.

(1) $\begin{pmatrix} 2 & -1 & -3 \\ 4 & 4 & 0 \\ -2 & 2 & 4 \end{pmatrix}\begin{pmatrix} 2 & 0 & 0 \\ 0 & 2 & 2 \\ 0 & 2 & 5 \end{pmatrix}$

(2) $\begin{pmatrix} 2 & 0 & 0 \\ 0 & 2 & 2 \\ 0 & 2 & 5 \end{pmatrix}\begin{pmatrix} 2 & -1 & -3 \\ 4 & 4 & 0 \\ -2 & 2 & 4 \end{pmatrix}$

(3) $\begin{pmatrix} \frac{1}{\sqrt{2}} & \frac{-1}{\sqrt{2}} \\ \frac{1}{\sqrt{2}} & \frac{1}{\sqrt{2}} \end{pmatrix}\begin{pmatrix} 5 & 2 \\ 2 & 5 \end{pmatrix}\begin{pmatrix} \frac{1}{\sqrt{2}} & \frac{1}{\sqrt{2}} \\ \frac{-1}{\sqrt{2}} & \frac{1}{\sqrt{2}} \end{pmatrix}$

(4) $\begin{pmatrix} 2 & -1 & -3 \\ 4 & 4 & 0 \\ -2 & 2 & 4 \end{pmatrix}\begin{pmatrix} 0 \\ 2 \\ 2 \end{pmatrix}(2,\ 0,\ 3)$

4.18 다음을 계산하라.

(1) $tr(I_n - \frac{1}{n}\mathbf{1}\mathbf{1}')$

(2) $\boldsymbol{u}=\begin{pmatrix} u_1 \\ u_2 \\ \vdots \\ u_n \end{pmatrix}$일 때 $tr(I - 2\boldsymbol{u}\boldsymbol{u}'/\boldsymbol{u}'\boldsymbol{u})$

4.19 다음의 진위 여부를 확인하라.

(1) $tr(AB) = tr(A)tr(B)$

(2) $AB = \mathbf{0}$이면 $A = \mathbf{0}$ 또는 $B = \mathbf{0}$이다.

4.20 $m \times m$ 행렬 A에 대하여 $tr(A'A) = 0$의 필요충분조건은 $A = 0$(모든 원소가 0으로 이루어진 행렬)임을 보여라.

4.21 행렬 $A = \begin{pmatrix} 2 & 0 & 1 \\ 4 & -1 & -2 \\ 3 & -2 & 5 \end{pmatrix}$의 행렬식을 구하라.

4.22 다음 행렬의 행렬식을 구하라.

(1) $A = \begin{pmatrix} -1 & 4 & 2 \\ 0 & 3 & -2 \\ 2 & 1 & -1 \end{pmatrix}$

(2) $B = \begin{pmatrix} 2 & 0 & 4 \\ 1 & 3 & 2 \\ 2 & 5 & 3 \end{pmatrix}$

(3) $C = \begin{pmatrix} 3 & 0 & 0 \\ 0 & 1 & 2 \\ 0 & 4 & 3 \end{pmatrix}$

(4) $D = \begin{pmatrix} -2 & 0 & 0 & 0 \\ 0 & 2 & 0 & 0 \\ -3 & 4 & 5 & 0 \\ 2 & 1 & -3 & 2 \end{pmatrix}$

4.23 $m \times m$ 행렬 A가 다음과 같이 아래삼각행렬일 때, 행렬 A의 행렬식 $|A|$을 구하라.

$$A = \begin{pmatrix} a_{11} & 0 & \dots & 0 \\ a_{21} & a_{22} & \dots & 0 \\ \vdots & \vdots & \ddots & \vdots \\ a_{m1} & a_{m2} & \dots & a_{mm} \end{pmatrix}$$

4.24 다음의 행렬의 행렬식을 계산하라.

(1) $\begin{pmatrix} 1 & 1 & 1 \\ x_1 & x_2 & x_3 \\ x_1^2 & x_2^2 & x_3^2 \end{pmatrix}$ (2) $\begin{pmatrix} 5 & 2 \\ 2 & 5 \end{pmatrix} - \lambda \begin{pmatrix} 1 & 0 \\ 0 & 1 \end{pmatrix}$

4.25 다음 행렬의 역행렬이 존재함을 증명하라.

$$A = \begin{pmatrix} a & b & b \\ a & a & b \\ a & a & a \end{pmatrix} \text{ (단, } a \neq 0,\ a \neq b)$$

4.26 다음 행렬의 역행렬을 구하라.

(1) $A = \begin{pmatrix} -1 & 1 & -2 \\ 2 & 3 & 4 \\ -2 & 1 & 1 \end{pmatrix}$ (2) $B = \begin{pmatrix} 1 & 0 & -4 \\ -2 & 2 & 1 \\ 2 & 4 & -3 \end{pmatrix}$

(3) $C = \begin{pmatrix} 2 & 0 & 0 \\ 0 & -1 & 3 \\ 0 & -4 & 2 \end{pmatrix}$

4.27 다음과 같은 행렬 A에 대하여 다음 물음에 답하라.

$$A = \begin{pmatrix} 2 & 1 & 4 & 0 & 0 \\ 3 & 0 & -1 & 0 & 0 \\ -1 & 0 & 2 & 0 & 0 \\ 0 & 0 & 0 & 4 & 1 \\ 0 & 0 & 0 & 3 & 2 \end{pmatrix}$$

(1) 행렬식 $|A|$를 구하라.

(2) A^{-1}를 구하라.

4.28 다음과 같은 행렬 A에 대하여 다음 물음에 답하라.

$$A = \begin{pmatrix} 3 & -1 & 1 \\ 0 & 2 & 1 \\ 2 & 1 & 1 \end{pmatrix}$$

(1) 행렬 A의 대각합 $tr(A)$를 구하라.

(2) 행렬 A의 행렬식 $|A|$을 구하라.

(3) 행렬 A의 역행렬 A^{-1}를 구하라.

4.29 다음 연립방정식을 행렬과 벡터를 이용하여 표시하고, 행렬의 역행렬을 구하여 그 해를 구하라.

$$\begin{aligned} 2x &= 4 \\ -y + 3z &= 2 \\ -4y + 2z &= -1 \end{aligned}$$

4.30 예제 4.8에 주어진 행렬 A에 대하여 다음 물음에 답하라.

(1) A이 역행렬은 구하라.

(2) e_j가 차수가 3인 단위벡터이고, $Q = (e_3, e_1, e_2)$일 때, $Q'AQ$와 $Q'A^{-1}Q$를 구하라.

4.31 다음의 행렬들에 대하여 아래 물음에 답하라.

$$A = \begin{pmatrix} 1 & 0 & 0 \\ -1 & 3 & 0 \\ -1 & -1 & 2 \end{pmatrix}, \quad B = \begin{pmatrix} 2 & 1 \\ 1 & 2 \end{pmatrix}, \quad C = \begin{pmatrix} 2 & 0 \\ 0 & 3 \\ -2 & -1 \end{pmatrix}$$

$$D = \begin{pmatrix} 2 & 2 & 4 \\ 3 & -3 & 3 \\ -3 & -1 & -5 \end{pmatrix}, \quad E = \begin{pmatrix} 6 & -3 \\ 6 & -3 \\ -8 & 4 \end{pmatrix}$$

(1) AKB가 계산이 가능하려면 K의 차수는 얼마여야 하는가?

(2) $A'C$의 (2,1)−번째 원소를 구하라.

4.32 정리 4.1을 이용하여 다음의 역행렬을 구하라.

(1) $I_n - \boldsymbol{b}\boldsymbol{d}'$($\boldsymbol{b}, \boldsymbol{d}$는 $n \times 1$ 열벡터)

(2) $aI_n + b\mathbf{1}\mathbf{1}'$ (단 $a \neq 0,\ a + nb \neq 0$)

4.33 H가 멱등행렬일 때, $I - H$도 멱등행렬임을 보여라.

4.34 행렬 $H = I - 2\boldsymbol{u}\boldsymbol{u}'/\boldsymbol{u}'\boldsymbol{u}$가 직교행렬임을 보여라.

4.35 다음 주어진 행렬에 대하여 물음에 답하라.

$$X = \begin{pmatrix} 1 & x_1 \\ 1 & x_2 \\ \vdots & \vdots \\ 1 & x_n \end{pmatrix}, \qquad \boldsymbol{y} = \begin{pmatrix} y_1 \\ y_2 \\ \vdots \\ y_n \end{pmatrix}, \qquad \boldsymbol{b} = \begin{pmatrix} b_0 \\ b_1 \end{pmatrix}$$

(1) $X'X$가 정칙행렬일 조건을 구하라.

(2) $X'X$가 정칙행렬일 때, $(b_0,\ b_1)$에 대한 방정식이 $(X'X)\boldsymbol{b} = X'\boldsymbol{y}$로 주어진다면 $\boldsymbol{b} = \begin{pmatrix} b_0 \\ b_1 \end{pmatrix}$를 구하라.

(3) $X'X$가 정칙행렬일 때 $\boldsymbol{y}$를 $\hat{\boldsymbol{y}} = X(X'X)^{-1}X'\boldsymbol{y}$로 근사시킨다고 할 경우 $(\boldsymbol{y} - \hat{\boldsymbol{y}})'(\boldsymbol{y} - \hat{\boldsymbol{y}})$를 2차형식으로 표현하라.

(4) $(\hat{\boldsymbol{y}} - \bar{y}\mathbf{1})'(\hat{\boldsymbol{y}} - \bar{y}\mathbf{1})$를 2차형식 $\boldsymbol{y}'A\boldsymbol{y}$로 표현하고 중심행렬 A가 멱등행렬인지 확인하라.

(5) $(\boldsymbol{y} - \bar{y}\mathbf{1})'(\boldsymbol{y} - \bar{y}\mathbf{1})$를 2차형식으로 표현하고 (3)과 (4)의 2차형식의 합으로 표현됨을 보여라.

4.36 행렬 $A = \begin{pmatrix} 1 & -2 \\ -2 & 10 \end{pmatrix}$이 양의 정부호(positive definite)행렬인 이유를 설명하라.

4.37 $x_1,\ x_2,\ x_3$의 2차식 $2x_1^2 + 3x_2^2 - 4x_3^2 + 4x_1x_2 - 2x_2x_3$을 2차형식 $\boldsymbol{x}'J\boldsymbol{x}$로 표현하는 대칭행렬 J를 구하라. 여기서 $\boldsymbol{x} = (x_1,\ x_2,\ x_3)'$이다.

4.38 R-프로그램을 이용하여 다음 두 행렬 A와 B에 대하여 AB, AB의 행렬식, AB의 역행렬을 구하라.

$$A=\begin{pmatrix} 0 & -1 & -3 & -2 \\ 2 & -3 & -5 & 4 \\ 1 & 5 & 2 & 1 \end{pmatrix}, \qquad B=\begin{pmatrix} -2 & 1 & 4 \\ 1 & -1 & -2 \\ -2 & 3 & -5 \\ 3 & 2 & 4 \end{pmatrix}$$

4.39 R-프로그램을 이용하여 A가 3×3 행렬이고

$$(A'+5I)^{-1}=\begin{pmatrix} 1 & 3 & 0 \\ 0 & -1 & 0 \\ 2 & 2 & 1 \end{pmatrix}$$

일 때 A를 구하라.

4.40 R-프로그램을 이용하여 연습문제 4.38에서 주어진 행렬 B를 이용한 행렬 $H=B(B'B)^{-1}B'$를 구하고, H가 멱등행렬임을 확인하라.

5장

벡터공간

이 장에서는 벡터로 이루어진 집합(공간)과 관련이 있는 다양한 특성들을 살펴본다. 1절에서는 벡터공간과 벡터 부분공간의 정의 및 벡터공간의 벡터들에 대한 성질을 다룬다. 2절에서는 벡터공간의 차원, 벡터공간을 생성하는 벡터들의 모임인 기저와 일반적인 기저로부터 직교하는 기저를 만드는 방법을 알아본다. 또한 벡터 부분공간에서 가장 가까운 벡터를 구하는 사영에 대해 다룬다. 3절에서는 행렬의 특성을 나타내는 고유값과 고유벡터에 대해 공부하고, 4절에서는 행렬을 직교행렬과 대각행렬의 곱으로 분해하는 방법을 알아본다.

5.1 벡터공간

벡터공간은 벡터들로 이루어진 집합으로 다음 정의에서 기술하는 바와 같이 벡터들의 합이나 벡터에 스칼라를 곱하는 것에 대하여 닫혀있는 집합을 말한다.

> ■ **벡터공간**
>
> 벡터들을 포함하는 집합 S가 다음을 만족할 때 이를 **벡터공간**(vector space)이라고 한다.
>
> (i) $\mathbf{0} \in S$
>
> (ii) 만약 $\boldsymbol{x} \in S$, $\boldsymbol{y} \in S$이면 $\boldsymbol{x} + \boldsymbol{y} \in S$
>
> (iii) 만약 $\boldsymbol{x} \in S$이면 임의의 실수 α에 대하여 $\alpha\boldsymbol{x} \in S$

벡터들의 집합 S에 있는 k개의 벡터 $\boldsymbol{x}_1, \ldots, \boldsymbol{x}_k$에 대하여 각 벡터 $\boldsymbol{x}_i$에 스칼라 α_i를 곱하여 이들을 합하여 얻은 벡터

$$\boldsymbol{v} = \sum_{i=1}^{n} \alpha_i \boldsymbol{x}_i$$

를 벡터 $\boldsymbol{x}_1, \ldots, \boldsymbol{x}_k$의 **선형결합**(linear combination)이라고 한다. 집합 S가 벡터공간이면 이 선형결합 $\boldsymbol{v}$는 S에 포함된다.

예제 5.1

벡터들로 이루어진 다음의 집합이 벡터공간을 이루는지 판단하라.

(1) $S_1 = \{(a, 0, a)' : -\infty < a < \infty\}$

(2) $S_2 = \{(a, b, a+b)' : -\infty < a < \infty, -\infty < b < \infty\}$

(3) $S_3 = \{(a, a, a)' : a \geq 0\}$

풀이

(1)과 (2) S_1과 S_2는 벡터공간의 정의의 조건을 만족한다.

(3) S_3에 속하는 벡터 $\{(a, a, a)'\}$에 대하여, $\alpha = -1$이면 $\alpha(a,a,a)' = (-a,-a,-a)' \notin S_3$이므로 S_3는 벡터공간이 아니다.

벡터공간 S에 포함되는 m개의 벡터로 이루어진 집합 $\{\boldsymbol{x}_1, \ldots, \boldsymbol{x}_m\}$에 대하여 S에 포함되는 모든 벡터가 $\{\boldsymbol{x}_1, \ldots, \boldsymbol{x}_m\}$의 선형결합으로 표현될 때, 이 집합을 S의 **생성집합**(spanning set)이라고 한다. 즉 S에 속하는 모든 벡터 $\boldsymbol{s}$에 대하여

$$\boldsymbol{s} = c_1\boldsymbol{x}_1 + \cdots + c_m\boldsymbol{x}_m$$

을 만족하는 벡터 $\boldsymbol{c} = (c_1, \ldots, c_m)' \in \mathbb{R}^m$가 존재할 때 $\{\boldsymbol{x}_1, \ldots, \boldsymbol{x}_m\}$을 S의 생성집합이라고 한다.

예를 들어 위 예제 5.1에서 벡터공간 S_1의 경우는 $\{(1,0,1)'\}$이 하나의 생성집합이고, S_2의 경우는 $\{(1,0,1)', (0,1,1)'\}$가 생성집합의 예가 될 수 있다.

가장 잘 알려진 벡터공간으로 **유클리드**(Euclidean) 벡터공간 $\mathbb{R}^n$을 들 수 있다. $\mathbb{R}^n$에는 n개의 실수로 이루어진 모든 벡터를 포함하는데, 이 경우 가장 자연스러운 생성집합은 $\{\boldsymbol{e}_1, \ldots, \boldsymbol{e}_n\}$이다. 여기서 $\boldsymbol{e}_i$는 i번째 원소만 1이고 나머지 원소는 모두 0인 벡터이다. 즉, 임의의 원소 $\boldsymbol{x} \in \mathbb{R}^n$는 다음과 같이 생성집합을 이루는 벡터들의 선형결합으로 표현된다.

$$\boldsymbol{x} = (x_1, \ldots, x_n)' = x_1\boldsymbol{e}_1 + \cdots + x_n\boldsymbol{e}_n$$

두 개의 벡터공간 S_a, S_b가 $S_a \subset S_b$와 같이 포함관계가 있을 때 포함되는 작은 벡터공간 S_a을 벡터공간 S_b에 대비해서 **벡터 부분공간**(subspace)이라고 표현하기도 한다. 예를 들어 위 예제 5.1의 벡터공간 S_1, S_2는 모두 $\mathbb{R}^3$의 벡터 부분공간이다. 그러나 벡터 부분공간도 벡터공간의 하나이므로 부분집합이라는 것을 강조할 필요가 없을 때는 그냥 벡터공간이라고 표현한다.

예제 5.2

벡터공간 S_k의 생성집합이 다음 벡터들의 집합인 $\{\boldsymbol{x}_1, \ldots, \boldsymbol{x}_k\}$ $(k = 1, \ldots, 6)$이라고 할 때, 그들의 포함관계를 파악하라.

$$\boldsymbol{x}_1 = \begin{pmatrix}1\\1\\1\\1\\1\\1\end{pmatrix}, \quad \boldsymbol{x}_2 = \begin{pmatrix}1\\1\\1\\1\\0\\0\end{pmatrix}, \quad \boldsymbol{x}_3 = \begin{pmatrix}0\\0\\0\\0\\1\\1\end{pmatrix}, \quad \boldsymbol{x}_4 = \begin{pmatrix}0\\0\\1\\1\\1\\1\end{pmatrix}, \quad \boldsymbol{x}_5 = \begin{pmatrix}0\\0\\1\\1\\0\\0\end{pmatrix}, \quad \boldsymbol{x}_6 = \begin{pmatrix}1\\1\\0\\0\\0\\0\end{pmatrix}$$

풀이 벡터공간 S_k는 생성집합에 벡터가 추가될 때마다 커지는 경향이 있다. 그러나 추가되는 벡터가 이미 포함된 벡터들의 선형결합으로 표현될 때 그 벡터는 벡터공간을 확장하는 데 전혀 기여하지 못한다. 이를 염두에 두고 벡터공간의 포함관계를 살펴보자.

우선 처음 두 벡터공간은 $S_1 \subset S_2$를 만족한다. 그러나 $\boldsymbol{x}_3$는 $\boldsymbol{x}_1 - \boldsymbol{x}_2 = \boldsymbol{x}_3$를 만족하므로 벡터공간 S_3는 S_2와 같다. $\boldsymbol{x}_4$는 $\boldsymbol{x}_1$, $\boldsymbol{x}_2$, $\boldsymbol{x}_3$의 선형결합으로 표현되지 않으므로 $S_3 \subset S_4$를 만족하고, $\boldsymbol{x}_2 + \boldsymbol{x}_4 - \boldsymbol{x}_1 = \boldsymbol{x}_5$가 성립하므로 S_5는 S_4와 같다. 마지막으로 S_6는 $\boldsymbol{x}_6$가 $\boldsymbol{x}_1, \ldots, \boldsymbol{x}_5$의 선형결합으로 표현되지 않으므로 $S_5 \subset S_6$를 만족한다. 이를 정리하면 벡터공간들 사이에 다음과 같은 포함관계가 있다.

$$S_1 \subset S_2 = S_3 \subset S_4 = S_5 \subset S_6$$

위 예제 5.2에서 S_2와 S_3의 관계를 더 자세히 살펴보면 S_3를 형성하는 세 벡터 $\boldsymbol{x}_1$, $\boldsymbol{x}_2$, $\boldsymbol{x}_3$ 중 하나는 잉여라고 할 수 있다. 따라서 S_3는 S_2뿐 아니라, $\boldsymbol{x}_2$, $\boldsymbol{x}_3$의 선형결합으로 만들어지는 벡터공간, 혹은 $\boldsymbol{x}_1$, $\boldsymbol{x}_3$의 선형결합으로 만들어지는 벡터공간과도 같다. 이와 같이 벡터공간의 생성집합이 유일하게 하나만 있는 것은 아니다.

같은 벡터공간에 있는 두 벡터 사이의 **거리**(distance, Euclidean distance)는 앞의 4장에서 소개한 벡터의 곱(벡터의 내적)을 이용하여 정의할 수 있다. 벡터공간 $S \subset \mathbb{R}^n$에 속한 두 벡터 $\boldsymbol{a}$와 $\boldsymbol{b}$의 **내적**(inner product)은 다음과 같이 정의하고,

$$\boldsymbol{a} \circ \boldsymbol{b} = \sum_{k=1}^{n} a_k b_k = \boldsymbol{a}'\boldsymbol{b} = \boldsymbol{b}'\boldsymbol{a}$$

두 벡터 사이의 거리는 다음과 같이 구한다.

$$\|\boldsymbol{a} - \boldsymbol{b}\| = \sqrt{\sum_{i=1}^{n}(a_i - b_i)^2} = \sqrt{(\boldsymbol{a}-\boldsymbol{b})'(\boldsymbol{a}-\boldsymbol{b})} = \sqrt{(\boldsymbol{a}-\boldsymbol{b}) \circ (\boldsymbol{a}-\boldsymbol{b})}$$

따라서 자기 자신과의 내적 $\boldsymbol{a} \circ \boldsymbol{a} = \boldsymbol{a}'\boldsymbol{a} = \|\boldsymbol{a}\|^2$은 $\boldsymbol{0}$ 벡터, 즉 원점으로부터의 거리의 제곱이다. 즉, $\|\boldsymbol{a}\|$은 벡터 $\boldsymbol{a}$의 원점으로부터의 길이(크기)를 나타낸다. 또한 임의의 스칼라 α에 대하여 $\|\alpha \boldsymbol{x}\| = |\alpha| \cdot \|\boldsymbol{x}\|$를 만족한다.

다음의 정리는 벡터의 내적에 대한 유용한 부등식을 제공한다. 앞에서 이 부등식과

같은 이름의 부등식(정리 3.9)이 있었는데, 이 부등식이 벡터의 내적에 관한 것이라면 정리 3.9는 함수의 적분에 관한 것으로 중심개념이 상통한다고 할 수 있다.

정리 5.1 **코시-슈바르츠 부등식**(Cauchy-Schwarz inequality) 두 개의 벡터 $\boldsymbol{x}$, $\boldsymbol{y} \in S$ 에 대하여 다음 부등식이 만족한다.

$$(\boldsymbol{x} \circ \boldsymbol{y})^2 \le \|\boldsymbol{x}\|^2 \cdot \|\boldsymbol{y}\|^2$$

증명 임의의 $t \in \mathbb{R}$ 에 대하여

$$0 \le (t\boldsymbol{x}+\boldsymbol{y})'(t\boldsymbol{x}+\boldsymbol{y}) = \|\boldsymbol{x}\|^2 t^2 + 2\boldsymbol{x}'\boldsymbol{y}\,t + \|\boldsymbol{y}\|^2$$

을 만족하므로 근의 공식으로부터

$$(\boldsymbol{x} \circ \boldsymbol{y})^2 - \|\boldsymbol{x}\|^2 \cdot \|\boldsymbol{y}\|^2 \le 0$$

을 만족한다. 이 관계를 벡터의 원소들을 이용하여 풀어쓰면 다음과 같다.

$$\left(\sum_{i=1}^{n} x_i y_i\right)^2 \le \left(\sum_{i=1}^{n} x_i^2\right)\left(\sum_{i=1}^{n} y_i^2\right)$$

예제 5.3

정리 5.1로부터 다음의 부등식을 증명하라.

$$\|\boldsymbol{x}+\boldsymbol{y}\| \le \|\boldsymbol{x}\| + \|\boldsymbol{y}\|$$

풀이 좌측의 제곱은

$$\|\boldsymbol{x}+\boldsymbol{y}\|^2 = (\boldsymbol{x}+\boldsymbol{y})'(\boldsymbol{x}+\boldsymbol{y}) = \boldsymbol{x}'\boldsymbol{x} + 2\boldsymbol{x}'\boldsymbol{y} + \boldsymbol{y}'\boldsymbol{y}$$

이고, 벡터의 내적에 정리 5.1을 적용하면 다음과 같이 부등식을 얻을 수 있다.

$$\|\boldsymbol{x}+\boldsymbol{y}\|^2 \le \|\boldsymbol{x}\|^2 + 2\|\boldsymbol{x}\| \cdot \|\boldsymbol{y}\| + \|\boldsymbol{y}\|^2 = (\|\boldsymbol{x}\| + \|\boldsymbol{y}\|)^2$$

이 부등식은 삼각형의 두 변의 길이의 합은 나머지 한 변의 길이보다 길다는 사실로부터 쉽게 이해할 수 있다. 부등식에서 등식이 성립하는 경우는 두 벡터 사이에 $\boldsymbol{y} = a\boldsymbol{x}$ 의

관계가 있을 때이다.

다음은 벡터들 사이의 관계인 선형독립, 선형종속을 정의한 것이다.

■ **벡터의 선형독립과 선형종속**

벡터공간 S에 포함되는 영벡터가 아닌 m 개의 벡터로 이루어진 집합 $\{\boldsymbol{x}_1, \ldots, \boldsymbol{x}_m\}$에 대하여

(1) $\sum_{i=1}^{m}\alpha_i\boldsymbol{x}_i = \mathbf{0}$ 을 만족시키는 벡터 $\boldsymbol{\alpha} = (\alpha_1,\ldots,\alpha_m)' \neq \mathbf{0}$ 가 존재하면 $\{\boldsymbol{x}_1, \ldots, \boldsymbol{x}_m\}$는 선형종속(linearly dependent)이다.

(2) $\sum_{i=1}^{m}\alpha_i\boldsymbol{x}_i = \mathbf{0}$ 을 만족시키는 벡터 $\boldsymbol{\alpha} = (\alpha_1,\ldots,\alpha_m)' \neq \mathbf{0}$ 가 존재하지 않을 때 $\{\boldsymbol{x}_1, \ldots, \boldsymbol{x}_m\}$는 선형독립(linearly independent)이다.

예를 들어 예제 5.2에서 $\{\boldsymbol{x}, \boldsymbol{x}_2, \boldsymbol{x}_3\}$ 와 $\{\boldsymbol{x}, \boldsymbol{x}_2, \boldsymbol{x}_4, \boldsymbol{x}_5\}$ 는 선형종속이고, $\{\boldsymbol{x}_1, \boldsymbol{x}_2, \boldsymbol{x}_4, \boldsymbol{x}_6\}$ 은 선형독립이다.

예제 5.4

다음 7개의 벡터들 중 4개 이하의 벡터로 선형종속인 집합을 만들어라.

$$\boldsymbol{x}_1 = \begin{pmatrix}1\\0\\0\\0\end{pmatrix},\quad \boldsymbol{x}_2 = \begin{pmatrix}1\\1\\0\\0\end{pmatrix},\quad \boldsymbol{x}_3 = \begin{pmatrix}1\\1\\1\\0\end{pmatrix},\quad \boldsymbol{x}_4 = \begin{pmatrix}1\\1\\1\\1\end{pmatrix},\quad \boldsymbol{x}_5 = \begin{pmatrix}0\\1\\0\\0\end{pmatrix},\quad \boldsymbol{x}_6 = \begin{pmatrix}0\\1\\1\\0\end{pmatrix},\quad \boldsymbol{x}_7 = \begin{pmatrix}0\\0\\1\\0\end{pmatrix}$$

풀이 벡터들 간에 다음과 같은 선형종속의 관계가 존재한다.

$$\boldsymbol{x}_1 + \boldsymbol{x}_5 = \boldsymbol{x}_2,\quad \boldsymbol{x}_1 + \boldsymbol{x}_6 = \boldsymbol{x}_3,$$
$$\boldsymbol{x}_5 + \boldsymbol{x}_7 = \boldsymbol{x}_6,\quad \boldsymbol{x}_2 + \boldsymbol{x}_7 = \boldsymbol{x}_3,\quad \boldsymbol{x}_1 + \boldsymbol{x}_5 + \boldsymbol{x}_7 = \boldsymbol{x}_3$$

따라서 선형종속의 관계가 있는 벡터들로 집합을 만들면 다음과 같고,

$$\{\boldsymbol{x}_1, \boldsymbol{x}_2, \boldsymbol{x}_5\},\ \{\boldsymbol{x}_1, \boldsymbol{x}_3, \boldsymbol{x}_6\},\ \{\boldsymbol{x}_5, \boldsymbol{x}_6, \boldsymbol{x}_7\},\ \{\boldsymbol{x}_2, \boldsymbol{x}_3, \boldsymbol{x}_7\},\ \{\boldsymbol{x}_1, \boldsymbol{x}_3, \boldsymbol{x}_5, \boldsymbol{x}_7\}$$

이 집합들을 포함하는 집합, 즉 3개의 벡터로 이루어진 집합의 경우 또 다른 하나의 벡

터를 추가한 집합도 선형종속인 집합이다. 예를 들어 집합 $\{\boldsymbol{x}_1, \boldsymbol{x}_2, \boldsymbol{x}_5\}$를 포함하는 집합

$$\{\boldsymbol{x}_1, \boldsymbol{x}_2, \boldsymbol{x}_3, \boldsymbol{x}_5\},\ \{\boldsymbol{x}_1, \boldsymbol{x}_2, \boldsymbol{x}_4, \boldsymbol{x}_5\},$$
$$\{\boldsymbol{x}_1, \boldsymbol{x}_2, \boldsymbol{x}_5, \boldsymbol{x}_6\},\ \{\boldsymbol{x}_1, \boldsymbol{x}_2, \boldsymbol{x}_5, \boldsymbol{x}_7\},\ \{\boldsymbol{x}_1, \boldsymbol{x}_2, \boldsymbol{x}_5, \boldsymbol{x}_8\}$$

도 선형종속인 집합이다.

	선형종속	선형독립
2차원		
3차원	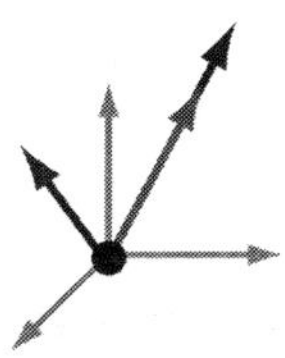	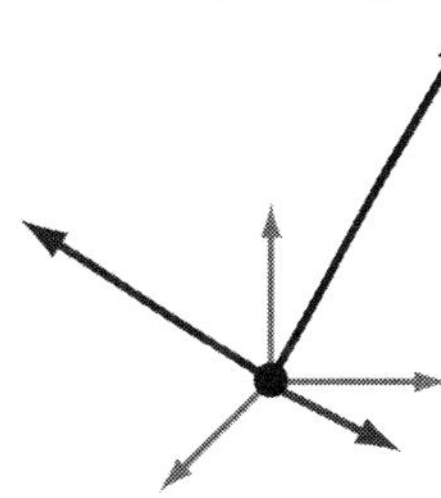

다음의 정리는 선형종속인 벡터집합의 중요한 특징을 설명한다.

정리 5.2 벡터집합 $\{\boldsymbol{x}_1, \ldots, \boldsymbol{x}_m\}$가 선형종속이기 위한 필요충분조건은 벡터집합의 최소한 하나의 벡터는 다른 벡터들의 선형결합으로 표현된다는 것이다.

증명 ($\Leftarrow$) 만약 벡터집합의 한 벡터, 예를 들어 $\boldsymbol{x}_m$이 나머지 벡터들의 선형결합으로 표현된다고 가정하면, 즉,

$$\boldsymbol{x}_m = \alpha_1\boldsymbol{x}_1 + \cdots + \alpha_{m-1}\boldsymbol{x}_{m-1}$$

이면

$$\alpha_1\boldsymbol{x}_1 + \cdots + \alpha_{m-1}\boldsymbol{x}_{m-1} - \boldsymbol{x}_m = 0$$

을 만족하므로 벡터집합은 선형종속이다.

(⟹) 만약 벡터집합 $\{\boldsymbol{x}_1, \ \dots, \ \boldsymbol{x}_m\}$이 선형종속이라고 가정하면

$$\alpha_1\boldsymbol{x}_1 + \cdots + \alpha_{m-1}\boldsymbol{x}_{m-1} + \alpha_m\boldsymbol{x}_m = \mathbf{0}$$

을 만족하는 $\boldsymbol{\alpha} = (\alpha_1, \dots, \alpha_m)' \neq \mathbf{0}$가 존재한다. 벡터 $\boldsymbol{x}_i$는 영벡터가 아니므로 $\alpha_1, \dots, \alpha_m$ 중 최소한 한 개는 0이 아니다. 만약 그 중 α_1가 0이 아니라고 할 때 다음과 같이 하나의 벡터 $\boldsymbol{x}_1$이 나머지 벡터들의 선형결합으로 표현된다.

$$\boldsymbol{x}_1 = -\frac{\alpha_2}{\alpha_1}\boldsymbol{x}_2 - \cdots - \frac{\alpha_m}{\alpha_1}\boldsymbol{x}_m$$

예제 5.5

다음의 세 벡터에 관하여 다음 물음에 답하라.

$$\boldsymbol{x}_1 = \begin{pmatrix} 1 \\ 2 \\ -2 \end{pmatrix}, \qquad \boldsymbol{x}_2 = \begin{pmatrix} -1 \\ 0 \\ 3 \end{pmatrix}, \qquad \boldsymbol{x}_3 = \begin{pmatrix} 1 \\ 4 \\ -1 \end{pmatrix}$$

(1) 세 벡터의 집합 $\{\boldsymbol{x}_1, \boldsymbol{x}_2, \ \boldsymbol{x}_3\}$이 선형종속임을 보여라

(2) 두 벡터로 이루어진 집합들 중 선형종속이 존재하는지 찾아라.

풀이

(1) $2\boldsymbol{x}_1 + \boldsymbol{x}_2 - \boldsymbol{x}_3 = \mathbf{0}$이므로 $\{\boldsymbol{x}_1, \ \boldsymbol{x}_2, \ \boldsymbol{x}_3\}$는 선형종속이다.

(2) $\alpha_1\boldsymbol{x}_1 + \alpha_2\boldsymbol{x}_2 = \mathbf{0}$을 만족하는 $\alpha_1, \ \alpha_2$는 $\alpha_1 - \alpha_2 = 0, \quad 2\alpha_1 = 0$을 만족해야 하므로 $\alpha_1 = \alpha_2 = 0$이어야 한다. 따라서 $\{\boldsymbol{x}_1, \ \boldsymbol{x}_2\}$는 선형독립이다. 마찬가지로 $\{\boldsymbol{x}_1, \ \boldsymbol{x}_3\}$, $\{\boldsymbol{x}_2, \ \boldsymbol{x}_3\}$도 선형독립임을 보일 수 있다. 두 벡터로 이루어진 집합 중 선형종속인 집합은 존재하지 않는다.

5.2 벡터공간의 차원과 행렬의 계수

벡터공간을 규정짓는 특징으로 차원이 있다. 다음 정의에서 기술하는 바와 같이 벡터공간의 생성집합을 선형독립인 벡터들로 만들 때, 선형독립인 생성집합을 이루는 벡터들을 벡터공간의 기저라고 하고 선형독립인 생성집합을 이루는 벡터의 수를 차원이라고 한다.

> ■ **벡터공간의 기저와 차원**
>
> 선형독립인 벡터들의 모임 $\boldsymbol{x}_1, \ldots, \boldsymbol{x}_m$ 이 벡터공간 S의 생성집합일 때 이를 벡터공간 S의 **기저**(basis)라고 하고, 벡터의 수 m을 벡터공간 S의 **차원**(dimension)이라고 한다.

예를 들어 벡터공간 $\mathbb{R}^3$의 기저로 $\{(1, 0, 0)', (0, 1, 0)', (0, 0, 1)'\}$이 있고 차원은 3이다. 일반적으로 벡터공간 $\mathbb{R}^m$의 기저로는 $\{e_1, \ldots, e_m\}$이 있고, 이를 차원이 m인 **유클리드**(Euclidean) **벡터공간**이라고 한다.

예제 5.6

앞의 예제 5.1에서 벡터공간 S_1, S_2의 차원을 밝혀라.

풀이

(1) $S_1 = (a, 0, a)' : -\infty < a < \infty$의 기저로 $\{(1,0,1)'\}$가 있고 차원은 1이다.

(2) $S_2 = \{(a, b, a+b)' : -\infty < a < \infty, -\infty < b < \infty\}$의 기저로

$$\{(1,0,1)', (0,1,1)'\} \quad \text{혹은} \quad \{(1,1,2)', (1,0,1)'\}$$

가 있고 따라서 S_2의 차원은 2이다.

다음은 벡터공간의 기저와 차원과 관계되는 몇 가지 특징을 기술한 것이다.

■ **벡터공간의 기저와 차원과 관련한 몇 가지 성질**

(1) 벡터들의 집합 $B = \boldsymbol{x}_1, \ \ldots, \ \boldsymbol{x}_m$ 가 벡터공간 S의 기저이면, S에 속하는 모든 벡터 $\boldsymbol{s}$ 에 대하여

$$\boldsymbol{s} = \alpha_1 \boldsymbol{x}_1 + \cdots + \alpha_m \boldsymbol{x}_m$$

을 만족하는 벡터 $\boldsymbol{\alpha} = (\alpha_1, \ldots, \alpha_m)'$ 가 존재한다.

(2) 벡터공간 S의 기저에 포함된 벡터의 수는 일정하다.

(3) 벡터공간 S의 차원이 m 이고 벡터집합 $B = \boldsymbol{x}_1, \ \ldots, \ \boldsymbol{x}_m \subset S$가 선형독립이면 B는 S의 기저이다.

(4) 벡터집합 $B = \boldsymbol{x}_1, \ \ldots, \ \boldsymbol{x}_m$ 가 벡터공간 S의 생성집합이고, S의 차원이 m 일 때 B는 선형독립이고 S의 기저이다.

(1)의 경우에 대해서만 설명해보자. 기저의 정의로부터 임의의 벡터 $\boldsymbol{s} \in S$는 $\boldsymbol{s} = \alpha_1 \boldsymbol{x}_1 + \cdots + \alpha_m \boldsymbol{x}_m$ 로 표현할 수 있는데, 이때 $\boldsymbol{\alpha} = (\alpha_1, \ \ldots, \ \alpha_m)$가 유일하다는 것을 보여야 한다. 만약 $\boldsymbol{s} = \beta_1 \boldsymbol{x}_1 + \cdots + \beta_m \boldsymbol{x}_m$ 로도 표현할 수 있다면

$$0 = \boldsymbol{s} - \boldsymbol{s} = (\alpha_1 - \beta_1)\boldsymbol{x}_1 + \cdots + (\alpha_m - \beta_m)\boldsymbol{x}_m$$

을 만족한다. B가 벡터공간 S의 기저이므로 선형독립의 조건으로부터 모든 계수의 값이 0이 되어야 한다. 즉 $\alpha_j = \beta_j, \quad j = 1, \ldots, m$을 만족한다.

벡터공간 S의 기저 B를 이루는 벡터들이 다음의 조건을 만족할 때 이를 **정규직교기저**(orthonormal basis)라고 한다.

$$\|\boldsymbol{x}\| = 1, \ \|\boldsymbol{y}\| = 1, \quad \boldsymbol{x}'\boldsymbol{y} = 0, \quad \forall \ \boldsymbol{x}, \boldsymbol{y} \in B$$

예제 5.7

예제 5.2의 벡터공간 S_k 에 대하여 정규직교기저를 구하고 차원을 밝혀라.

풀이 벡터공간 S_1 의 정규직교기저는

$$\boldsymbol{a}_1 = \left(\frac{1}{\sqrt{6}}, \ \ldots, \ \frac{1}{\sqrt{6}} \right)'$$

이고 차원은 1이다. S_2와 S_3의 정규직교기저는

$$a_2=\left(\frac{1}{2},\ \frac{1}{2},\ \frac{1}{2},\ \frac{1}{2},\ 0,\ 0\right)',\quad a_3=\left(0,\ 0,\ 0,\ 0,\ \frac{1}{\sqrt{2}},\ \frac{1}{\sqrt{2}}\right)'$$

로 이루어져 있고, 따라서 차원은 2이다. S_4와 S_5의 경우는

$$a_3,\quad a_4=\left(\frac{1}{\sqrt{2}},\ \frac{1}{\sqrt{2}},\ 0,\ 0,\ 0,\ 0\right)',\quad a_5=\left(0,\ 0,\ \frac{1}{\sqrt{2}},\ \frac{1}{\sqrt{2}},\ 0,\ 0\right)'$$

가 정규직교기저를 이루고 차원은 3이다. S_6의 정규직교기저로는

$$a_3,\quad a_4,\quad a_6=(0,\ 0,\ 1,\ 0,\ 0,\ 0)',\quad a_7=(0,\ 0,\ 0,\ 1,\ 0,\ 0)'$$

로 이루어진 집합이고, 차원은 4이다.

다음 정리는 임의의 벡터를 정규직교기저를 이용하여 표현하는 방법을 제공한다.

정리 5.3 벡터의 집합 $\{x_1,\ \ldots,\ x_m\}$가 벡터공간 S의 정규직교기저이면 임의의 벡터 $x\in S$에 대하여 다음을 만족한다.

(1) $x=(x'x_1)x_1+(x'x_2)x_2+\cdots+(x'x_m)x_m$

(2) $\|x\|^2=\sum_{i=1}^{m}(x'x_i)^2$

증명

(1) 벡터의 집합 $\{x_1,\ \ldots,\ x_m\}$가 벡터공간 S의 정규직교기저이므로 임의의 벡터 $x\in S$는 $x_1,\ \ldots,\ x_m$의 선형결합으로 유일하게 표현된다. 즉,

$$x=\alpha_1x_1+\cdots+\alpha_mx_m$$

이다. 따라서

$$x'x_j=\left(\sum_{i=1}^{m}\alpha_1x_i\right)'x_j=\sum_{i=1}^{m}\alpha_i(x_i'x_j)=\alpha_j$$

이므로 $\alpha_j=x'x_j$이다.

(2) (1)의 결과를 이용하여 다음과 같이 설명할 수 있다.

$$\begin{aligned}\|\boldsymbol{x}\|^2 = \boldsymbol{x}'\boldsymbol{x} &= \left(\sum_{i=1}^{m}(\boldsymbol{x}'\boldsymbol{x}_i)\boldsymbol{x}_i\right)'\left(\sum_{i=1}^{m}(\boldsymbol{x}'\boldsymbol{x}_i)\boldsymbol{x}_i\right) \\ &= \sum_{i=1}^{m}\sum_{j=1}^{m}(\boldsymbol{x}'\boldsymbol{x}_i)(\boldsymbol{x}'\boldsymbol{x}_j)\boldsymbol{x}_i'\boldsymbol{x}_j \\ &= \sum_{i=1}^{m}(\boldsymbol{x}'\boldsymbol{x}_i)^2\end{aligned}$$

예제 5.8

벡터공간 $\mathbb{R}^3$의 정규직교기저를 만들고 벡터 $\boldsymbol{x} = (2, 3, 8)'$에 대하여 위 정리 5.3의 내용을 확인하라.

풀이

(i) $\{\boldsymbol{e}_1, \boldsymbol{e}_2, \boldsymbol{e}_3\}$는 생각할 수 있는 가장 기본적인 정규직교기저라고 할 수 있다. 정리 5.3(1)에 의해서

$$\boldsymbol{x}'\boldsymbol{e}_1 = 2,\ \boldsymbol{x}'\boldsymbol{e}_2 = 3,\ \boldsymbol{x}'\boldsymbol{e}_3 = 8 \quad \Rightarrow \quad \boldsymbol{x} = (2, 3, 8)' = 2\boldsymbol{e}_1 + 3\boldsymbol{e}_2 + 8\boldsymbol{e}_3$$

이고, 정리 5.3(2)로부터 $\|\boldsymbol{x}\|^2 = 2^2 + 3^2 + 8^2 = 77$를 얻을 수 있다.

(ii) 또 하나의 $\mathbb{R}^3$의 정규직교기저로 다음과 같은 것을 생각할 수 있다.

$$\boldsymbol{x}_1 = \left(\frac{1}{\sqrt{3}}, \frac{1}{\sqrt{3}}, \frac{1}{\sqrt{3}}\right)', \quad \boldsymbol{x}_2 = \left(\frac{1}{\sqrt{2}}, -\frac{1}{\sqrt{2}}, 0\right)',$$
$$\boldsymbol{x}_3 = \left(\frac{1}{\sqrt{6}}, \frac{1}{\sqrt{6}}, -\frac{2}{\sqrt{6}}\right)'$$

정리 5.3(1)에 의해서

$$\boldsymbol{x}'\boldsymbol{x}_1 = \frac{13}{\sqrt{3}}, \quad \boldsymbol{x}'\boldsymbol{x}_2 = -\frac{1}{\sqrt{2}}, \quad \boldsymbol{x}'\boldsymbol{x}_3 = -\frac{11}{\sqrt{6}}$$

로부터

$$\boldsymbol{x} = (2, 3, 8)' = \frac{13}{\sqrt{3}}\boldsymbol{x}_1 - \frac{1}{\sqrt{2}}\boldsymbol{x}_2 - \frac{11}{\sqrt{6}}\boldsymbol{x}_3$$

로 표현할 수 있고, 정리 5.3(2)로부터 $\|\boldsymbol{x}\|^2 = \frac{13^2}{3} + \frac{1}{2} + \frac{11^2}{6} = 77$을 얻을 수 있다.

일반적인 기저로부터 다음과 같이 정규직교기저를 만들 수 있는데, 이를 **그람-슈미트 정규직교화**(Gram-Schmidt orthonormalization)라고 한다. 벡터의 집합 $\{\boldsymbol{x}_1, \ldots, \boldsymbol{x}_n\}$이 벡터공간 S의 기저일 때 다음과 같이 얻은 $\{\boldsymbol{y}_1, \boldsymbol{y}_2, \ldots, \boldsymbol{y}_n\}$은 서로 직교이고 S의 새로운 기저를 이룬다.

$$\boldsymbol{y}_1 = \boldsymbol{x}_1$$

$$\boldsymbol{y}_2 = \boldsymbol{x}_2 - \frac{\boldsymbol{x}_2'\boldsymbol{y}_1}{\|\boldsymbol{y}_1\|^2}\boldsymbol{y}_1$$

$$\vdots$$

$$\boldsymbol{y}_n = \boldsymbol{x}_n - \frac{\boldsymbol{x}_n'\boldsymbol{y}_1}{\|\boldsymbol{y}_1\|^2}\boldsymbol{y}_1 - \cdots - \frac{\boldsymbol{x}_n'\boldsymbol{y}_{n-1}}{\|\boldsymbol{y}_{n-1}\|^2}\boldsymbol{y}_{n-1}$$

이를 정규화하면 S의 새로운 정규직교기저를 얻을 수 있다.

예제 5.9

예제 5.2의 S_6의 간단한 기저로는 $\{\boldsymbol{x}_2, \boldsymbol{x}_3, \boldsymbol{x}_5, \boldsymbol{x}_6\}$가 있다. 그람-슈미트 정규직교화 과정을 거쳐서 예제 5.7에서 구한 것과는 다른 정규직교기저를 구하라.

풀이 순서적으로 계산하면 다음과 같다.

$$\boldsymbol{y}_1 = \boldsymbol{x}_2 = (1, 1, 1, 1, 0, 0)'$$

이고, $\|\boldsymbol{y}_1\|^2 = 4$, $\boldsymbol{x}_3'\boldsymbol{y}_1 = 0$ 이므로

$$\boldsymbol{y}_2 = \boldsymbol{x}_3 - \frac{\boldsymbol{x}_3'\boldsymbol{y}_1}{\|\boldsymbol{y}_1\|^2}\boldsymbol{y}_1 = \boldsymbol{x}_3 = (0, 0, 0, 0, 1, 1)'$$

이고, $\|\boldsymbol{y}_2\|^2 = 2$, $\boldsymbol{x}_5'\boldsymbol{y}_1 = 2$, $\boldsymbol{x}_5'\boldsymbol{y}_2 = 0$이므로

$$\boldsymbol{y}_3 = \boldsymbol{x}_5 - \frac{\boldsymbol{x}_5'\boldsymbol{y}_1}{\|\boldsymbol{y}_1\|^2}\boldsymbol{y}_1 - \frac{\boldsymbol{x}_5'\boldsymbol{y}_2}{\|\boldsymbol{y}_2\|^2}\boldsymbol{y}_2 = \boldsymbol{x}_5 - \frac{1}{2}\boldsymbol{y}_1 = \left(-\frac{1}{2}, -\frac{1}{2}, \frac{1}{2}, \frac{1}{2}, 0, 0\right)'$$

이다. 또한 $\|\boldsymbol{y}_3\|^2 = 1$, $\boldsymbol{x}_6'\boldsymbol{y}_1 = 3$, $\boldsymbol{x}_6'\boldsymbol{y}_2 = 0$, $\boldsymbol{x}_6'\boldsymbol{y}_3 = -\frac{1}{2}$ 이므로

$$\begin{aligned} \boldsymbol{y}_4 &= \boldsymbol{x}_6 - \frac{\boldsymbol{x}_6{}'\boldsymbol{y}_1}{\|\boldsymbol{y}_1\|^2}\boldsymbol{y}_1 - \frac{\boldsymbol{x}_6{}'\boldsymbol{y}_2}{\|\boldsymbol{y}_2\|^2}\boldsymbol{y}_2 - \frac{\boldsymbol{x}_6{}'\boldsymbol{y}_3}{\|\boldsymbol{y}_3\|^2}\boldsymbol{y}_3 \\ &= \boldsymbol{x}_6 - \frac{3}{4}\boldsymbol{y}_1 + \frac{1}{2}\boldsymbol{y}_3 \\ &= \left(0,\ 0,\ \frac{1}{2},\ -\frac{1}{2},\ 0,\ 0\right)' \end{aligned}$$

이다. 따라서 이를 정규화하면 다음과 같은 정규직교기저를 얻는다.

$$\begin{pmatrix} 1/2 \\ 1/2 \\ 1/2 \\ 1/2 \\ 0 \\ 0 \end{pmatrix},\ \begin{pmatrix} 0 \\ 0 \\ 0 \\ 0 \\ 1/\sqrt{2} \\ 1/\sqrt{2} \end{pmatrix},\ \begin{pmatrix} -1/2 \\ -1/2 \\ 1/2 \\ 1/2 \\ 0 \\ 0 \end{pmatrix},\ \begin{pmatrix} 0 \\ 0 \\ 1/\sqrt{2} \\ -1/\sqrt{2} \\ 0 \\ 0 \end{pmatrix}$$

예제 5.7과 예제 5.9에서 벡터공간의 정규직교기저는 유일하게 결정되는 것이 아니라는 사실을 확인할 수 있다.

이제는 행렬의 계수에 대하여 살펴보자. 행렬의 계수는 행렬의 열벡터나 행벡터로 만들어지는 벡터공간의 차원에 의해 결정된다. 어떤 행렬 A의 열벡터들에 의해 생성되는 벡터공간을 **열벡터공간**(column space), 행벡터들에 의해 생성되는 벡터공간을 **행벡터공간**(row space)이라고 한다. 행렬 A가 $m \times n$ 행렬일 때 n개의 열벡터에 의해 생성되는 $\mathbb{R}^m$의 부분공간이 A의 열벡터공간이고, m개의 행벡터에 의해 생성되는 $\mathbb{R}^n$의 부분공간이 A의 행벡터공간이다. 예를 들어 행렬 A가 다음과 같을 때

$$A = \begin{pmatrix} 0\,1\,0\,0 \\ 0\,0\,1\,0 \\ 0\,0\,0\,1 \end{pmatrix}$$

A의 열벡터공간 S_c는 영벡터는 이미 벡터공간에 포함되므로 이를 제외한

$$\boldsymbol{c}_1 = (1,\ 0,\ 0)',\ \ \boldsymbol{c}_2 = (0,\ 1,\ 0)',\ \ \boldsymbol{c}_3 = (0,\ 0,\ 1)'$$

에 의해서 생성되는 벡터공간이고, A의 행벡터공간 S_r은

$$\boldsymbol{r}_1 = (0,\ 1,\ 0,\ 0)',\ \boldsymbol{r}_2 = (0,\ 0,\ 1,\ 0)',\ \boldsymbol{r}_3 = (0,\ 0,\ 0,\ 1)'$$

에 의해서 생성되는 벡터공간이다. 이때 열벡터공간 $S_c = \mathbb{R}^3$이므로 차원이 3이고,

행벡터공간은 $S_r \subset \mathbb{R}^4$이며, 생성집합을 이루는 3개의 벡터가 선형독립이므로 차원은 역시 3이다. 이와 같이 행렬의 열벡터공간과 행벡터공간의 차원은 항상 같으며 이 차원을 행렬의 계수라고 한다. 따라서 위 행렬 A의 계수는 3이다.

> ■ **행렬의 계수**
>
> 행렬 A의 **계수**(rank)는 $rank(A)$(혹은 간단히 $r(A)$)라 표현하고 다음과 같이 정의한다.
>
> $$rank(A) = r(A) = \text{행벡터공간의 차원} = \text{열벡터공간의 차원}$$

행렬 A가 $n \times n$ 정사각행렬이고 A의 차원이 n일 때 A를 **정칙행렬** 혹은 **완전계수**(full rank)**행렬**이라고 한다.

다음은 행렬의 계수와 관계있는 몇 가지 법칙을 정리한 것이다.

> ■ **행렬의 계수와 관련한 몇 가지 성질**
>
> A : $m \times n$ 행렬에 대하여 다음을 만족한다.
>
> (1) $rank(A) = rank(A')$
>
> (2) $rank(A) \le \min(m, n)$
>
> (3) B : $n \times p$ 행렬이면 $rank(AB) \le \min(rank(A), rank(B))$
>
> (4) $m = n$일 때, $\det(A) = 0$이면 $rank(A) < m$
>
> (5) B : $n \times n$ 정칙행렬이면 $rank(AB) = rank(A)$
>
> (6) $rank(AA') = rank(A'A) = rank(A)$
>
> (7) H : 멱등행렬 $\Rightarrow$ $rank(H) = tr(H)$

예제 5.10

다음 행렬의 계수를 구하라.

(1) $A = \begin{pmatrix} 0\,1\,0 \\ 0\,0\,1 \\ 0\,0\,0 \end{pmatrix}$, (2) $B = \begin{pmatrix} 1\,0\,0\,1 \\ 0\,1\,0\,1 \\ 0\,0\,1\,1 \end{pmatrix}$, (3) $C = \begin{pmatrix} 1\,2\,3 \\ 4\,5\,6 \\ 7\,8\,9 \end{pmatrix}$

풀이

(1) 행렬 A는 영벡터를 제외하고 두 번째, 세 번째 열벡터가 선형독립이므로 $rank(A) = 2$이다.

(2) 세 개의 행벡터가 서로 선형독립이므로 행벡터공간의 차원은 3이다. 열벡터로 고려하면 네 개의 열벡터($\boldsymbol{c}_1$, $\boldsymbol{c}_2$, $\boldsymbol{c}_3$, $\boldsymbol{c}_4$) 중 $\boldsymbol{c}_1$, $\boldsymbol{c}_2$, $\boldsymbol{c}_3$는 독립이고, $\boldsymbol{c}_1+\boldsymbol{c}_2+\boldsymbol{c}_3=\boldsymbol{c}_4$의 관계를 만족하므로 열벡터공간의 차원도 3이고, 따라서 $rank(B)=3$ 이다.

(3) $2(4,5,6)-(1,2,3)=(7,8,9)$를 만족하므로 $rank(C)=2$ 이다.

예제 5.11

다음 행렬 B와 C에 대한 다음 물음에 답하라.

$$B=\begin{pmatrix} 2 & 0 \\ 0 & -3 \\ -1 & 1 \end{pmatrix},\quad C=\begin{pmatrix} 2 & -1 & -3 \\ 4 & 4 & 0 \\ -2 & 2 & 4 \end{pmatrix}$$

(1) 행렬 B와 C의 계수를 구하라.

(2) C의 첫 번째 열벡터와 직교하는 벡터 중에 B의 열벡터공간에 포함되는 벡터를 하나 찾아라.

풀이

(1) B의 계수는 2 이하인데, 두 열벡터는 선형독립이므로 B의 계수는 2이다. C의 경우 세 개의 열벡터를 $\boldsymbol{c}_1$, $\boldsymbol{c}_2$, $\boldsymbol{c}_3$라고 하면 $\boldsymbol{c}_2-\boldsymbol{c}_1=\boldsymbol{c}_3$의 관계가 성립하고, 처음 두 개의 열벡터는 선형독립이므로 계수는 2이다.

(2) 원하는 벡터를 $\begin{pmatrix} a \\ b \\ c \end{pmatrix}$라고 하면 C의 첫 번째 열벡터와 직교하므로, 즉 $(2,4,-2)\begin{pmatrix} a \\ b \\ c \end{pmatrix}=0$ 이어야 하므로 $2a+4b-2c=0$로부터 $c=a+2b$을 만족한다. 또한 $(a,\ b,\ c)'$는 B의 열벡터공간에 포함되는 벡터이므로

$$\begin{pmatrix} a \\ b \\ c \end{pmatrix}=x\begin{pmatrix} 2 \\ 0 \\ -1 \end{pmatrix}+y\begin{pmatrix} 0 \\ -3 \\ 1 \end{pmatrix}=\begin{pmatrix} 2x \\ -3y \\ y-x \end{pmatrix}$$

을 만족한다. 따라서 $y-x=c=a+2b=2x-6y$의 관계로부터 $7y=3x$의 관계를 얻을 수 있다. 따라서 가능한 하나의 경우로 $y=3$, $x=7$로부터 계산하면 다음을 얻을 수 있다.

$$\begin{pmatrix} a \\ b \\ c \end{pmatrix}=\begin{pmatrix} 14 \\ -9 \\ -4 \end{pmatrix}$$

예제 5.12

다음 두 개의 행렬에 대하여 다음 물음에 답하라.

$$D=\begin{pmatrix} 2 & 0 \\ 0 & 3 \\ -2 & -1 \end{pmatrix}, \qquad K=\begin{pmatrix} 2 & 2 & 4 \\ 3 & -3 & 3 \\ -3 & -1 & -5 \end{pmatrix}$$

(1) K를 $K=DF$로 표현한다고 할 때 F를 구하라.

(2) D의 열벡터공간에 포함되는 벡터가 K의 열벡터공간에 포함되는 것을 보여라.

(3) D의 열벡터공간과 직교하는 벡터들로 이루어진 벡터공간의 기저를 이루는 벡터를 길이가 1이 되도록 만들어라.

(4) 벡터 $(3,\ 3,\ -4)'$와 직교하는 벡터 중에 D의 열벡터공간에 포함되는 벡터를 하나 찾아라.

풀이

(1) 일단 F는 2×3 행렬이어야 하고, 그 원소를 f_{ij}라 표현하면 첫 번째 열의 원소는 다음을 만족해야 한다.

$$2f_{11}+0f_{21}=2, \quad 0f_{11}+3f_{21}=3, \quad -2f_{11}-f_{21}=-3$$

이 세 관계식을 만족하는 값은 처음 두 관계식으로부터

$$f_{11}=1,\ f_{21}=1$$

을 얻을 수 있고, 세 번째 관계식은 확인할 수 있다. 이와 같은 방법으로 두, 세 번째 열도 다음과 같이 얻을 수 있다.

$$2f_{12}-2, \quad 3f_{22}--3 \quad \Rightarrow \quad f_{12}-1, \quad f_{22}=-1$$
$$2f_{13}=4, \quad 3f_{23}=3 \quad \Rightarrow \quad f_{13}=2, \quad f_{23}=1$$

따라서 구하고자 하는 행렬 F는 다음과 같다.

$$F=\begin{pmatrix} 1 & 1 & 2 \\ 1 & -1 & 1 \end{pmatrix}$$

(2) D의 열벡터공간에 포함되는 임의의 벡터를 $\boldsymbol{d} = a_1\boldsymbol{d}_1 + a_2\boldsymbol{d}_2$라고 하자. (1)의 관계 $K = DF$를 열벡터들에 대한 것으로 표현하면

$$(\boldsymbol{k}_1, \boldsymbol{k}_2, \boldsymbol{k}_3) = (\boldsymbol{d}_1, \boldsymbol{d}_2)(\boldsymbol{f}_1, \boldsymbol{f}_2, \boldsymbol{f}_3) = (\boldsymbol{d}_1 + \boldsymbol{d}_2, \boldsymbol{d}_1 - \boldsymbol{d}_2, 2\boldsymbol{d}_1 + \boldsymbol{d}_2)$$

이므로

$$\boldsymbol{d}_1 = \frac{1}{2}(\boldsymbol{k}_1 + \boldsymbol{k}_2), \quad \boldsymbol{d}_2 = \frac{1}{2}(\boldsymbol{k}_1 - \boldsymbol{k}_2)$$

를 만족한다. 따라서 $\boldsymbol{d} = a_1\boldsymbol{d}_1 + a_2\boldsymbol{d}_2$는 다음과 같이 K의 열벡터들의 선형결합으로 표현된다.

$$\boldsymbol{d} = a_1(0.5(\boldsymbol{k}_1 + \boldsymbol{k}_2)) + a_2(0.5(\boldsymbol{k}_1 - \boldsymbol{k}_2)) = 0.5(a_1 + a_2)\boldsymbol{k}_1 + 0.5(a_1 - a_2)\boldsymbol{k}_2$$

(3) D의 열벡터공간과 직교하는 벡터들로 이루어진 벡터공간의 기저를 이루는 벡터 하나를 $(x_1, x_2, x_3)'$라고 하면 D의 두 열벡터와 직교해야 하므로

$$2x_1 - 2x_3 = 0, \quad 3x_2 - x_3 = 0$$

을 만족한다. 따라서 $x_1 = x_3$, $x_3 = 3x_2$의 관계가 성립해야 하고 이 관계를 만족하는 벡터 $(3,1,3)'$를 정규화하면 $(\frac{3}{\sqrt{19}}, \frac{1}{\sqrt{19}}, \frac{3}{\sqrt{19}})'$를 얻을 수 있다.

(4) $\boldsymbol{d}$가 D의 열벡터공간에 포함된다면 $\boldsymbol{d} = a_1(2,0,-2)' + a_2(0,3,-1)'$로 표현된다. 즉,

$$\boldsymbol{d} = (d_1, d_2, d_3)' = (2a_1, 3a_2, -2a_1 - a_2)'$$

를 만족한다. $\boldsymbol{d}$가 $(3, 3, -4)'$와 직교하려면 $4d_3 = 3d_1 + 3d_2$를 만족해야 하므로

$$-8a_1 - 4a_2 = 6a_1 + 9a_2 \quad \Rightarrow \quad 14a_1 = -13a_2$$

가 성립해야 하고 이를 만족하는 하나의 경우로 $a_1 = 13$, $a_2 = -14$를 사용하면 다음과 같이 조건을 만족하는 하나의 벡터를 얻을 수 있다.

$$\boldsymbol{d} = (26, -42, -12)'$$

예제 5.13

m 개의 선형독립인 $n\times1$ 벡터 $\boldsymbol{x}_1$, ..., $\boldsymbol{x}_m$ 로 이루어진 $n\times m(n>m)$행렬 $X=(\boldsymbol{x}_1, \ ..., \boldsymbol{x}_m)$로 만든 멱등행렬 $H=X(X'X)^{-1}X'$의 계수를 구하라.

풀이 멱등행렬 $H=X(X'X)^{-1}X'$의 계수는 대각합과 같으므로

$$rank(H)=tr(H)=tr(X'X(X'X)^{-1})=tr(I_m)=m$$

이다.

선형독립인 m 개의 벡터 $\boldsymbol{x}_1$, ..., $\boldsymbol{x}_m \in \mathbb{R}^n (m<n)$으로 이루어진 행렬 $X=(\boldsymbol{x}_1, \ ..., \boldsymbol{x}_m)$이 있을 때 X의 열벡터공간 $S_m \subset \mathbb{R}^n$은 차원이 m 인 벡터공간이다. 이 열벡터공간과 행렬 X를 이용하여 만든 멱등행렬 사이에는 어떤 특별한 관계가 성립하는데 이를 설명하면 다음과 같다. 벡터공간 S_m 에 포함되지 않는 임의의 벡터 $\boldsymbol{y}\in\mathbb{R}^n$가 있을 때 S_m에 포함되는 벡터 중 $\boldsymbol{y}$와 가장 가까운 벡터는 $\boldsymbol{x}_1$, ... , $\boldsymbol{x}_m$의 선형결합, 즉

$$a_1\boldsymbol{x}_1+\cdots+a_m\boldsymbol{x}_m=X\boldsymbol{a}$$

의 형태로 표현할 수 있다. 이 벡터 $X\boldsymbol{a}$는 $\boldsymbol{y}$를 벡터공간 S_m 으로 **정사영**(orthogonal projection)시켜 얻으므로 $\boldsymbol{y}-X\boldsymbol{a}$ 벡터는 벡터공간 S_m 에 수직인 벡터이고, 따라서 $X\boldsymbol{a}$와 $\boldsymbol{y}-X\boldsymbol{a}$는 수직을 이룬다. 즉, $(X\boldsymbol{a})'(\boldsymbol{y}-X\boldsymbol{a})=0$을 만족하며 이로부터 $\boldsymbol{a}=(X'X)^{-1}X'\boldsymbol{y}$를 얻을 수 있다. 따라서 S_m에 포함되는 벡터 중 $\boldsymbol{y}$에 가장 가까운 벡터 $X\boldsymbol{a}$는

$$X\boldsymbol{a}=X(X'X)^{-1}X'\boldsymbol{y}=H\boldsymbol{y}$$

가 된다. 즉, 임의의 벡터 $\boldsymbol{y}$를 행렬 X의 열벡터 공간 S_m에 정사영시키려면 X로 만들어진 멱등행렬 H를 곱하면 된다. 따라서 멱등행렬 H을 **사영행렬**(projection matrix)이라고 부르기도 한다. H가 멱등행렬이면 $I-H$도 멱등행렬이고, $H(I-H)=0$ 이므로 $I-H$는 임의의 벡터 $\boldsymbol{y}$를 S_m에 수직인 벡터공간($S_m^{\perp}$)에 사영시키는 사영행렬이다. 일반적으로 임의의 벡터 $\boldsymbol{y}$를 S_m에 포함되는 벡터와 S_m에 수직인 벡터의 합으로 다음과 같이 표현할 수 있다.

$$y = Xa + (y - Xa) = Hy + (I - H)y$$

일반적으로 행렬 P가 벡터공간 V의 부분공간 S로 사영시키는 정사영행렬이라면 임의의 벡터 $y \in V$에 대하여 Py는 부분공간 S에 있는 벡터 중 y에 가장 가까운 벡터이다. 즉, 다음을 만족한다.

$$\|y - Py\| \le \|y - s\| \qquad \forall\ s \in S$$

회귀분석에서 사용하는 간단한 선형모형

$$y = X\beta + \epsilon$$

을 고려해보자. 이때 $X = (x_1, x_2)$는 두 개의 설명변수 X_1, X_2의 관측치로 이루어진 행렬이고, $\beta = (\beta_1, \beta_2)'$는 각 설명변수에 대응하는 회귀계수로 이루어진 벡터이고, ϵ은 오차항을 나타낸다. X의 열벡터로 이루어진 벡터공간 S_2에 있는 벡터 중 y와 가장 가까운 벡터는 $\hat{y} = Hy = X(X'X)^{-1}X'y$ 라고 하였는데, 이 $\hat{y}$를 Xa로 표현할 때 a가 회귀계수의 최소제곱추정량 $\hat{\beta}$이다. 즉, $\hat{\beta}$은 $X\hat{\beta}$가 벡터공간 S_2에 있는 벡터 중 y와 가장 가까운 벡터가 되도록 만들어 주는 것이다.

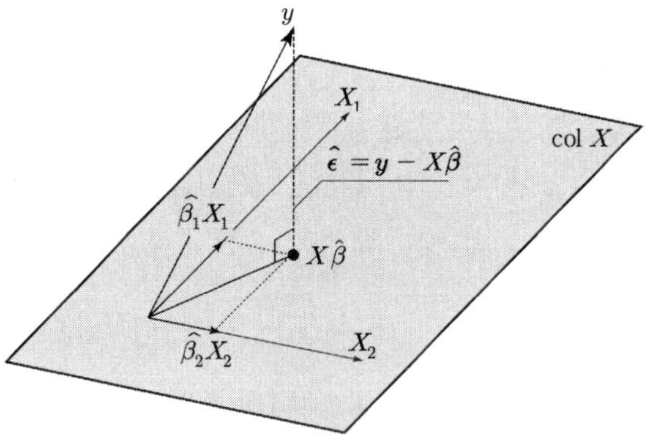

이것을 기하학적으로 표현하면 다음과 같다. X의 열벡터공간을 col $X(=S_2)$라고 하자.

위 그림에서 보면 벡터 $X\hat{\beta}$은 col X에 속하면서 y에 가장 가까운 벡터이다. 즉, y를 col X에 정사영시킨 결과가 $X\hat{\beta} = X(X'X)^{-1}X'y = Hy$이다. 또한 $\hat{\epsilon} = y - X\hat{\beta} = (I - H)y$는 col X에 수직인 벡터가 된다.

예제 5.14

두 개의 벡터 $\mathbf{1} = (1,1,1,1,1)'$, $\boldsymbol{x} = (1,1,1,0,0)'$와 이로부터 얻어지는 다음 두 벡터공간에 대하여 물음에 답하라.

$$S_1 \subset \mathbb{R}^5 : \mathbf{1} \text{ 벡터로 만들어지는 벡터공간}$$
$$S_2 \subset \mathbb{R}^5 : X = (\mathbf{1}, \boldsymbol{x}) \text{의 열벡터공간}$$

(1) $S_i\,(i=1,2)$에서 벡터 $\boldsymbol{y} = (1,2,3,4,5)'$와 가장 가까운 벡터를 $\hat{\boldsymbol{y}}_i$라고 할 때 이를 구하라.

(2) $\hat{\boldsymbol{y}}_1$과 $\hat{\boldsymbol{y}}_2$ 중에서 $\boldsymbol{y}$와 더 가까운 벡터는 무엇인가?

(3) S_1에서 $\hat{\boldsymbol{y}}_2$와 가장 가까운 벡터를 구하고, 이를 $\hat{\boldsymbol{y}}_1$과 비교하라.

풀이

(1) $\boldsymbol{y}$와 가장 가까운 S_1의 벡터는 $\boldsymbol{y}$에 S_1의 사영행렬을 곱해서 구할 수 있다. 예제 4.17에서 구한 바와 같이 S_1의 사영행렬 $\mathbf{1}(\mathbf{1}'\mathbf{1})^{-1}\mathbf{1}$는 모든 원소가 1/5인 5×5 행렬이므로 구하고자 하는 벡터는

$$\hat{\boldsymbol{y}}_1 = \mathbf{1}(\mathbf{1}'\mathbf{1})^{-1}\mathbf{1}'\boldsymbol{y} = \mathbf{1}\bar{y} = (3,3,3,3,3)'$$

이다.

S_2의 벡터 중 $\boldsymbol{y}$와 가장 가까운 벡터는 $\boldsymbol{y}$에 S_2의 사영행렬을 곱해서 구한다. S_2의 사영행렬 $X(X'X)^{-1}X'$은 예제 4.17에서 구한 바와 같이

$$X(X'X)^{-1}X' = \begin{pmatrix} 1/3 & 1/3 & 1/3 & 0 & 0 \\ 1/3 & 1/3 & 1/3 & 0 & 0 \\ 1/3 & 1/3 & 1/3 & 0 & 0 \\ 0 & 0 & 0 & 1/2 & 1/2 \\ 0 & 0 & 0 & 1/2 & 1/2 \end{pmatrix}$$

이므로 $\boldsymbol{y}$와 가장 가까운 S_2의 벡터는

$$\hat{\boldsymbol{y}}_2 = X(X'X)^{-1}X'\boldsymbol{y} = (2,2,2,4.5,4.5)'$$

이다.

(2) $\widehat{\boldsymbol{y}_1}$ 과 $\boldsymbol{y}$ 의 거리제곱은

$$\|\boldsymbol{y} - \widehat{\boldsymbol{y}_1}\|^2 = \sum_{i=1}^{5}(i-3)^2 = 10\,,$$

이고, $\widehat{\boldsymbol{y}_2}$ 과 $\boldsymbol{y}$ 의 거리제곱은

$$\|\boldsymbol{y} - \widehat{\boldsymbol{y}_2}\|^2 = \sum_{i=1}^{3}(i-2)^2 + \sum_{i=4}^{5}(i-4.5)^2 = 2.5$$

이므로 $\widehat{\boldsymbol{y}_2}$ 가 $\widehat{\boldsymbol{y}_1}$ 보다 $\boldsymbol{y}$ 에 훨씬 가깝다.

(3) S_1 에서 $\widehat{\boldsymbol{y}_2}$ 와 가장 가까운 벡터는

$$1(1'1)^{-1}1'\widehat{\boldsymbol{y}_2} = 1\frac{1}{5}(2\times 3 + 4.5\times 2) = (3, 3, 3, 3, 3)'$$

이고, 이는 $\hat{\boldsymbol{y}}_1$ 과 같다.

위 예제 5.14에서 S_1 의 모는 벡터는 S_2 에 포함되므로 S_1 은 S_2 의 벡터부분공간이다. 따라서 $\boldsymbol{y}$ 와 가장 가까운 벡터를 구할 때 더 많은 벡터를 포함하는 S_2 에서 구한 $\hat{\boldsymbol{y}}_2$ 가 $\hat{\boldsymbol{y}}_1$ 보다 가까운 것은 자연스러운 것이다. 또한 5차원의 벡터 $\boldsymbol{y}$ 를 이차원의 벡터공간 S_2 로 정사영시킨 후에 그것을 S_2 의 벡터부분공간 S_1 으로 정사영시키는 것은 처음부터 S_1 으로 정사영시키는 것과 같음을 알 수 있다.

예제 5.15

예제 5.2의 벡터공간 S_k 에 임의의 벡터 $\boldsymbol{y}$ 를 정사영시켜서 얻은 벡터를 $\boldsymbol{y}_k$라고 할 때 다음 물음에 답하라.

(1) 두 벡터 $\boldsymbol{x}_2$, $\boldsymbol{x}_3$ 의 선형결합으로 이루어진 벡터공간을 S^* 라 하고 벡터 $\boldsymbol{y}$ 를 S^* 에 정사영시켜서 얻은 벡터를 $\boldsymbol{y}^*$라 할 때, $\boldsymbol{y}_2$, $\boldsymbol{y}_3$, $\boldsymbol{y}^*$는 어떤 관계가 있는지 설명하라.

(2) $\boldsymbol{y}_k\,(k=1,\ldots,6)$를 $\boldsymbol{y}$ 에 가까운 순서로 나열하라. (거리가 같은 경우는 괄호로 묶어라.)

풀이

(1) 예제 5.2와 그 바로 다음에 언급하였듯이 벡터공간 S_2, S_3, S^*는 같다. 따라서 같은 벡터공간에 정사영시켜서 얻는 벡터도 모두 같다. 즉, $\boldsymbol{y}_2 = \boldsymbol{y}_3 = \boldsymbol{y}^*$이다.

(2) 같은 벡터공간에 정사영시켜 얻는 벡터는 모두 같다는 사실과 정사영시키는 벡터 공간이 커질수록 더 가까운 벡터를 얻는다는 사실로부터 벡터 $\boldsymbol{y}$와 가장 가까운 순서로 나열하면 다음과 같다.

$$\boldsymbol{y}_6, \quad (\boldsymbol{y}_4, \boldsymbol{y}_5), \quad (\boldsymbol{y}_2, \boldsymbol{y}_3), \quad \boldsymbol{y}_1$$

5.3 고유값과 고유벡터

이 절에서는 정사각행렬에 대하여 정의하는 고유값과 고유벡터에 대해 살펴보고자 한다. 고유값과 고유벡터는 정사각행렬을 포함하는 분석에서 아주 중요한 역할을 하는 경우가 많은데, 이는 이 절에서 살펴 볼 고유값과 고유벡터의 성질에 기인한다. 우선 고유값과 그에 대응하는 고유벡터의 정의는 다음과 같다.

■ **행렬의 고유값과 고유벡터**

$m \times m$ 정사각행렬 A에 대하여 0이 아닌 벡터 $\boldsymbol{x} \in \mathbb{R}^m$와 스칼라 λ가 다음을 만족하면, λ를 **고유값**(eigenvalue), $\boldsymbol{x}$를 고유값 λ에 대응하는 **고유벡터**(eigenvector)라고 한다.

$$A\boldsymbol{x} = \lambda \boldsymbol{x}$$

이때 고유값을 특성값(characteristic value), 고유벡터를 특성벡터(characteristic vector)라고 부르기도 한다.

이 정의로부터 $\boldsymbol{x} \neq \boldsymbol{0}$에 대하여 $A\boldsymbol{x} - \lambda I\boldsymbol{x} = (A - \lambda I)\boldsymbol{x} = \boldsymbol{0}$이 성립하므로 행렬 $(A - \lambda I)$는 특이행렬이고, 그 행렬식은 0이다. 따라서 고유값 λ는

$$\det(A-\lambda I)=0$$

식으로부터 얻을 수 있다. 즉, $m\times m$ 정사각행렬 A에 대하여 $\det(A-\lambda I)$는 λ의 m차 다항식이므로 m개의 고유값이 존재하는데 실수값이 아닐 수도 있고, 동일한 값을 가질 수도 있다. 예를 들어 2×2 행렬 $A=\begin{pmatrix}1 & 1\\ 1 & -1\end{pmatrix}$를 고려해 보자. $\det(A-\lambda I)=0$으로부터

$$-(1-\lambda)(1+\lambda)-1=0 \quad\Rightarrow\quad \lambda^2-2=0 \quad\Rightarrow\quad \lambda=\pm\sqrt{2}$$

을 얻을 수 있다. 한편 2×2 행렬 $A=\begin{pmatrix}1 & -1\\ 1 & 1\end{pmatrix}$을 고려하면 $\det(A-\lambda I)=0$으로부터

$$(1-\lambda)^2+1=0$$

식을 얻는데, 이때는 실수근이 존재하지 않는다.

한편, 얻어진 고유값에 대하여 고유벡터 $\boldsymbol{x}$가 $A\boldsymbol{x}=\lambda\boldsymbol{x}$를 만족한다면 고유벡터에 임의의 실수 c를 곱한 $c\boldsymbol{x}$도 $A(c\boldsymbol{x})=\lambda I(c\boldsymbol{x})$를 만족한다. 따라서 고유벡터는 길이가 정해져야만 유일하게 결정된다.

예제 5.16

행렬 $A=\begin{pmatrix}2 & -1 & 0\\ 0 & 1 & 0\\ 0 & 0 & 1\end{pmatrix}$의 고유값과 고유벡터를 구하라.

풀이 우선 $A-\lambda I$의 행렬식을 구하면

$$\det(A-\lambda I)=\det\begin{pmatrix}(2-\lambda) & -1 & 0\\ 0 & (1-\lambda) & 0\\ 0 & 0 & (1-\lambda)\end{pmatrix}=(2-\lambda)(1-\lambda)^2$$

이므로 고유값은 $\lambda=1,\ 2$(1은 중근)을 얻을 수 있다. 각 고유값에 대하여 고유벡터를 구하면 다음과 같다.

- $\lambda=2$에 대하여

$$A\boldsymbol{x}-2I\boldsymbol{x}=(A-2I)\boldsymbol{x}=\begin{pmatrix}0 & -1 & 0\\ 0 & -1 & 0\\ 0 & 0 & 1\end{pmatrix}\begin{pmatrix}x_1\\ x_2\\ x_3\end{pmatrix}=\mathbf{0}$$

을 만족시키려면 $x_2=0$, $x_3=0$ 이어야 하므로 고유벡터는 $\boldsymbol{x}=(a, 0, 0)'$의 형태를 갖는다. 예를 들어 $\boldsymbol{x}=(1, 0, 0)'$가 하나의 가능한 고유벡터이다.

- $\lambda=1$ 에 대하여

$$A\boldsymbol{x}-I\boldsymbol{x}=(A-I)\boldsymbol{x}=\begin{pmatrix}1 & -1 & 0\\ 0 & 0 & 0\\ 0 & 0 & 0\end{pmatrix}\begin{pmatrix}x_1\\ x_2\\ x_3\end{pmatrix}=\mathbf{0}$$

을 만족시키려면 $x_1=x_2$이어야 하므로 고유벡터는 $\boldsymbol{x}=(a, a, b)'$의 형태를 갖는다. 예를 들어 $\boldsymbol{x}=(1, 1, 0)'$, $\boldsymbol{x}=(0, 0, 1)'$가 선형독립인 한 쌍의 가능한 고유벡터이다.

앞서 언급한 것처럼 행렬 A의 고유값 λ에 대한 고유벡터가 $\boldsymbol{x}$라면 임의의 실수 c를 곱한 $c\boldsymbol{x}$도 고유벡터가 된다. 또한 동일한 고유값 λ에 대한 고유벡터 $\boldsymbol{x}$와 $\boldsymbol{y}$가 존재한다면 $\boldsymbol{x}+\boldsymbol{y}$도 고유벡터가 됨을 쉽게 보일 수 있다. 이를 종합하면 동일한 고유값에 대한 고유벡터들의 모임(영벡터 포함)은 벡터공간의 부분공간임을 알 수 있다. 이러한 고유값에 대한 부분공간을 **고유공간**(eigenspace)이라고 하며, 이 고유공간의 차원을 **기하적 중복성**(geometric multiplicity)이라고 하고 보통 $\gamma_A(\lambda)$로 표기한다. 즉, $\gamma_A(\lambda)$는 고유값 λ에 대한 선형독립인 고유벡터의 수가 된다. 고유방정식이 중근 또는 다중근을 가지는 경우에 해당하는 고유값 λ에 대하여 중근의 차수를 **대수적 중복성**(algebraic multiplicity)이라 하고 $\mu_A(\lambda)$로 표기한다. 즉, 예제 5.16의 경우라면 고유값 1은 2차 중근이므로 $\mu_A(1)=2$로 표현할 수 있다. 만약 행렬 A가 $n\times n$이고 서로 다른 실수 고유값들이 $\lambda_1, \ldots, \lambda_m\ (m\leq n)$이라면, 모든 고유값들에 대한 대수적 중복성을 합한 값 $\boldsymbol{\mu_A}=\sum_{i=1}^{m}\mu_A(\lambda_i)$는 n보다 클 수가 없다. 단, 복소수의 고유값도 고려한다면 $\boldsymbol{\mu_A}=n$이 성립한다. 또한 고유값 λ_i에 대한 기하적 중복성 $\gamma_A(\lambda_i)$은 대수적 중복성 $\mu_A(\lambda_i)$을 넘어설 수 없다. 즉, 다음을 만족한다.

$$\gamma_A(\lambda_i)\leq\mu_A(\lambda_i).$$

예제 5.17

행렬 $A=\begin{pmatrix}2&0&0\\1&2&0\\0&1&3\end{pmatrix}$의 고유값을 구하고 각 고유값에 대한 대수적 중복성과 기하적 중복성의 값을 구하라.

풀이 고유값을 얻는 식을 이용하면

$$\begin{aligned}\det(A-\lambda I) &= \begin{vmatrix}2-\lambda & 0 & 0\\ 1 & 2-\lambda & 0\\ 0 & 1 & 3-\lambda\end{vmatrix}\\ &=(2-\lambda)^2(3-\lambda)\\ &=0\end{aligned}$$

이므로 고유값은 $\lambda=2,3$이다. $\lambda=2$에 대한 고유벡터는 $\boldsymbol{x}=(0,a,-a)'$의 형태이므로 중근을 가지므로 대수적 중복성 $\mu_A(2)=2$이지만 선형독립인 고유벡터는 1개만 존재한다. 따라서 $\lambda=2$에 대한 고유공간의 차원은 1이 된다. 즉 $\lambda=2$에 대한 기하적 중복성 $\gamma_A(2)=1$이다. $\lambda=3$은 중근이 아니므로 $\mu_A(3)=1$이고 고유벡터는 $\boldsymbol{x}=(0,0,1)'$이므로 $\gamma_A(3)=1$이 된다.

예제 5.18

행렬 $A=\begin{pmatrix}5&-3&3\\4&-2&3\\4&-4&5\end{pmatrix}$의 고유값을 구하라.

풀이 고유값을 얻는 식을 이용하면

$$\begin{aligned}\det(A-\lambda I) &= \det\begin{pmatrix}(5-\lambda) & -3 & 3\\ 4 & (-2-\lambda) & 3\\ 4 & -4 & (5-\lambda)\end{pmatrix}\\ &=(5-\lambda)[(-2-\lambda)(5-\lambda)+12]\\ &\quad +3[4(5-\lambda)-12]+3[-16-4(-2-\lambda)]\\ &=-\lambda^3+8\lambda^2-17\lambda+10\\ &=-(\lambda-5)(\lambda-2)(\lambda-1)\\ &=0\end{aligned}$$

이므로 고유값은 $\lambda=1,\ 2,\ 5$이다.

일반적으로 다른 값의 고유값에 대한 고유벡터는 서로 선형독립이다. 위 예제의 경우 고유값 3개의 값이 모두 다른데, 이 3개의 고유값에 대한 고유벡터 3개는 선형독립임을 연습문제에서 확인할 수 있다.

정리 5.4 $m \times m$ 정사각행렬 A 의 고유값의 집합이 $\{\lambda_i\}$ 이고, 각 고유값 λ_i 에 대응하는 고유벡터가 $\boldsymbol{x}_i$ 일 때 다음의 성질을 만족한다.

(1) 행렬 A 의 고유값은 A' 의 고유값과 같다.
(2) λ_i^k 는 행렬 A^k 의 고유값이고, 그에 대응하는 고유벡터는 $\boldsymbol{x}_i$ 이다.
(3) 함수 $f(x)$가 x 의 다항식일 때 $f(A)$ 의 고유값은 $f(\lambda)$ 이다.
(4) 행렬 A 가 특이행렬이면 A 의 고유값 중 적어도 하나는 0이고, 그 역도 성립한다.
(5) 행렬 A 가 정칙행렬이면 A^{-1} 의 고유값은 $1/\lambda_i$ 이고 대응하는 고유벡터는 $\boldsymbol{x}_i$ 이다.
(6) 행렬 B가 $m \times m$ 정칙행렬이면 BAB^{-1} 의 고유값은 A 의 고유값과 같다.
(7) 행렬 A 가 대칭인 직교행렬이면 A 의 고유값은 1 또는 −1이다.
(8) 행렬 A 가 멱등행렬이면 A 의 고유값은 1 또는 0이다.
(9) $tr(A) = \sum_{i=1}^{m} \lambda_i$
(10) $\det(A) = \Pi_{i=1}^{m} \lambda_i$

증명 이 정리의 (1)~(8)에 대한 간단한 증명을 제시하면 다음과 같다.
(1) $\det(A) = \det(A')$이므로 $\det(A - \lambda I) = \det(A' - \lambda I)$이다.
(2) 다음과 같이 순차적으로 적용하여 얻을 수 있다.

$$A^k \boldsymbol{x}_i = A^{k-1} A \boldsymbol{x}_i = A^{k-1} \lambda_i \boldsymbol{x}_i = \lambda_i A^{k-2} A \boldsymbol{x}_i = \cdots = \lambda_i^k \boldsymbol{x}_i$$

(3) $f(x)$가 다음과 같이 차수가 k 인 다항식이라고 하자.

$$f(x) = a_k x^k + a_{k-1} x^{k-1} + \cdots + a_1 x + a_0$$

위 (2)의 결과로부터 다음을 만족한다.

$$\begin{aligned} f(A)\boldsymbol{x} &= a_k A^k \boldsymbol{x} + a_{k-1} A^{k-1} \boldsymbol{x} + \cdots + a_1 A \boldsymbol{x} + a_0 \boldsymbol{x} \\ &= a_k \lambda^k \boldsymbol{x} + a_{k-1} \lambda^{k-1} \boldsymbol{x} + \cdots + a_1 \lambda \boldsymbol{x} + a_0 \boldsymbol{x} \\ &= f(\lambda)\boldsymbol{x} \end{aligned}$$

(4) $\det(A)=0$이므로 $\det(A-0I)=0$이다. 또한 A의 열벡터들은 선형독립이 아니므로 $Ax = 0$인 x를 찾을 수 있다. 일반적으로 특이행렬 A의 고유값은 열벡터의 수와 계수의 차이만큼 0의 값을 갖는다.

(5) $A^{-1}Ax = A^{-1}\lambda x$이므로 $x = A^{-1}\lambda x$ 이 성립하고 $\frac{1}{\lambda}x = A^{-1}x$을 만족한다.

(6) $$\begin{aligned}\det(BAB^{-1}-\lambda I) &= \det(BAB^{-1}-B\lambda B^{-1}) \\ &= \det(B(A-\lambda I)B^{-1}) \\ &= \det(B)\det(A-\lambda I)\det(B^{-1}) \\ &= \det(A-\lambda I)\end{aligned}$$

(7) $\det(A-\lambda I)=\det(A'-\lambda I)=\det(A^{-1}-\lambda I)$이므로 $\lambda = 1/\lambda$로부터 λ는 1 혹은 -1이다.

(8) $\det(A-\lambda I)=\det(A^2-\lambda I)=\det(A^2-\lambda^2 I)$이므로 $\lambda^2=\lambda$로부터 λ는 1 혹은 0이다.

정리 5.4의 (7)로부터 대칭인 직교행렬의 고유값은 1 또는 −1이고, 행렬식은 고유값의 곱이므로 대칭인 직교행렬의 행렬식은 1 또는 −1임을 알 수 있다. 또한 정리 5.4의 (8)로부터 멱등행렬의 고유값은 0 또는 1이고, 멱등행렬의 계수는 고유값의 합이므로 멱등행렬의 고유값은 계수만큼 1이고 나머지는 0임을 알 수 있다. 정리 5.4의 (9)~(10)의 증명은 간단하지 않으므로 여기서는 예제를 통해 그 사실을 확인하고자 한다.

예제 5.19

위의 예제 5.18에 주어진 행렬 $A=\begin{pmatrix}5 & -3 & 3\\ 4 & -2 & 3\\ 4 & -4 & 5\end{pmatrix}$의 대각합과 행렬식을 구하고 위 정리 5.4의 (9)~(10)을 확인하라.

풀이 A의 고유값은 1, 2, 5이므로 다음과 같이 정리 5.4의 (9)~(10)의 결과를 확인할 수 있다.

- $tr(A)=5-2+5=8=1+2+5=\lambda_1+\lambda_2+\lambda_3$
- $\det(A)=5(-10+12)+3(20-12)+3(-16+8)$
  $=10\ (=(1)(2)(5)=\lambda_1\lambda_2\lambda_3)$

정리 5.5 행렬 A 가 $m \times m$ 대칭행렬이고, $\{\lambda_1, \ldots, \lambda_m\}$ 이 A 의 고유값일 때 다음을 만족한다.

(1) A : 양의 정부호행렬 $\Leftrightarrow$ 모든 i 에 대하여 $\lambda_i > 0$

(2) A : 양의 준정부호행렬 $\Leftrightarrow$ 모든 i 에 대하여 $\lambda_i \geq 0$

(3) 서로 다른 고유값에 대응하는 고유벡터는 서로 직교한다.

증명 (1)과 (2)는 같은 방법으로 설명할 수 있으므로 (1)에 대해서만 설명하고자 한다. 행렬 A 가 양의 정부호행렬이므로 모든 벡터 $\boldsymbol{x} \neq 0$ 에 대하여 $\boldsymbol{x}'A\boldsymbol{x} > 0$ 이다. 따라서 고유벡터 $\boldsymbol{x}_i$ 에 대하여 다음을 만족한다.

$$\boldsymbol{x}_i{}'A\boldsymbol{x}_i = \boldsymbol{x}_i{}'\lambda_i\boldsymbol{x}_i = \lambda_i\|\boldsymbol{x}_i\|^2 > 0 \quad \Rightarrow \quad \lambda_i > 0$$

한편 대칭행렬 A 에 대해서는 $A = VDV'$ 로 표현될 수 있음이 알려져 있다. (4절의 스펙트럼분해 참조.) 이 식에서 D 는 A 의 고유값들로 이루어진 대각행렬이고 V 는 정칙행렬이다. $\boldsymbol{x} \neq 0$ 인 실수 벡터 $\boldsymbol{x}$ 에 대하여

$$\boldsymbol{x}'A\boldsymbol{x} = \boldsymbol{x}'VDV'\boldsymbol{x} = \boldsymbol{y}'D\boldsymbol{y} = \sum_{i=1}^{m}\lambda_i y_i^2 > 0$$

위 식에서 $\boldsymbol{y} = V'\boldsymbol{x} \neq 0$ 이다. 따라서 A 의 고유값이 모두 양수이면 A 는 양의 정부호행렬이다.

(3) λ_1, λ_2 가 $\lambda_1 \neq \lambda_2$ 인 고유값이고, $\boldsymbol{x}_1$, $\boldsymbol{x}_2$ 가 그에 대응하는 고유벡터라고 하면

$$\lambda_2\boldsymbol{x}_1{}'\boldsymbol{x}_2 = \boldsymbol{x}_1{}'\lambda_2\boldsymbol{x}_2 = \boldsymbol{x}_1{}'A\boldsymbol{x}_2 = (\boldsymbol{x}_2{}'A\boldsymbol{x}_1)' = (\boldsymbol{x}_2{}'\lambda_1\boldsymbol{x}_1)' = \lambda_1\boldsymbol{x}_1{}'\boldsymbol{x}_2$$

을 만족한다. 따라서 $\boldsymbol{x}_1{}'\boldsymbol{x}_2 = 0$ 이 성립해야 한다.

대칭행렬의 고유값은 모두 실수임이 알려져 있다. 또한 $m \times m$ 대칭행렬의 경우에는 $\mathbb{R}^m$ 을 생성하며 직교하는 m 개의 고유벡터들을 구할 수 있음이 알려져 있다. 한편 정리 5.5로부터 양의 정부호행렬의 행렬식은 양수임을 알 수 있다.

예제 5.20

행렬 $F=\begin{pmatrix} 2 & 0 & 0 \\ 0 & 2 & 2 \\ 0 & 2 & 5 \end{pmatrix}$의 고유값과 고유벡터를 구하고, 정리 5.5의 내용을 확인하라.

풀이 행렬 F를 이용한 차수가 3인 벡터 $\boldsymbol{x} = (x_1,\ x_2,\ x_3)'$의 이차형식은

$$\boldsymbol{x}'F\boldsymbol{x} = 2x_1^2 + 2x_2^2 + 4x_2x_3 + 5x_3^2 = 2x_1^2 + 2(x_2 + x_3)^2 + 3x_3^2 > 0$$

이므로 F는 양의 정부호행렬이다. 한편, 행렬 F의 고유값을 얻는 식을 이용하면

$$\begin{aligned} \begin{vmatrix} 2-\lambda & 0 & 0 \\ 0 & 2-\lambda & 2 \\ 0 & 2 & 5-\lambda \end{vmatrix} &= (2-\lambda)[(2-\lambda)(5-\lambda)-4] \\ &= (2-\lambda)(\lambda^2 - 7\lambda + 6) \\ &= (2-\lambda)(\lambda-1)(\lambda-6) \end{aligned}$$

이므로 고유값은 $\lambda = 6,\ 2,\ 1$이다. 이로부터 정리 5.5의 (1)을 확인할 수 있다.
각 고유값 λ_i에 대한 고유벡터 $\boldsymbol{x}_i$를 구해 보면 다음과 같다.

$$\lambda_1 = 6, \quad \begin{pmatrix} -4 & 0 & 0 \\ 0 & -4 & 2 \\ 0 & 2 & -1 \end{pmatrix}\begin{pmatrix} x_{11} \\ x_{21} \\ x_{31} \end{pmatrix} = \mathbf{0} \quad \Rightarrow \quad x_{11} - 0,\ \ 2x_{21} = x_{31}$$

$$\Rightarrow \boldsymbol{x}_1 = \begin{pmatrix} 0 \\ 1 \\ 2 \end{pmatrix}$$

$$\lambda_2 = 2, \quad \begin{pmatrix} 0 & 0 & 0 \\ 0 & 0 & 2 \\ 0 & 2 & 3 \end{pmatrix}\begin{pmatrix} x_{12} \\ x_{22} \\ x_{32} \end{pmatrix} = \mathbf{0} \quad \Rightarrow \quad x_{12} = c,\ \ x_{22} = x_{32} = 0$$

$$\Rightarrow \boldsymbol{x}_2 = \begin{pmatrix} 1 \\ 0 \\ 0 \end{pmatrix}$$

$$\lambda_3 = 1, \quad \begin{pmatrix} 1 & 0 & 0 \\ 0 & 1 & 2 \\ 0 & 2 & 4 \end{pmatrix}\begin{pmatrix} x_{13} \\ x_{23} \\ x_{33} \end{pmatrix} = \mathbf{0} \quad \Rightarrow \quad x_{11} = 0,\ \ x_{21} = -2x_{31}$$

$$\Rightarrow \boldsymbol{x}_3 = \begin{pmatrix} 0 \\ 2 \\ -1 \end{pmatrix}$$

각 고유값에 대한 고유벡터가 서로 직교한다. 이 결과로부터 정리 5.5의 (3)을 확인할 수 있다.

5.4 행렬의 분해

이 절에서는 행렬을 다루기 쉬운 행렬의 곱의 형태로 분해하는 방법을 소개한다. 이 방법은 통계학이나 공학에서 유용하게 많이 사용된다.

■ **특이값분해(singular value decomposition)**

계수가 r인 $m\times n$ 행렬 A에 대하여

λ_i : $A'A$ (혹은 AA')의 i번째 큰 고유값의 양의 제곱근

Δ : $r\times r$ 대각행렬 $diag(\lambda_1,...,\lambda_r)$

라 하면

$$A = UDV'$$

를 만족하는 $m\times m$ 직교행렬 U, $n\times n$ 직교행렬 V가 존재하고 $m\times n$ 행렬 D는 다음과 같이 주어진다.

(1) $r=m=n \;\Rightarrow\; D=\Delta$

(2) $r=m<n \;\Rightarrow\; D=[\Delta, 0]$, $0 : m\times(n-m)$ 영행렬

(3) $r=n<m \;\Rightarrow\; D=\begin{pmatrix}\Delta\\0\end{pmatrix}$, $0 : (m-n)\times n$ 영행렬

(4) $r<\min(m,n) \;\Rightarrow\; D=\begin{pmatrix}\Delta & 0_1\\ 0_2 & 0_3\end{pmatrix}$

$0_1, 0_2, 0_3$: 영행렬

0_1: $r\times(n-r)$, 0_2: $(m-r)\times r$, 0_3: $(m-r)\times(n-r)$

이 위 특이값분해의 행렬 U와 V가 직교행렬이므로

$$A'A = VD'U'UDV' = VD'DV', \quad AA' = UDV'VD'U' = UD'DU'$$

이 성립하고, 이로부터

$$A'AV = VD'D, \quad AA'U = UD'D$$

를 얻을 수 있다. 행렬 D가 특이값분해의 (4)의 경우에 대하여 자세히 살펴보자.(다른 경우도 비슷하게 설명할 수 있다.) 행렬 U의 i 번째 열벡터를 $\boldsymbol{u}_i$, 행렬 V의 j 번째 열벡터를 $\boldsymbol{v}_j$라 하면 $U=(\boldsymbol{u}_1, \ldots, \boldsymbol{u}_m)$, $V=(\boldsymbol{v}_1, \ldots, \boldsymbol{v}_n)$로 표현할 수 있다. 따라서 특이값분해의 (4)의 영행렬 $0_1, 0_2$와 $(n-r)\times(n-r)$ 영행렬 0_4, $(m-r)\times(m-r)$ 영행렬 0_5에 대하여

$$A'A(\boldsymbol{v}_1, \ldots, \boldsymbol{v}_n)=(\boldsymbol{v}_1, \ldots, \boldsymbol{v}_n)\begin{pmatrix}\Delta^2 & 0_1 \\ 0_1{}' & 0_4\end{pmatrix},$$

$$AA'(\boldsymbol{u}_1, \ldots, \boldsymbol{u}_m)=(\boldsymbol{u}_1, \ldots, \boldsymbol{u}_m)\begin{pmatrix}\Delta^2 & 0_2{}' \\ 0_2 & 0_5\end{pmatrix}$$

이므로

$i=1, \ldots, r$에 대하여 $A'A\,\boldsymbol{v}_i=\lambda_i^2\,\boldsymbol{v}_i$, $i=r+1, \ldots, n$에 대하여 $A'A\,\boldsymbol{v}_i=0$

$j=1, \ldots, r$에 대하여 $AA'\,\boldsymbol{u}_i=\lambda_i^2\,\boldsymbol{u}_i$, $j=r+1, \ldots, m$에 대하여 $AA'\,\boldsymbol{u}_i=0$

이 성립한다. 따라서 $i=1,\ldots,r$에 대하여 다음과 같은 사실들을 얻을 수 있다.

- $\boldsymbol{v}_i$: λ_i^2에 대응하는 $A'A$의 정규직교 고유벡터
- $\boldsymbol{u}_i$: λ_i^2에 대응하는 AA'의 정규직교 고유벡터

행렬 U와 V를 r개의 벡터들로 이루어진 행렬 $U_1=(\boldsymbol{u}_1,\ldots,\boldsymbol{u}_r)$, $V_1=(\boldsymbol{v}_1,\ldots,\boldsymbol{v}_r)$와 나머지로 다음과 같이 분할하면

$$U=(U_1, U_2), \quad V=(V_1, V_2)$$

위 특이값분해의 행렬 A는 다음과 같이 표현할 수 있다.

$$A=UDV'=(U_1, U_2)\begin{pmatrix}\Delta & 0_1 \\ 0_2 & 0_3\end{pmatrix}\begin{pmatrix}V_1{}' \\ V_2{}'\end{pmatrix}=U_1\Delta V_1{}'=\lambda_1\boldsymbol{u}_1\boldsymbol{v}_1{}'+\cdots+\lambda_r\boldsymbol{u}_r\boldsymbol{v}_r$$

즉, 계수가 r인 행렬 $A(m\times n)$는 AA'의 고유벡터로 이루어진 $U_1(m\times r)$행렬과 대각행렬 $\Delta(r\times r)$, 그리고 $A'A$의 고유벡터로 이루어진 행렬 $V_1{}'(r\times n)$ 곱으로 분해할 수 있다.

예제 5.21

다음 행렬 A 에 대하여 특이값분해를 구하라.

$$A=\begin{pmatrix} 2 & 0 & 1 \\ 3 & -1 & 1 \\ -2 & 4 & 1 \\ 1 & 1 & 1 \end{pmatrix}$$

풀이 우선 $A=UDV'$ 에서 정규직교행렬 V를 구해 보자. 행렬 V는 $A'A$ 의 고유값에 대응하는 정규직교 고유벡터를 열벡터로 갖는 행렬이다.

$$A'A=\begin{pmatrix} 18 & -10 & 4 \\ -10 & 18 & 4 \\ 4 & 4 & 4 \end{pmatrix}$$

이므로 $|A'A-\lambda I|=0$ 으로부터 다음과 같이 고유값을 구할 수 있다.

$$\lambda_1=28,\ \ \lambda_2=12,\ \ \lambda_3=0$$

이 경우 A 의 계수가 2이므로 특이값분해의 (4)의 경우에 해당하고

$$\Delta=\begin{pmatrix} \sqrt{28} & 0 \\ 0 & \sqrt{12} \end{pmatrix}$$

라고 할 수 있다. 각 고유값에 대응하는 정규직교 고유벡터를 구하면

$$\boldsymbol{v}_1=\begin{pmatrix} \frac{1}{\sqrt{2}} \\ -\frac{1}{\sqrt{2}} \\ 0 \end{pmatrix},\quad \boldsymbol{v}_2=\begin{pmatrix} \frac{1}{\sqrt{3}} \\ \frac{1}{\sqrt{3}} \\ \frac{1}{\sqrt{3}} \end{pmatrix},\quad \boldsymbol{v}_3=\begin{pmatrix} \frac{1}{\sqrt{6}} \\ \frac{1}{\sqrt{6}} \\ -\frac{1}{\sqrt{6}} \end{pmatrix}$$

이고, 정규직교행렬 V는 $V=(\boldsymbol{v}_1,\boldsymbol{v}_2,\boldsymbol{v}_3)$이다. 이를 0이 아닌 고유값에 대한 부분 V_1과 0인 고유값에 대한 부분 V_2로 분할하면 다음과 같다.

$$V=(\boldsymbol{v}_1,\boldsymbol{v}_2,\boldsymbol{v}_3)=(V_1,\boldsymbol{v}_3)=(V_1,\ V_2)$$

정규직교행렬 U는 AA' 의 정규직교 고유벡터로 이루어져 있는데, AA' 로부터 구할 수도 있지만 여기서는 다른 방법으로 구해보고자 한다. 행렬 U가 0이 아닌 고유값에

대한 부분 U_1 과 0인 고유값에 대한 부분 U_2 로 분할되어 있다고 할 때, $A = U_1 \Delta V_1{}'$ 로 표현된다. 따라서 $AV_1 = U_1 \Delta$가 성립하고 이로부터 $U_1 = AV_1 \Delta^{-1}$가 얻어진다. 따라서

$$U_1 = \begin{pmatrix} 2 & 0 & 1 \\ 3 & -1 & 1 \\ -2 & 4 & 1 \\ 1 & 1 & 1 \end{pmatrix} \begin{pmatrix} \frac{1}{\sqrt{2}} & \frac{1}{\sqrt{3}} \\ -\frac{1}{\sqrt{2}} & \frac{1}{\sqrt{3}} \\ 0 & \frac{1}{\sqrt{3}} \end{pmatrix} \begin{pmatrix} \frac{1}{\sqrt{28}} & 0 \\ 0 & \frac{1}{\sqrt{12}} \end{pmatrix} = \begin{pmatrix} \frac{1}{\sqrt{14}} & \frac{1}{2} \\ \frac{2}{\sqrt{14}} & \frac{1}{2} \\ -\frac{3}{\sqrt{14}} & \frac{1}{2} \\ 0 & \frac{1}{2} \end{pmatrix}$$

이다. 한편 U_2는 $U_1{}' U_2 = 0$, $U_2{}' U_2 = I$라는 사실로부터 다음과 같이 구할 수 있다.

$$U_2 = \begin{pmatrix} \frac{1}{\sqrt{12}} & -\frac{5}{\sqrt{42}} \\ \frac{1}{\sqrt{12}} & \frac{4}{\sqrt{42}} \\ \frac{1}{\sqrt{12}} & \frac{1}{\sqrt{42}} \\ -\frac{3}{\sqrt{12}} & 0 \end{pmatrix}$$

따라서 행렬 A 의 특이값분해는 다음과 같이 얻어지고,

$$\begin{aligned} A &= UDV' \\ &= \begin{pmatrix} \frac{1}{\sqrt{14}} & \frac{1}{2} & \frac{1}{\sqrt{12}} & -\frac{5}{\sqrt{42}} \\ \frac{2}{\sqrt{14}} & \frac{1}{2} & \frac{1}{\sqrt{12}} & \frac{4}{\sqrt{42}} \\ -\frac{3}{\sqrt{14}} & \frac{1}{2} & \frac{1}{\sqrt{12}} & \frac{1}{\sqrt{42}} \\ 0 & \frac{1}{2} & -\frac{3}{\sqrt{12}} & 0 \end{pmatrix} \begin{pmatrix} \sqrt{28} & 0 & 0 \\ 0 & \sqrt{12} & 0 \\ 0 & 0 & 0 \\ 0 & 0 & 0 \end{pmatrix} \begin{pmatrix} \frac{1}{\sqrt{2}} & -\frac{1}{\sqrt{2}} & 0 \\ \frac{1}{\sqrt{3}} & \frac{1}{\sqrt{3}} & \frac{1}{\sqrt{3}} \\ \frac{1}{\sqrt{6}} & \frac{1}{\sqrt{6}} & -\frac{2}{\sqrt{6}} \end{pmatrix} \end{aligned}$$

이를 더 간편하게 $A = U_1 \Delta V_1{}'$으로 표현할 수 있다.

한편, 특이값분해의 식 $A = \sum_{i=1}^{r} \lambda_i \boldsymbol{u}_i \boldsymbol{v}_i{}'$를 이용해서 구해 보자. $A'A$ 의 특이값 $\lambda_1^2 = 28$, $\lambda_2^2 = 12$에 대한 고유벡터를 위에서와 같이 구하고 그 값을 이용하면 다음과 같은 관계식을 얻을 수 있다.

$$Av_1 = (\lambda_1 u_1 v_1{}' + \lambda_2 u_2 v_2{}')v_1 = \lambda_1 u_1 = \begin{pmatrix} \sqrt{2} \\ 2\sqrt{2} \\ -3\sqrt{2} \\ 0 \end{pmatrix}$$

$$Av_2 = (\lambda_1 u_1 v_1{}' + \lambda_2 u_2 v_2{}')v_2 = \lambda_2 u_2 = \begin{pmatrix} \sqrt{3} \\ \sqrt{3} \\ \sqrt{3} \\ \sqrt{3} \end{pmatrix}$$

이로부터 위에서 얻은 $u_1 = \frac{1}{\sqrt{28}}\begin{pmatrix} \sqrt{2} \\ 2\sqrt{2} \\ -3\sqrt{2} \\ 0 \end{pmatrix}$, $u_2 = \frac{1}{\sqrt{12}}\begin{pmatrix} \sqrt{3} \\ \sqrt{3} \\ \sqrt{3} \\ \sqrt{3} \end{pmatrix}$을 좀 더 쉽게 얻을 수 있다. 행렬 A의 특이값분해는

$$A = \begin{pmatrix} \sqrt{2} \\ 2\sqrt{2} \\ -3\sqrt{2} \\ 0 \end{pmatrix}(\frac{1}{\sqrt{2}}, -\frac{1}{\sqrt{2}}, 0) + \begin{pmatrix} \sqrt{3} \\ \sqrt{3} \\ \sqrt{3} \\ \sqrt{3} \end{pmatrix}(\frac{1}{\sqrt{3},}\frac{1}{\sqrt{3}}, \frac{1}{\sqrt{3}})$$

으로 표현할 수도 있다.

다음 정리는 특이값분해의 특별한 경우로 A가 대칭행렬일 경우 적용할 수 있는 **스펙트럼분해**(spectral decomposition)를 설명한 것이다.

■ 스펙트럼분해

$m \times m$ 대칭행렬 A 의 고유값을 $\lambda_1, \ldots, \lambda_m$, 이에 대응하는 정규직교 고유벡터를 $v_1, \ldots, v_m$ 라고 할 때 $V = (v_1, \ldots, v_m)$, $D = diag(\lambda_1, \ldots, \lambda_m)$라 정의하면 행렬 A는 다음과 같이 표현된다.

$$A = VDV' = \sum_{i=1}^{m} \lambda_i v_i v_i{}'$$

여기서 정규직교 고유벡터로 이루어진 행렬 V는 직교행렬이므로 $V'AV = D$도 성립한다.

$m \times m$ 대칭인 양의 준정부호 행렬 A의 고유값들은 모두 $\lambda_1 \geq 0, \ldots, \lambda_m \geq 0$이 된다. 따라서 스펙트럼분해와 $D^{1/2} = diag(\sqrt{\lambda_1}, \ldots, \sqrt{\lambda_m})$로 하면

$$A = VDV' = VD^{1/2}D^{1/2}V = VD^{1/2}V'\,VD^{1/2}V'$$

로 표현할 수 있고 여기서 $A^{1/2} = VD^{1/2}V'$로 정의하면 $A^{1/2}$행렬도 역시 $m \times m$ 대칭행렬이고 양의 준정부호 행렬이 된다. A가 양의 정부호 행렬일 경우는 $\lambda_1 > 0, \ldots, \lambda_m > 0$이므로

$$D^{-1/2} = (D^{1/2})^{-1} = diag(1/\sqrt{\lambda_1}, \ldots, 1/\sqrt{\lambda_m})$$

라 하면,

$$(A^{-1}) = (VD^{-1}V') = V(D^{-1})^{1/2}(D^{-1})^{1/2}V' = (VD^{-1/2}V')(VD^{-1/2}V')$$

가 성립하므로 $A^{-1/2} = VD^{-1/2}V'$라 할 때 $(A^{-1})^{1/2} = A^{-1/2}$라고 할 수 있다.

또한 $|A| = |A^{1/2}A^{1/2}| = |A^{1/2}|^2$에서 $|A^{1/2}| = |A|^{1/2}$이고 $|A^{-1/2}| = |A^{-1}|^{1/2}$이 성립한다.

예제 5.22

다음에 주어진 행렬에 대하여 스펙트럼분해를 구하라.

$$A = \begin{pmatrix} 13 & -4 & 2 \\ -4 & 13 & -2 \\ 2 & -2 & 10 \end{pmatrix}$$

풀이 $|A - \lambda I| = 0$으로부터 고유값을 구하면

$$\lambda_1 = 18, \quad \lambda_2 = 9, \quad \lambda_3 = 9$$

이고, 이에 대응하는 정규직교 고유벡터는

$$\boldsymbol{v}_1 = \begin{pmatrix} \frac{2}{3} \\ -\frac{2}{3} \\ \frac{1}{3} \end{pmatrix}, \quad \boldsymbol{v}_2 = \begin{pmatrix} \frac{1}{\sqrt{2}} \\ \frac{1}{\sqrt{2}} \\ 0 \end{pmatrix}, \quad \boldsymbol{v}_3 = \begin{pmatrix} \frac{1}{\sqrt{18}} \\ -\frac{1}{\sqrt{18}} \\ -\frac{4}{\sqrt{18}} \end{pmatrix}$$

이다. 따라서 $D = diag(18, 9, 9)$이고, $V = (\boldsymbol{v}_1, \boldsymbol{v}_2, \boldsymbol{v}_3)$이다.

스펙트럼분해를 응용하면 몇 개의 열벡터가 있을 때 이들의 선형결합으로 직교하는 열벡터들을 만들어낼 수 있다. 예를 들어 행렬 X가 차수가 n인 두 개의 열벡터 $\boldsymbol{x}_1, \boldsymbol{x}_2$로 이루어졌다고 할 때 $X'X$는 2×2 대칭행렬이다. 따라서 D가 $X'X$의 고유값 λ_1, λ_2를 대각원소로 갖는 대각행렬이고, V가 정규직교 고유벡터 $\boldsymbol{v}_1=(v_{11}, v_{21})', \boldsymbol{v}_2=(v_{12}, v_{22})'$를 열벡터로 하는 직교행렬이라고 하면 스펙트럼분해에 의해서

$$X'X = VDV' \quad \text{혹은} \quad V'X'XV = D$$

로 표현된다. 이때 새로운 $n\times2$ 행렬을

$$Y=(\boldsymbol{y}_1, \boldsymbol{y}_2)=XV=X(\boldsymbol{v}_1, \boldsymbol{v}_2)=(X\boldsymbol{v}_1, X\boldsymbol{v}_2)$$

로 정의하면 Y의 열벡터들은 다음과 같이 X의 열벡터들의 선형결합으로 표현된다.

$$\boldsymbol{y}_1 = X\boldsymbol{v}_1 = \boldsymbol{x}_1 v_{11} + \boldsymbol{x}_2 v_{21}, \qquad \boldsymbol{y}_2 = X\boldsymbol{v}_2 = \boldsymbol{x}_1 v_{12} + \boldsymbol{x}_2 v_{22}$$

또한

$$Y'Y = V'X'XV = D$$

이므로 다음을 만족한다.

$$\boldsymbol{y}_i'\boldsymbol{y}_i = \lambda_i, \quad i=1,2 \qquad \boldsymbol{y}_1'\boldsymbol{y}_2 = 0$$

즉, Y의 열벡터들은 선형독립이고, i 번째 열벡터의 길이는 $X'X$의 i 번째 고유값의 제곱근이다.

예제 5.23

다음 두 개의 벡터를 열벡터로 하는 행렬 X가 있을 때,

$$\boldsymbol{x}_1 = (2,1,-1,1,-1,-2)' \qquad \boldsymbol{x}_2 = (2,1,1,-1,-1,-2)'$$

$X'X$의 고유값으로 이루어진 대각행렬 D와 정규직교 고유벡터로 이루어진 행렬 V를 구하고, $Y=XV$의 열벡터를 구하라.

풀이 우선 $X'X = \begin{pmatrix} 12 & 8 \\ 8 & 12 \end{pmatrix}$이므로, $\det(X'X - \lambda I) = (12-\lambda)^2 - 64 = 0$으로부터 2개의 고유값은

$$\lambda_1 = 20, \quad \lambda_2 = 4$$

이다. $\lambda_1 = 20$에 대응하는 정규직교 고유벡터 $\boldsymbol{v}_1$와 $\lambda_2 = 4$에 대응하는 정규직교 고유벡터 $\boldsymbol{v}_2$는

$$X'X\boldsymbol{v}_1 - 20I\boldsymbol{v}_1 = \begin{pmatrix} -8 & 8 \\ 8 & -8 \end{pmatrix}\begin{pmatrix} v_{11} \\ v_{21} \end{pmatrix} = \boldsymbol{0}, \qquad X'X\boldsymbol{v}_2 - 4I\boldsymbol{v}_2 = \begin{pmatrix} 8 & 8 \\ 8 & 8 \end{pmatrix}\begin{pmatrix} v_{12} \\ v_{22} \end{pmatrix} = \boldsymbol{0}$$

을 만족해야 하므로

$$\boldsymbol{v}_1 = (1/\sqrt{2},\ 1/\sqrt{2})', \qquad \boldsymbol{v}_2 = (1/\sqrt{2},\ -1/\sqrt{2})'$$

이다. 이로부터 Y의 열벡터를 구하면 다음과 같다.

$$\boldsymbol{y}_1 = (1/\sqrt{2})(\boldsymbol{x}_1 + \boldsymbol{x}_2) = (2\sqrt{2}, \sqrt{2}, 0, 0, -\sqrt{2}, -2\sqrt{2})'$$
$$\boldsymbol{y}_2 = (1/\sqrt{2})(\boldsymbol{x}_1 - \boldsymbol{x}_2) = (0, 0, -\sqrt{2}, \sqrt{2}, 0, 0)'$$

여기서 $\boldsymbol{y}_1'\boldsymbol{y}_1 = 20 = \lambda_1$, $\boldsymbol{y}_2'\boldsymbol{y}_2 = 4 = \lambda_2$를 확인할 수 있다.

스펙트럼분해 정리를 이용하면 다음의 **이차최적화**(quadratic optimization) 정리를 쉽게 보일 수 있다.

■ 이차최적화 정리

대칭행렬 $A\ (m \times m)$의 고유값을 $\lambda_1 \geq \lambda_2 \geq \cdots \geq \lambda_m$, 이에 대응하는 정규직교 고유벡터를 $\boldsymbol{v}_1, \ldots, \boldsymbol{v}_m$라 할 때,

$$\max_{\|\boldsymbol{x}\|=1} \boldsymbol{x}'A\boldsymbol{x} = \boldsymbol{v}_1'A\boldsymbol{v}_1 = \lambda_1$$
$$\min_{\|\boldsymbol{x}\|=1} \boldsymbol{x}'A\boldsymbol{x} = \boldsymbol{v}_m'A\boldsymbol{v}_m = \lambda_m$$

이 성립한다.

확률벡터 $\boldsymbol{X} = (X_1, ..., X_k)'$의 분산이 Σ일 때 확률변수 $Y = \boldsymbol{b}'\boldsymbol{X}$의 분산은 $\boldsymbol{b}'\Sigma\boldsymbol{b}$임이 알려져 있다. 이때 Y의 분산을 최대로 하는 정규직교 벡터 $\boldsymbol{b}$는 위의 이차최적화 정리에 의하면 Σ의 최대고유값 λ_1에 해당하는 정규직교 고유벡터 $\boldsymbol{v}_1$이 된다. 이러한 선형결합 $\boldsymbol{v}_1'\boldsymbol{X}$를 확률변수 X_1, ..., X_k들의 제1주성분(first principal component)이라고 한다.

행렬 A의 열벡터들이 서로 독립일 때 적용할 수 있는 분해방법으로 **QR분해**가 있다. 계수가 n인 $m \times n (m \geq n)$ 행렬 A의 i번째 열벡터를 $\boldsymbol{a}_i$라 하면 $A = (\boldsymbol{a}_1, \ ..., \boldsymbol{a}_n)$이고, 그람-슈미트 정규직교화 과정을 통해서 다음과 같이 직교벡터를 얻을 수 있다.

$$\begin{cases} \boldsymbol{b}_1 = \boldsymbol{a}_1 \\ \boldsymbol{b}_2 = \boldsymbol{a}_2 - x_{12}\boldsymbol{b}_1 \\ \quad \vdots \\ \boldsymbol{b}_j = \boldsymbol{a}_j - (x_{1j}\boldsymbol{b}_1 + x_{2j}\boldsymbol{b}_2 + \cdots + x_{j-1,\,j}\boldsymbol{b}_{j-1}) \\ \quad \vdots \\ \boldsymbol{b}_n = \boldsymbol{a}_n - (x_{1n}\boldsymbol{b}_1 + x_{2n}\boldsymbol{b}_2 + \cdots + x_{n-1,\,n}\boldsymbol{b}_{n-1}) \end{cases}$$

여기서 $x_{ij} = \dfrac{\boldsymbol{b}_i\boldsymbol{a}_j}{\|\boldsymbol{b}_i\|^2}$이다. 이 식의 표현을 바꾸면

$$\begin{cases} \boldsymbol{a}_1 = \boldsymbol{b}_1 \\ \boldsymbol{a}_2 = \boldsymbol{b}_2 + x_{12}\boldsymbol{b}_1 \\ \quad \vdots \\ \boldsymbol{a}_j = \boldsymbol{b}_j + (x_{1j}\boldsymbol{b}_1 + x_{2j}\boldsymbol{b}_2 + \cdots + x_{j-1,\,j}\boldsymbol{b}_{j-1}) \\ \quad \vdots \\ \boldsymbol{a}_n = \boldsymbol{b}_n + (x_{1n}\boldsymbol{b}_1 + x_{2n}\boldsymbol{b}_2 + \cdots + x_{n-1,\,n}\boldsymbol{b}_{n-1}) \end{cases}$$

이다. 이때 직교벡터 $\boldsymbol{b}_i$로 이루어진 행렬을 B, 즉 $B = (\boldsymbol{b}_1, \ ..., \boldsymbol{b}_n)$라 하고, X를 다음과 같이 정의하면

$$X = \begin{pmatrix} 1 & x_{12} & x_{13} & \cdots & x_{1,n-1} & x_{1,n} \\ 0 & 1 & x_{23} & \cdots & x_{2,n-1} & x_{2,n} \\ \vdots & \vdots & \vdots & \ddots & \vdots & \vdots \\ 0 & 0 & 0 & \cdots & 1 & x_{n-1,n} \\ 0 & 0 & 0 & \cdots & 0 & 1 \end{pmatrix}$$

위 식은 $A = BX$로 표현됨을 알 수 있다. 행렬 B의 열벡터들을 정규화하려면 길이의 역수를 대각원소로 갖는 대각행렬 $D = diag\left(\dfrac{1}{\|\boldsymbol{b}_1\|}, \ ..., \dfrac{1}{\|\boldsymbol{b}_n\|}\right)$를 곱해주면 된다.

즉, $Q = BD$라 하면 Q는 B의 정규화된 형태로 정규직교행렬이 된다. 따라서 $R = D^{-1}X$라 하면

$$A = BX = BDD^{-1}X = QR$$

로 A를 분해할 수 있다. 이때 R은 X와 마찬가지로 양수를 대각원소로 갖는 위삼각행렬이다.

통계학에서 QR 분해를 이용한다면 회귀모형에서 다음과 같이 표현할 수 있다. 즉, $Y = X\beta + \epsilon$에서 오차항의 정규분포가정에 의하면 $Y \sim N(X\beta, \sigma^2 I)$가 되고 행렬 X를 QR 분해하여 $X = QR$로 하고 $R\beta = \gamma$로 놓으면

$$Y \sim N(Q\gamma, \sigma^2 I)$$

가 되며 최소제곱추정량은

$$\hat{\gamma} = (Q'Q)^{-1}Q'Y = Q'Y$$

가 되어 역행렬을 구할 필요가 없다. 원하는 모수 β의 추정량은 $\hat{\beta} = R^{-1}Q'Y$로 구하게 된다. 이때 보통 R은 위삼각행렬로 표현할 수 있으므로 손쉽게 구할 수 있다.

선형 최소제곱의 문제는 $m \times n\,(m \geq n)$ 행렬 A와 $\boldsymbol{b}\,(m \times 1)$가 주어졌을 때 $\|A\boldsymbol{x} - \boldsymbol{b}\|$를 최소로 하는 $\boldsymbol{x}\,(n \times 1)$를 구하는 것이다. 만일 $m > n$이면 미지수의 수보다 방정식의 수가 많으므로 $A\boldsymbol{x} = \boldsymbol{b}$를 정확하게 만족하는 $\boldsymbol{x}\,(n \times 1)$는 일반적으로 존재하지 않는다. 이러한 문제를 해결하는 방법으로는 보통 다음의 세 가지 방법이 사용된다.

1. 정규방정식(Normal Equation)
2. QR분해
3. 특이값분해(SVD)

일반적으로 첫 번째 방법이 가장 빠르나 정확성이 제일 떨어지며 세 번째 방법이 가장 시간이 많이 걸리나 가장 정확한 결과를 준다고 알려져 있다. 다음의 방정식에 각각의 방법을 구현하여 보도록 하자.

$$A\boldsymbol{x} = \boldsymbol{b}$$

1. 정규방정식

정규방정식은 $A'A\boldsymbol{x} = A'\boldsymbol{b}$로 주어지며 $A'A$의 역행렬이 존재하면

$$\boldsymbol{x} = (A'A)^{-1}A'\boldsymbol{b}$$

로 주어진다.

2. QR 분해

주어진 행렬을 $A = QR$로 분해하면 $QR\boldsymbol{x} = \boldsymbol{b}$로부터 원하는 식은

$$\boldsymbol{x} = R^{-1}Q'\boldsymbol{b}$$

이 된다.

3. 특이값 분해(SVD)

주어진 행렬을 $A = UDV'$로 분해하면 원하는 식은

$$\boldsymbol{x} = VD^{-1}U'\boldsymbol{b}$$

이 된다.

예제 5.24

예제 5.9의 결과를 이용하여 다음과 같이 예제 5.2에 주어진 벡터 중 $\{\boldsymbol{x}_2, \boldsymbol{x}_3, \boldsymbol{x}_5, \boldsymbol{x}_6\}$로 이루어진 행렬 A의 QR 분해를 구하라.

$$A = (\boldsymbol{x}_2, \boldsymbol{x}_3, \boldsymbol{x}_5, \boldsymbol{x}_6) = (\boldsymbol{a}_1, \boldsymbol{a}_2, \boldsymbol{a}_3, \boldsymbol{a}_4)$$

풀이 예제 5.9의 풀이과정에서 얻어진 바와 같이 $B = (\boldsymbol{y}_1, \boldsymbol{y}_2, \boldsymbol{y}_3, \boldsymbol{y}_4)$이고,

$$D = diag\left(\frac{1}{\|\boldsymbol{y}_1\|}, \frac{1}{\|\boldsymbol{y}_2\|}, \frac{1}{\|\boldsymbol{y}_3\|}, \frac{1}{\|\boldsymbol{y}_4\|}\right) = diag\left(\frac{1}{2}, \frac{1}{\sqrt{2}}, 1, \sqrt{2}\right)$$

이다. 따라서 Q는 다음과 같이 예제 5.9에서 구한 정규직교기저를 열벡터로 하는 행렬이다.

$$q_1 = \begin{pmatrix} 1/2 \\ 1/2 \\ 1/2 \\ 1/2 \\ 0 \\ 0 \end{pmatrix}, \quad q_2 = \begin{pmatrix} 0 \\ 0 \\ 0 \\ 0 \\ 1/\sqrt{2} \\ 1/\sqrt{2} \end{pmatrix}, \quad q_3 = \begin{pmatrix} -1/2 \\ -1/2 \\ 1/2 \\ 1/2 \\ 0 \\ 0 \end{pmatrix}, \quad q_4 = \begin{pmatrix} 0 \\ 0 \\ 1/\sqrt{2} \\ -1/\sqrt{2} \\ 0 \\ 0 \end{pmatrix}$$

위삼각행렬 X의 (1,2)번째 원소를 구해 보면,

$$x_{12} = \frac{\boldsymbol{a}_2{}'\boldsymbol{y}_1}{\|\boldsymbol{y}_1\|^2} = \frac{\boldsymbol{x}_3{}'\boldsymbol{y}_1}{\|\boldsymbol{y}_1\|^2} = \frac{0}{4}$$

이고, 마찬가지 방법으로 다음과 같이 다른 원소들도 구할 수 있다.

$$x_{13} = \frac{2}{4} = \frac{1}{2}, \quad x_{14} = \frac{3}{4}, \quad x_{23} = \frac{0}{2} = 0, \quad x_{24} = \frac{0}{2}, \quad x_{34} = -\frac{1}{2}$$

따라서 QR 분해의 R은 다음과 같이 얻을 수 있다.

$$R - D^{-1}X = \begin{pmatrix} 2 & 0 & 0 & 0 \\ 0 & \sqrt{2} & 0 & 0 \\ 0 & 0 & 1 & 0 \\ 0 & 0 & 0 & \frac{1}{\sqrt{2}} \end{pmatrix} \begin{pmatrix} 1 & 0 & \frac{1}{2} & \frac{3}{4} \\ 0 & 1 & 0 & 0 \\ 0 & 0 & 1 & -\frac{1}{2} \\ 0 & 0 & 0 & 1 \end{pmatrix} = \begin{pmatrix} 2 & 0 & 1 & \frac{3}{2} \\ 0 & \sqrt{2} & 0 & 0 \\ 0 & 0 & 1 & -\frac{1}{2} \\ 0 & 0 & 0 & \frac{1}{\sqrt{2}} \end{pmatrix}$$

이 장에서 마지막으로 다루려고 하는 것은 일반화역행렬에 대한 것이다. **일반화역행렬**(generalized inverse matrix)은 다음에 정의한 바와 같이 역행렬을 정의할 수 없는 행렬에 대하여 역행렬이 가지고 있는 비슷한 특성을 가지는 행렬을 정의한 것이다.

■ **일반화역행렬**

$m \times n$ 행렬 A에 대하여 다음을 만족하는 $n \times m$ 행렬 G를 A의 일반화역행렬이라고 한다.

$$AGA = A$$

행렬 A가 정칙행렬일 때, A의 일반화역행렬은 A^{-1}이다. 또한 계수가 r인 $m \times n$ 행렬 A에 대한 일반화역행렬은 다음과 같이 구할 수 있다. A에 대하여 특이값분해를 이용하면

$$A = UDV' = U_1 \Delta V_1'$$

로 표현된다. 이때 Δ는 $r \times r$ 대각행렬, U_1은 정규직교 열벡터를 가지는 $m \times r$ 행렬이고, V_1은 정규직교 열벡터를 가지는 $n \times r$ 행렬이다. 따라서 $U_1' U_1$과 $V_1' V_1$은 계수가 r인 항등행렬이다. 행렬 A^+를 $A^+ = V_1 \Delta^{-1} U_1'$로 정의하면

$$AA^+A = U_1 \Delta V_1' V_1' \Delta^{-1} U_1' U_1 \Delta V_1' = U_1 \Delta V_1' = A$$

이 성립하므로 A^+는 A의 일반화역행렬이다. 이와 같은 일반화역행렬 A^+를 무어-펜로즈 역행렬(Moore-Penrose inverse matrix)이라고 한다. 무어-펜로즈 역행렬의 특성을 정리하면 다음과 같다.

■ 무어-펜로즈 역행렬의 특성

(i) $AA^+A = A$

(ii) $A^+AA^+ = A^+$

(iii) AA^+와 A^+A는 대칭행렬이다.

위 특성의 증명은 $U_1' U_1$과 $V_1' V_1$가 항등행렬이라는 사실로부터 쉽게 얻을 수 있다.

예제 5.25

예제 5.21의 행렬 A에 대하여 무어-펜로즈 역행렬을 구하라.

풀이 예제 5.21의 결과를 이용하면 행렬 A는 다음과 같이 표현된다.

$$A = U_1 \Delta V_1' = \begin{pmatrix} \frac{1}{\sqrt{14}} & \frac{1}{2} \\ \frac{2}{\sqrt{14}} & \frac{1}{2} \\ -\frac{3}{\sqrt{14}} & \frac{1}{2} \\ 0 & \frac{1}{2} \end{pmatrix} \begin{pmatrix} \sqrt{28} & 0 \\ 0 & \sqrt{12} \end{pmatrix} \begin{pmatrix} \frac{1}{\sqrt{2}} & -\frac{1}{\sqrt{2}} & 0 \\ \frac{1}{\sqrt{3}} & \frac{1}{\sqrt{3}} & \frac{1}{\sqrt{3}} \end{pmatrix}$$

따라서 무어-펜로즈 역행렬은 Δ 자리에 Δ^{-1}를 대입해서 다음과 같이 구할 수 있다.

$$\begin{aligned} A^+ &= V_1 \Delta^{-1} U_1' \\ &= \begin{pmatrix} \frac{1}{\sqrt{2}} & \frac{1}{\sqrt{3}} \\ -\frac{1}{\sqrt{2}} & \frac{1}{\sqrt{3}} \\ 0 & \frac{1}{\sqrt{3}} \end{pmatrix} \begin{pmatrix} \frac{1}{\sqrt{28}} & 0 \\ 0 & \frac{1}{\sqrt{12}} \end{pmatrix} \begin{pmatrix} \frac{1}{\sqrt{14}} & \frac{2}{\sqrt{14}} & -\frac{3}{\sqrt{14}} & 0 \\ \frac{1}{2} & \frac{1}{2} & \frac{1}{2} & \frac{1}{2} \end{pmatrix} \\ &= \begin{pmatrix} \frac{1}{\sqrt{2}} & \frac{1}{\sqrt{3}} \\ -\frac{1}{\sqrt{2}} & \frac{1}{\sqrt{3}} \\ 0 & \frac{1}{\sqrt{3}} \end{pmatrix} \begin{pmatrix} \frac{1}{14\sqrt{2}} & \frac{2}{14\sqrt{2}} & -\frac{3}{14\sqrt{2}} & 0 \\ \frac{1}{4\sqrt{3}} & \frac{1}{4\sqrt{3}} & \frac{1}{4\sqrt{3}} & \frac{1}{4\sqrt{3}} \end{pmatrix} \\ &= \begin{pmatrix} \frac{5}{42} & \frac{13}{84} & -\frac{1}{42} & \frac{1}{12} \\ \frac{1}{21} & \frac{1}{84} & \frac{4}{21} & \frac{1}{12} \\ \frac{1}{12} & \frac{1}{12} & \frac{1}{12} & \frac{1}{12} \end{pmatrix} \end{aligned}$$

회귀분석에서 정규방정식 $X'X\beta = X'Y$에서 $X'X$가 정칙행렬일 때

$$X^+ = (X'X)^{-1}X'$$

는 행렬 X의 무어-펜로즈 역행렬이 된다.

특이값행렬 분해에서 $X = UDV'$라고 할 때

$$X^+ = VD^{-1}U'$$

이 행렬 X의 무어-펜로즈 역행렬이 된다.

5.5 R-프로그램을 이용한 예제

4장에서 소개한 R-프로그램을 이용하여 정사각행렬의 고유값과 고유벡터를 구할 수 있고, 이를 활용하여 여러 가지 계산을 할 수 있다.

먼저 예제 5.18에서 주어진 행렬에 대한 고유값과 고유벡터는 구하는 방법은 다음과 같다.

```
> A = matrix(c(5,-3,3,4,-2,3,4,-4,5), ncol=3, byrow=TRUE)
> eigen(A)
$values
[1] 5 2 1

$vectors
          [,1]          [,2]          [,3]
[1,] 0.5773503 -7.071068e-01  6.009258e-18
[2,] 0.5773503 -7.071068e-01 -7.071068e-01
[3,] 0.5773503  3.569871e-16 -7.071068e-01
```

위에서 'eigen(A)'는 행렬 A의 고유값과 고유벡터를 구하는 명령어이다. 먼저 고유값은 '$values'에 나타나 있다. 즉 행렬 A의 고유값은 5, 2, 1임을 알 수 있다. 고유값에 대응하는 고유벡터는 '$vectors'에서 알 수 있다. 즉 고유값 5에 대한 고유벡터는 $(0.577, 0.577, 0.577)'$임을 알 수 있으며, 나머지 두 열벡터는 차례대로 고유값 2와 1에 대한 고유벡터이다.

R-프로그램을 이용하여 행렬에 대한 특이값분해를 구할 수 있다. 예제 5.21에서 주어진 행렬에 대한 특이값분해를 구하는 방법은 다음과 같다.

```
> A = matrix(c(2,0,1,3,-1,1,-2,4,1,1,1,1), nrow=4, byrow=TRUE)
> svd(A)
$d
[1] 5.291503e+00 3.464102e+00 5.378122e-16

$u
              [,1] [,2]       [,3]
[1,] -2.672612e-01 -0.5 -0.6934423
[2,] -5.345225e-01 -0.5  0.6641575
[3,]  8.017837e-01 -0.5  0.2116243
```

```
[4,]  1.746108e-16  -0.5  -0.1823395
$v
                [,1]          [,2]          [,3]
[1,] -7.071068e-01  -0.5773503  -0.4082483
[2,]  7.071068e-01  -0.5773503  -0.4082483
[3,]  2.041824e-16  -0.5773503   0.8164966
> svd(A)$u %*% diag(svd(A)$d) %*% t(svd(A)$v)
      [,1]           [,2]  [,3]
[1,]    2  -6.343358e-16    1
[2,]    3  -1.000000e+00    1
[3,]   -2   4.000000e+00    1
[4,]    1   1.000000e+00    1
```

R-프로그램에서 행렬 A의 특이값분해를 구하는 명령어는 'svd'이다. 위의 결과에서 '$d'의 값은 특이값분해인 $A = UDV'$에서 대각행렬 D의 원소 값이다. 예제 5.21의 결과와 비교하면 5.292, 3.464는 각각 $\sqrt{28}$, $\sqrt{12}$와 같은 값이다. 세 번째 값인 5.378×10^{-16}은 정확한 값은 0이지만 컴퓨터 계산상의 한계에 기인한 값이다. 한편 '$u'와 '$v'는 행렬 U와 V를 나타낸다. 예제 5.21의 결과와 다른 한 가지는 행렬 U와 V의 부호가 바뀌었다는 점이다. 이는 $A = UDV' = (-U)D(-V)'$로 분해할 수도 있음을 이해하면 된다. 위의 결과에서 나타난 것과 같이 $A = UDV'$임을 확인할 수 있다.

대칭행렬에 대한 스펙트럼분해도 같은 함수인 'svd'를 이용하여 구할 수 있다. 다음은 예제 5.22에서 주어진 대칭행렬에 대한 스펙트럼분해를 구하는 방법이다.

```
> A = matrix(c(13,-4,2,-4,13,-2,2,-2,10), nrow=3, byrow=TRUE)
> svd(A)
$d
[1] 18  9  9
$u
              [,1]            [,2]          [,3]
[1,]  -0.6666667   1.615037e-17  -0.7453560
[2,]   0.6666667   4.472136e-01  -0.5962848
[3,]  -0.3333333   8.944272e-01   0.2981424

$v
              [,1]          [,2]          [,3]
[1,]  -0.6666667   0.0000000   -0.7453560
[2,]   0.6666667   0.4472136   -0.5962848
[3,]  -0.3333333   0.8944272    0.2981424
```

행렬의 각 열벡터가 서로 독립일 때 적용할 수 있는 분해방법인 QR분해도 R-프로그램을 이용하여 구할 수 있다. 예제 5.24에 주어진 행렬에 대한 QR분해를 구하는 방법은 다음과 같다.

```
> a = c(1,1,1,1,0,0, 0,0,0,0,1,1, 0,0,1,1,0,0, 1,1,1,0,0,0)
> A = matrix(a, ncol=4, byrow=FALSE)
> qrstr = qr(A)
> Q = qr.Q(qrstr)
> R = qr.R(qrstr)
> Q
     [,1]       [,2]          [,3]          [,4]
[1,] -0.5  0.0000000  5.000000e-01  7.125919e-17
[2,] -0.5  0.0000000  5.000000e-01 -7.756117e-18
[3,] -0.5  0.0000000 -5.000000e-01  7.071068e-01
[4,] -0.5  0.0000000 -5.000000e-01 -7.071068e-01
[5,]  0.0 -0.7071068  3.317659e-17 -2.782066e-33
[6,]  0.0 -0.7071068  3.317659e-17 -2.782066e-33
> R
     [,1]      [,2] [,3]       [,4]
[1,]   -2  0.000000   -1 -1.5000000
[2,]    0 -1.414214    0  0.0000000
[3,]    0  0.000000   -1  0.5000000
[4,]    0  0.000000    0  0.7071068
> Q %*% R
     [,1] [,2]          [,3]          [,4]
[1,]    1    0  1.110223e-16  1.000000e+00
[2,]    1    0  5.551115e-17  1.000000e+00
[3,]    1    0  1.000000e+00  1.000000e+00
[4,]    1    0  1.000000e+00  1.013729e-17
[5,]    0    1 -3.317659e-17  1.658829e-17
[6,]    0    1 -3.317659e-17  1.658829e-17
```

R-프로그램에서 QR분해를 하는 기본적인 함수는 'qr'이다. 행렬 Q와 R은 'qr'을 통해 얻을 결과를 함수 'qr.Q'와 'qr.R'에 적용하여 구할 수 있다. 위의 결과도 예제 5.24의 결과와 비교하면 행렬 Q와 R의 부호는 바뀌었음을 알 수 있다. 이렇게 구한 Q와 R에 대하여 $A = QR$임을 확인할 수 있다.

한편 일반화역행렬인 무어-펜로즈 역행렬을 구하기 위해서는 R-프로그램에 추가로 설치할 수 있는 MASS 패키지를 설치하면 편리하다. 예제 5.25에서 주어진 행렬에 대한 무어-펜로즈 역행렬을 구하는 방법은 다음과 같다.

```
> library(MASS)
> A = matrix(c(2,0,1,3,-1,1,-2,4,1,1,1,1), nrow=4, byrow=TRUE)
> ginv(A)
           [,1]       [,2]        [,3]       [,4]
[1,] 0.11904762 0.15476190 -0.02380952 0.08333333
[2,] 0.04761905 0.01190476  0.19047619 0.08333333
[3,] 0.08333333 0.08333333  0.08333333 0.08333333
```

먼저 MASS 패키지를 설치한 후에 명령어 'library(MASS)'를 사용하여 이 패키지를 불러와야 한다. 그 이후 함수 'ginv'를 이용하면 무어-펜로즈 역행렬을 구할 수 있다.

예제 5.26

R-프로그램을 이용하여 행렬 $A=\begin{pmatrix} 14 & 5 & 27 & 19 \\ 5 & 9 & 10 & 5 \\ 27 & 10 & 61 & 32 \\ 19 & 5 & 32 & 29 \end{pmatrix}$의 고유값과 고유벡터를 구하라.

풀이 행렬 A의 고유값과 고유벡터를 구하는 R-프로그램은 다음과 같다.

```
> a = c(14,5,27,19,5,9,10,5,27,10,61,32,19,5,32,29)
> A = matrix(a, ncol=4, byrow=TRUE)
> eigen(A)
$values
[1] 96.01721968  9.96151173  6.96119246  0.06007613

$vectors
          [,1]       [,2]       [,3]        [,4]
[1,] 0.3766474  0.1660393 -0.0885855  0.90703929
[2,] 0.1387626 -0.3520317 -0.9218968 -0.08321597
[3,] 0.7754478 -0.5027811  0.3265883 -0.19807080
[4,] 0.4874037  0.7718263 -0.1886770 -0.36210880
```

위의 행렬 A에 대한 결과로부터 고유값은 96.017, 9.962, 6.961, 0.060이며 각 고유값에 대한 고유벡터는 차례대로

$$(0.377, 0.139, 0.775, 0.487)', \quad (0.166, -0.352, -0.503, 0.772)',$$
$$(-0.089, -0.922, 0.327, -0.189)', \quad (0.907, -0.083, -0.198, -0.362)'$$

이다.

예제 5.27

R-프로그램을 이용하여 행렬 $A = \begin{pmatrix} 3 & 2 & 1 & 6 \\ 2 & 3 & 2 & 7 \\ 1 & 2 & 2 & 5 \\ 6 & 7 & 5 & 18 \end{pmatrix}$에 대한 스펙트럼분해와 무어-펜로즈 역행렬을 구하라.

풀이 행렬 A의 스펙트럼분해와 무어-펜로즈 역행렬을 구하는 R-프로그램은 다음과 같다.

```
> a = c(3,2,1,6,2,3,2,7,1,2,2,5,6,7,5,18)
> A = matrix(a, ncol=4, byrow=TRUE)
> svd(A)
$d
[1] 2.411295e+01 1.570088e+00 3.169617e-01 1.933984e-16

$u
           [,1]       [,2]        [,3] [,4]
[1,] -0.2887062  0.7883703 -0.21241700 -0.5
[2,] -0.3364195 -0.2348131  0.76268258 -0.5
[3,] -0.2388351 -0.5684310 -0.60814795 -0.5
[4,] -0.8639609 -0.0148738 -0.05788238  0.5

$v
           [,1]       [,2]        [,3] [,4]
[1,] -0.2887062  0.7883703 -0.21241700  0.5
[2,] -0.3364195 -0.2348131  0.76268258  0.5
[3,] -0.2388351 -0.5684310 -0.60814795  0.5
[4,] -0.8639609 -0.0148738 -0.05788238 -0.5

> library(MASS)
> ginv(A)
            [,1]   [,2]   [,3]        [,4]
[1,]  0.54166667 -0.625  0.125  0.04166667
[2,] -0.62500000  1.875 -1.375 -0.12500000
[3,]  0.12500000 -1.375  1.375  0.12500000
[4,]  0.04166667 -0.125  0.125  0.04166667
```

위의 결과로부터 행렬 A의 스펙트럼분해 $A = VDV'$에서 D와 V는 각각 다음과 같다.

$$D=\begin{pmatrix}24.113 & 0 & 0 & 0\\ 0 & 1.570 & 0 & 0\\ 0 & 0 & 0.317 & 0\\ 0 & 0 & 0 & 0\end{pmatrix},\quad V=\begin{pmatrix}-0.289 & 0.788 & -0.212 & 0.5\\ -0.336 & -0.235 & 0.763 & 0.5\\ -0.239 & -0.568 & -0.608 & 0.5\\ -0.864 & -0.015 & -0.058 & -0.5\end{pmatrix}$$

행렬 A의 무어-펜로즈 역행렬 A^+은 위의 결과에서 ginv(A)에 주어진 결과와 같다.

5.6 연습문제

5.1 S가 벡터공간이고 $\boldsymbol{x}\in S$, $\boldsymbol{y}\in S$일 때, $\alpha\boldsymbol{x}+\beta\boldsymbol{y}\in S$임을 보여라. 단, α와 β는 실수이다.

5.2 벡터들로 이루어진 다음의 집합이 벡터공간을 이루는지 판단하라.

(1) $S_1=\{(a,\ 2a)' :\ -\infty<a<\infty\}$

(2) $S_2=\{(a,\ a+1)' :\ -\infty<a<\infty\}$

(3) $S_3=\{(a,\ b)' :\ -\infty<a<\infty,\ -\infty<b<\infty\}$

5.3 S는 $\mathbb{R}^n$의 벡터 부분공간이다. T를 다음과 같은 조건을 만족하는 벡터들의 모임이라고 할 때,

$$T=\{\boldsymbol{x}\in\mathbb{R}^n\,|\,S\text{에 속하는 모든 벡터 }\boldsymbol{y}\text{에 대하여 }\boldsymbol{x}\circ\boldsymbol{y}=0\}$$

T는 벡터공간임을 증명하라.

5.4 두 벡터 $\boldsymbol{x}_1=\begin{pmatrix}2\\1\end{pmatrix}$, $\boldsymbol{x}_2=\begin{pmatrix}-1\\1\end{pmatrix}$에 대하여 다음 물음에 답하라.

(1) $S=\{\alpha_1\boldsymbol{x}_1+\alpha_2\boldsymbol{x}_2\,|-\infty<\alpha_1<\infty,\ -\infty<\alpha_2<\infty\}$는 벡터공간임을 보여라.

(2) 그람-슈미트 정규직교화를 이용하여 S의 정규직교기저를 구하라.

5.5 다음 각 경우에 세 벡터 $\boldsymbol{x}_1$, $\boldsymbol{x}_2$, $\boldsymbol{x}_3$가 선형독립인지 판단하라.

(1) $\boldsymbol{x}_1 = \begin{pmatrix} 1 \\ 2 \\ 3 \end{pmatrix}, \quad \boldsymbol{x}_2 = \begin{pmatrix} 2 \\ 1 \\ 0 \end{pmatrix}, \quad \boldsymbol{x}_3 = \begin{pmatrix} 6 \\ 6 \\ 6 \end{pmatrix}$

(2) $\boldsymbol{x}_1 = \begin{pmatrix} 1 \\ 2 \\ 3 \end{pmatrix}, \quad \boldsymbol{x}_2 = \begin{pmatrix} 2 \\ 1 \\ 3 \end{pmatrix}, \quad \boldsymbol{x}_3 = \begin{pmatrix} 6 \\ 6 \\ 5 \end{pmatrix}$

5.6 다음의 옳고 그름을 확인하라.

(1) $H = \{(x,\ 0,\ z)' : x, z \in \mathbb{R}\}$는 $\mathbb{R}^3$의 부분공간

(2) $H = \{(x,\ x+1)' : x \in \mathbb{R}\}$는 $\mathbb{R}^2$의 부분공간

(3) $H = \{(a+2b,\ 2a-3b)' : a, b \in \mathbb{R}\}$는 $\mathbb{R}^2$의 부분공간

(4) $H = \{(a, a+1,\ a+2b)' : a, b \in \mathbb{R}\}$는 $\mathbb{R}^3$의 부분공간

5.7 집합 $S = \{(x,\ y,\ z)' : x+y+z=0\}$에서 $\{(0,\ 1,\ -1)', (-1,\ 0,\ 1)', (1,\ -1,\ 0)\}$이 S의 생성집합임을 보여라.

5.8 다음 벡터집합 $S = \{(2,\ 1\ -2)', (-2,\ -1,\ 2)', (4,\ 2,\ -4)'\}$은 $\mathbb{R}^3$의 생성집합인가?

5.9 다음 행렬들의 계수를 구하라.

(1) $A = \begin{pmatrix} 3 & 2 & 2 \\ 1 & 2 & -1 \\ 2 & -1 & 3 \end{pmatrix}$ (2) $B = \begin{pmatrix} 3 & 2 & 1 \\ 1 & 2 & -1 \\ 2 & -1 & 3 \end{pmatrix}$ (3) $C = \left(I_n - \frac{1}{n}\mathbf{1}\mathbf{1}'\right)$

5.10 다음 부분공간의 기저와 차원을 구하라.

$$W = \left\{ \begin{pmatrix} a+b+2c \\ 2a+2b+4c+d \\ b+c+d \\ 3a+3c+d \end{pmatrix} : a, b, c, d \in \mathbb{R} \right\}$$

5.11 다음 집합 $S = \{(-1,\ 2,\ 5,\ 0)', (3,\ 0,\ 1,\ -2)', (-5,\ 4,\ 9,\ 2)'\}$에서 생성된 $\mathbb{R}^4$의 부분공간 W의 차원을 구하라.

5.12 $\mathbb{R}^3$의 기저가 다음의 세 벡터로 이루어졌다고 할 때,

$$\boldsymbol{x}_1 = (1,\ 1,\ 0)', \quad \boldsymbol{x}_2 = (0,\ 1,\ 1)', \quad \boldsymbol{x}_3 = (1,\ 1,\ 1)'$$

이 기저에 대한 $(1,\ 2,\ 3)'$의 좌표를 구하라.

5.13 다음 벡터 $\boldsymbol{w} = \begin{pmatrix} 2 \\ -3 \end{pmatrix}$를 기저 $\{\boldsymbol{v}_1, \boldsymbol{v}_2\} = \left\{\begin{pmatrix} 1/\sqrt{2} \\ 1/\sqrt{2} \end{pmatrix}, \begin{pmatrix} 1/\sqrt{2} \\ -1/\sqrt{2} \end{pmatrix}\right\}$에서의 좌표를 구하라.

5.14 $\mathbb{R}^3$의 기저가 다음의 세 벡터로 이루어졌다고 할 때,

$$\boldsymbol{x}_1 = (0,\ 1,\ 2)', \ \boldsymbol{x}_2 = (2,\ 4,\ 5)', \ \boldsymbol{x}_3 = (1,\ 2,\ 3)'$$

그람슈미트 정규직교화과정을 따라 정규직교기저를 구하라.

5.15 다음의 생성집합으로 만들어지는 $\mathbb{R}^3$의 벡터 부분공간의 정규직교기저를 구하고 이 기저를 $\mathbb{R}^3$의 정규직교기저로 확장하라.

$$S = \left\{\begin{pmatrix} 1 \\ 2 \\ 2 \end{pmatrix}, \begin{pmatrix} 1 \\ 0 \\ 2 \end{pmatrix}\right\} = \{\boldsymbol{x}_1,\ \boldsymbol{x}_2\}$$

5.16 다음의 생성집합으로 만들어지는 $\mathbb{R}^4$의 벡터 부분공간의 정규직교기저를 구하라.

$$S = \left\{\begin{pmatrix} 1 \\ 1 \\ 1 \\ 1 \end{pmatrix}, \begin{pmatrix} -1 \\ 4 \\ 4 \\ 1 \end{pmatrix}, \begin{pmatrix} 4 \\ -2 \\ 2 \\ 0 \end{pmatrix}\right\} = \{\boldsymbol{x}_1,\ \boldsymbol{x}_2,\ \boldsymbol{x}_3\}$$

5.17 행렬들이 다음과 같을 때

$$A = \begin{pmatrix} 0 & 1 & 2 & -3 & 4 \\ 0 & 2 & 4 & 0 & 20 \\ 0 & -1 & -2 & 5 & 0 \end{pmatrix}, \quad B = \begin{pmatrix} -1 & 0 & -1 & 2 \\ 2 & 0 & 2 & 0 \\ 1 & 0 & 1 & -1 \end{pmatrix}$$

(1) A의 열벡터공간(S_c)의 기저벡터 집합을 구하고 행렬 A의 계수를 구하라.

(2) B의 행벡터공간(S_r)의 기저벡터 집합을 구하고 행렬 B의 계수를 구하라.

5.18 다음과 같이 연습문제 4.31에 주어진 행렬들에 대하여 다음 물음에 답하라.

$$C=\begin{pmatrix} 2 & 0 \\ 0 & 3 \\ -2 & -1 \end{pmatrix},\qquad D=\begin{pmatrix} 2 & 2 & 4 \\ 3 & -3 & 3 \\ -3 & -1 & -5 \end{pmatrix},\qquad E=\begin{pmatrix} 6 & -3 \\ 6 & -3 \\ -8 & 4 \end{pmatrix}$$

(1) C의 열벡터를 $\boldsymbol{c}_1, \boldsymbol{c}_2$라고 할 때 C의 열벡터공간에 포함되는 벡터 $\boldsymbol{c} = a_1\boldsymbol{c}_1 + a_2\boldsymbol{c}_2$가 D의 열벡터공간에 포함되는 것을 보여라.

(2) C의 열벡터공간과 직교하는 벡터들로 이루어진 벡터공간의 기저벡터를 길이가 1이 되도록 만들어라.

(3) E의 열벡터공간과 직교하는 벡터 중에 C열벡터공간에 포함되는 벡터를 하나 찾아라.

5.19 행렬 X가 다음과 같을 때, 아래 물음에 답하라.

$$X=\begin{pmatrix} 1 & 2 \\ 1 & 3 \\ 1 & 4 \end{pmatrix}$$

(1) X의 열벡터공간의 차원을 구하라.

(2) 임의의 벡터를 X의 열벡터공간에 정사영시키는 사영행렬을 구하라.

(3) 벡터 $\boldsymbol{y} = \begin{pmatrix} -2 \\ 2 \\ 3 \end{pmatrix}$를 X의 열벡터공간에 정사영시킨 벡터를 구하라.

5.20 다음 행렬에 대하여 물음에 답하라.

$$A = \begin{pmatrix} 3 & 6 & 6 \\ 4 & 8 & 8 \end{pmatrix}$$

(1) 행렬 A의 열벡터공간 정사영 행렬 P_c를 구하라.

(2) 행렬 A의 행벡터공간 정사영 행렬 P_r를 구하라.

(3) $P_c A P_r$를 계산하라.

5.21 X는 모든 원소가 1인 $n\times 1$ 행렬이고 $\boldsymbol{y}=\begin{pmatrix} y_1 \\ \vdots \\ y_n \end{pmatrix}$일 때, $\boldsymbol{y}$를 X의 열벡터공간으로 정사영시킨 벡터를 구하라.

5.22 다음과 같이 행렬과 벡터가 주어져 있을 때, 행렬 A_k $(k=1,\ 2,\ 3)$의 열벡터공간을 S_k라고 하고 벡터 $\boldsymbol{y}$를 S_k에 정사영시켜서 얻은 벡터를 $\boldsymbol{p}_k$라고 할 때 다음 물음에 답하라.

$$\boldsymbol{y}=\begin{pmatrix} y_1 \\ y_2 \\ y_3 \\ y_4 \\ y_5 \end{pmatrix},\quad \boldsymbol{x}_1=\begin{pmatrix} 1 \\ 1 \\ 1 \\ 1 \\ 1 \end{pmatrix},\quad \boldsymbol{x}_2=\begin{pmatrix} 1 \\ 1 \\ 0 \\ 1 \\ 0 \end{pmatrix},\quad \boldsymbol{x}_3=\begin{pmatrix} 0 \\ 0 \\ 1 \\ 0 \\ 1 \end{pmatrix},$$

$$A_1=\boldsymbol{x}_1,\quad A_2=(\boldsymbol{x}_1,\ \boldsymbol{x}_2),\quad A_3=(\boldsymbol{x}_1,\ \boldsymbol{x}_2,\ \boldsymbol{x}_3)$$

(1) 각 k에 대해서 S_k의 차원을 구하라.

(2) H_k를 S_k에 정사영시키는 행렬이라고 할 때 H_1, H_2를 구하고 $H_1H_2=H_1$임을 확인하라.

(3) $\sum_{i=1}^{5}(p_{1i}-p_{2i})^2$를 $\boldsymbol{y}$의 2차형식 $\boldsymbol{y}'A\boldsymbol{y}$로 표현하고 중심행렬 A가 멱등행렬인지 판단하라.

(4) $\boldsymbol{p}_1\neq\boldsymbol{p}_2$일 때 $\boldsymbol{p}_1$과 $\boldsymbol{p}_2$ 중 $\boldsymbol{p}_2$가 $\boldsymbol{y}$에 더 가까운 벡터임을 보여라.

(5) S_2에 포함되지 않는 벡터 $\boldsymbol{y}$ 중에 $H_1\boldsymbol{y}=H_2\boldsymbol{y}$인 벡터 하나를 예로 들어라.

5.23 다음 두 개의 기저벡터로 생성되는 부분공간 W에 대하여 다음 물음에 답하라.

$$\left\{\begin{pmatrix} 5 \\ -2 \\ 1 \end{pmatrix},\ \begin{pmatrix} 1 \\ 2 \\ -1 \end{pmatrix}\right\}=\{\boldsymbol{u}_1,\ \boldsymbol{u}_2\}$$

(1) 3차원 공간의 한 점 $\boldsymbol{y}=(-1,\ -5,\ 10)'$에서 W까지의 거리 , 즉 W에 속하는 벡터 중에서 $\boldsymbol{y}$와의 가장 가까운 벡터까지의 거리를 구하라.

(2) 임의의 벡터 $\boldsymbol{y}=(1,\ 2,\ 3)'$를 부분공간 W에 속하는 벡터와 부분공간 W에 직교하는 벡터들의 합으로 표시하여라.

5.24 다음과 같이 표현되는 벡터 부분공간에 대하여 다음 물음에 답하라.

$$W = \{(a+b-c,\ a+b-c,\ -a+2c)' : a,b,c \in R\}$$

(1) W의 기저와 차원을 구하라.

(2) W에 직교하는 벡터공간($W^{\perp}$)의 기저를 구하고, $W^{\perp}$로 정사영시키는 행렬을 구하라.

(3) 벡터 $\boldsymbol{y} = (1,2,3)'$를 W에 포함되는 벡터($\boldsymbol{y}_W$)와 W에 직교하는 벡터공간에 포함되는 벡터($\boldsymbol{y}_{W^{\perp}}$)의 합으로 표현하라.

5.25 행렬 $X = \begin{pmatrix} 1 & 2 \\ 1 & 3 \\ 1 & 4 \end{pmatrix}$의 열벡터공간에 벡터 $\boldsymbol{a} = \begin{pmatrix} -2 \\ 2 \\ 3 \end{pmatrix}$를 사영시킬 때 얻어지는 벡터를 구하라.

5.26 다음 네 벡터에 대하여 다음 물음에 답하라.

$$\boldsymbol{x}_1 = (1,\ 1,\ 1,\ 1,\ 1,\ 1)', \qquad \boldsymbol{x}_2 = (0,\ 0,\ 1,\ 1,\ 0,\ 0)',$$
$$\boldsymbol{x}_3 = (1,-1,\ 1,-1,\ 0,\ 0)', \quad \boldsymbol{x}_4 = (1,\ 1,\ 0,\ 0,-1,-1)'$$

(1) $X = (\boldsymbol{x}_1, \boldsymbol{x}_2, \boldsymbol{x}_3, \boldsymbol{x}_4)$로 정의될 때 $X'X$와 $(X'X)^{-1}$을 구하라.

(2) $H = X(X'X)^{-1}X'$가 멱등행렬임을 보이고, H의 (2,3)번째 원소를 구하라.

(3) 두 벡터 $\boldsymbol{x}_1$, $\boldsymbol{x}_2$의 선형결합으로 표현되는 벡터 중에서 $\boldsymbol{a} = (1,\ 2,\ 3,\ 5,\ 3,\ 6)'$에 가장 가까운 벡터를 구하고, 적절한 c_1, c_2를 찾아 $c_1\boldsymbol{x}_1 + c_2\boldsymbol{x}_2$로 표현하라.

5.27 다음 기저벡터 $\left\{\begin{pmatrix} 1 \\ 2 \\ 3 \end{pmatrix}, \begin{pmatrix} 3 \\ 2 \\ 1 \end{pmatrix}\right\} = \{\boldsymbol{u}_1, \boldsymbol{u}_2\}$로 생성되는 벡터 부분공간 W는 3차원 공간 $\mathbb{R}^3$에서 평면을 나타낸다. 이 평면에 직교하는 벡터를 구하라.

5.28 다음 기술의 옳고 그름을 밝혀라.

(1) $\mathbb{R}^n$의 모든 선형독립인 집합이 직교집합은 아니다.

(2) 행렬의 열들이 직교하면 직교행렬이다.

(3) $\mathbb{R}^n$의 영벡터가 아닌 모든 직교집합이 선형독립은 아니다.

(4) $m \times n$행렬 A의 열들이 정규직교이면 선형변환 $\boldsymbol{x} -> A\boldsymbol{x}$은 길이를 보존한다.

(5) $n \times p$ 행렬 U의 열들이 정규직교이면, $UU'\boldsymbol{y}$는 $\boldsymbol{y}$를 U의 열벡터공간으로 정사영이 된다.

(6) $n \times p$ 행렬 U의 열들이 정규직교이면, $\mathbb{R}^n$에 속한 모든 벡터 y에 대하여 $UU'\boldsymbol{y} = \boldsymbol{y}$이다.

5.29 다음 행렬의 계수를 구하라.

(1) $A = \begin{pmatrix} 2 & 3 \\ 4 & 6 \end{pmatrix}$, (2) $B = \begin{pmatrix} 1 & 5 \\ 4 & 2 \end{pmatrix}$, (3) $C = \begin{pmatrix} 1 & 4 & 7 \\ -1 & 2 & 5 \\ 3 & 1 & -1 \end{pmatrix}$

5.30 다음 행렬들의 고유값과 고유벡터를 구하라.

(1) $\begin{pmatrix} k & 0 \\ 0 & k \end{pmatrix}$ (2) $\begin{pmatrix} k_1 & 0 \\ 0 & k_2 \end{pmatrix}$ (3) $\begin{pmatrix} 1 & k \\ 0 & 1 \end{pmatrix}$

5.31 예제 5.18에 주어진 행렬 $A = \begin{pmatrix} 5 & -3 & 3 \\ 4 & -2 & 3 \\ 4 & -4 & 5 \end{pmatrix}$의 고유벡터를 구하고 고유벡터들이 선형독립임을 확인하라.

5.32 행렬 $A = \begin{pmatrix} 1 & 0 & 0 \\ -1 & 3 & 0 \\ -1 & -1 & 2 \end{pmatrix}$의 행렬식과 고유값을 구하라.

5.33 행렬 $A = \begin{pmatrix} 2 & 1 \\ 1 & 2 \end{pmatrix}$의 고유값과 고유벡터를 구하라.

5.34 벡터 $\boldsymbol{x}$가 행렬 A의 고유벡터이면 $\alpha\boldsymbol{x}$도 A의 고유벡터임을 증명하라. 단, α는 0이 아닌 실수이다.

5.35 $m \times m$ 정사각행렬 A의 고유값이 $\lambda_1, \ldots, \lambda_m$이라고 할 때 $A - \alpha I$ 행렬의 고유값을 구하라.

5.36 행렬 $I_n - \frac{1}{n}\mathbf{1}\,\mathbf{1}'$의 고유값들의 합과 행렬식을 구하라.

5.37 다음 행렬 $A = \begin{pmatrix} 1 & \rho \\ \rho & 1 \end{pmatrix}$이 양의 정부호행렬이 되는 ρ의 조건을 구하라.

5.38 다음 행렬이 양의 준정부호행렬이 되기 위한 b값을 정하라.

$$\begin{pmatrix} 2 & -1 & b \\ -1 & 2 & -1 \\ b & -1 & 2 \end{pmatrix}$$

5.39 행렬 $A = \begin{pmatrix} 1 & -1 \\ 1 & -1 \\ \sqrt{3} & 0 \end{pmatrix}$의 특이값분해를 구하라.

5.40 다음 행렬 $A = \begin{pmatrix} 2 & 2 \\ -1 & 1 \end{pmatrix}$의 특이값분해를 구하라.

5.41 예제 5.20에 주어진 행렬 $F = \begin{pmatrix} 2 & 0 & 0 \\ 0 & 2 & 2 \\ 0 & 2 & 5 \end{pmatrix}$에 대하여 다음 물음에 답하라.

(1) 행렬 F의 스펙트럼분해를 구하라.

(2) 행렬 F가 확률벡터 $\boldsymbol{X}$의 분산-공분산행렬이라고 할 때, 차수가 3이고 길이가 1인 벡터 $\boldsymbol{b}$ 중에서 $\boldsymbol{b}'\boldsymbol{X}$의 분산을 최대로 하는 $\boldsymbol{b}$를 구하고, $\boldsymbol{b}'\boldsymbol{X}$의 분산을 구하라.

5.42 다음 행렬 $A = \begin{pmatrix} 2 & 1 & 0 \\ 1 & 2 & 1 \\ 0 & 1 & 2 \end{pmatrix}$와 각 벡터 $\boldsymbol{x} = (1,\ 1,\ 1)'$와 $\boldsymbol{x} = (-1,\ 0,\ 1)'$에 대하여 다음 물음에 답하라.

(1) $R(\boldsymbol{x}) = \dfrac{\boldsymbol{x}' A \boldsymbol{x}}{\boldsymbol{x}' \boldsymbol{x}}$를 구하라.

(2) $[A - R(\boldsymbol{x}) I]\boldsymbol{x}$ 값을 계산하라.

(3) 행렬 A의 고유값과 고유벡터를 구하고, (2)에서 계산한 값이 다르게 나온 이유를 설명하라.

5.43 행렬 A와 벡터 $\boldsymbol{b}$에 대하여 $\|A\boldsymbol{x} - \boldsymbol{b}\|$를 최소화하는 벡터는 $\boldsymbol{x} = A^{+}\boldsymbol{b}$임을 보여라.

5.44 행렬 $A = \begin{pmatrix} 1 & 0 \\ 0 & 3 \\ 2 & 0 \end{pmatrix}$의 무어–펜로즈 역행렬을 구하라.

5.45 R–프로그램을 이용하여 다음 행렬 $A = \begin{pmatrix} 2 & -1 & 0 \\ -1 & 2 & -1 \\ 0 & -1 & 2 \end{pmatrix}$의 고유값을 구하고 양의 정부호 행렬임을 보여라.

5.46 R–프로그램을 이용하여 행렬 $A = \begin{pmatrix} 5 & 4 \\ 4 & 5 \end{pmatrix}$의 스팩트럼분해를 구하라.

5.47 R–프로그램을 이용하여 다음 행렬의 QR분해를 구하라.

$$A = \begin{pmatrix} 12 & -51 & 4 \\ 6 & 167 & -68 \\ -4 & 24 & -41 \end{pmatrix}$$

5.48 R–프로그램을 이용하여 행렬의 QR분해를 구하고 다음 방정식의 해를 구하라.

$$\begin{pmatrix} 3 & -6 \\ 4 & -8 \\ 0 & 1 \end{pmatrix}\begin{pmatrix} x_1 \\ x_2 \end{pmatrix} = \begin{pmatrix} -1 \\ 7 \\ 2 \end{pmatrix}$$

6장

최적화(Optimization)

이 장에서는 어떤 함수의 값을 최소로 혹은 최대로 하는 변수의 값을 구하는 방법을 소개하고자 한다. 이를 위해 다변수 함수에 대한 일차 미분과 이차 미분에 대해 알아보고, 기하학적인 의미를 설명한다. 함수의 일차 미분과 이차 미분을 이용하여 함수를 최소로 하는 변수의 값을 구하는 방법과 제한된 영역에서 함수를 최소로 하는 변수의 값을 구하는 방법 등을 다룬다.

6.1 최적화와 볼록함수

최적화(optimization)는 함수 $f(x)$를 최소로 또는 최대로 하는 변수 x의 값을 구하는 문제를 말하며 통계학이나 다른 여러 분야에서 활용도가 매우 높다. 최적화의 대상인 함수 $f(x)$는 변수가 하나인 일변수 함수(univariate function)일 수도 있고, 변수가 여러 개인 다변수 함수(multivariate function)일 수도 있다. 변수가 두 개인 이변수 함수는 흔히 $f(x,y)$로 나타낸다. 일반적으로 변수가 n개인 다변수 함수는 변수를 $(x_1,\ldots,x_n)$ 또는 벡터를 사용하여 $\boldsymbol{x}$로 나타내고, 함수는 $f(x_1,x_2,\ldots,x_n)$ 또는 $f(\boldsymbol{x})$로 나타낸다.

함수 $f(\boldsymbol{x})$의 값을 최대로 하는 변수 $\boldsymbol{x}$의 값을 구하는 문제는 $-f(\boldsymbol{x})$를 최소로 하는 변수 $\boldsymbol{x}$의 값을 구하는 것과 같으므로, 함수의 값을 최대로 하는 문제는 본질적으로 함수의 값을 최소로 하는 문제와 같은 방법을 사용한다. 따라서 최적화는 함수 $f(\boldsymbol{x})$를 최소로 하는 변수 $\boldsymbol{x}$의 값을 구하는 문제를 기준으로 설명할 수 있다.

일반적으로 최적화는 다음과 같이 표현할 수 있다.

■ **최적화**

함수 $f:\mathbb{R}^n \to \mathbb{R}$에 대하여 최적화는 다음과 같이 표현할 수 있다.

$$\text{minimize } f(\boldsymbol{x})$$

$f(\boldsymbol{x})$가 $\boldsymbol{x}^*$에서 최소가 될 때 다음과 같이 나타낸다.

$$\boldsymbol{x}^* = \text{argmax}_{\boldsymbol{x} \in R^n} f(\boldsymbol{x})$$

위 식에서 $\text{argmax} f(\boldsymbol{x})$는 함수 $f(\boldsymbol{x})$를 최대로 하는 변수(argument) $\boldsymbol{x}$를 나타낸다.

최적화에서 최소화의 대상인 $f(\boldsymbol{x})$를 **목적함수**(objective function)라고 하며, 이 함수를 최소로 하는 $\boldsymbol{x}^*$를 **최솟점**(minimizer), 최소화자, 또는 최적해라고 한다. 즉 $\boldsymbol{x}^*$가 최솟점일 때 다음이 성립한다.

$$f(\boldsymbol{x}^*) \le f(\boldsymbol{x}) \text{ for all } \boldsymbol{x} \in R^n$$

한편 $\boldsymbol{y}^*$에 대하여 다음 조건을 만족하는 양수 ϵ이 존재할 때

$$f(\boldsymbol{y}^*) \le f(\boldsymbol{x}) \text{ for all } \boldsymbol{x} \in R^n \text{ such that } \|\boldsymbol{x} - \boldsymbol{y}^*\| < \epsilon$$

$\boldsymbol{y}^*$를 **극솟점**(local minimizer)라고 한다. 즉 극솟점 $\boldsymbol{y}^*$는 $\boldsymbol{y}^*$ 근방에서 함수 $f(\boldsymbol{x})$를 최소로 하는 변수의 값이다. 당연히 최솟점은 극솟점이지만, 극솟점이 최솟점일 필요는 없다.

최적화에서 한 가지 유의할 사항은 $f(\boldsymbol{x})$를 최소로 하는 $\boldsymbol{x}$가 존재하지 않을 수 있으며, 존재한다고 해도 유일하지 않을 수 있다는 점이다. 예를 들어 일변수 함수 $f(x)=2x+1$을 최소로 하는 x는 존재하지 않으며, $f(x)=|x-1|+|x+1|$을 최소로 하는 x는 -1과 1 사이의 모든 값으로 유일하지 않다.

예제 6.1

일변수 함수 $f(x)=3x^4-16x^3+18x^2+1$의 최솟점과 극솟점을 구하라.

풀이 함수 f의 미분을 구하면

$$f'(x)=12x^3-48x^2+36x=12x(x-1)(x-3)$$

이고, 이 함수의 개형은 그림 6.1과 같다.

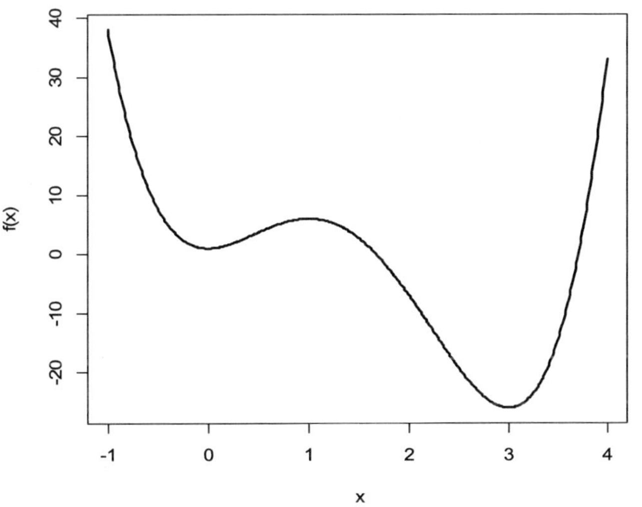

그림 6.1 함수 $f(x)=3x^4-16x^3+18x^2+1$의 그래프

따라서 $x=0,1,3$에서 극값을 가지며, $x=0$은 극솟점이지만 최솟점은 아니다. $x=3$은 극솟점이며 동시에 최솟점이기도 하다.

최적화는 목적함수 $f(x)$가 어떤 특징을 가지는지에 따라 성격이 달라지며, 최적화에서 주로 다루는 목적함수는 볼록한 형태를 가지는 경우가 많다.

■ **볼록함수의 정의**

(i) 함수 $f:\mathbb{R}^n \to \mathbb{R}$가 모든 $\boldsymbol{x}, \boldsymbol{y} \in R^n$에 대하여 다음 부등식을 만족할 때

$$f(\lambda \boldsymbol{x} + (1-\lambda)\boldsymbol{y}) \le \lambda f(\boldsymbol{x}) + (1-\lambda) f(\boldsymbol{y}) \text{ for all } 0 \le \lambda \le 1$$

f를 **볼록함수**(convex function)라고 한다.

(ii) 함수 $f:\mathbb{R}^n \to \mathbb{R}$가 모든 $\boldsymbol{x}, \boldsymbol{y} \in R^n$ (단, $\boldsymbol{x} \ne \boldsymbol{y}$)에 대하여 다음 부등식을 만족할 때

$$f(\lambda \boldsymbol{x} + (1-\lambda)\boldsymbol{y}) < \lambda f(\boldsymbol{x}) + (1-\lambda) f(\boldsymbol{y}) \text{ for all } 0 < \lambda < 1$$

f를 **엄격하게 볼록인 함수**(strictly convex function)라고 한다.

그림 6.2는 함수 $f(x) = |x-1| + |x+1|$의 그래프로써, 이 함수는 볼록함수이다. 그림 6.3은 함수 $f(x) = |x|$의 그래프로써, 이 함수는 엄격하게 볼록인 함수이다.

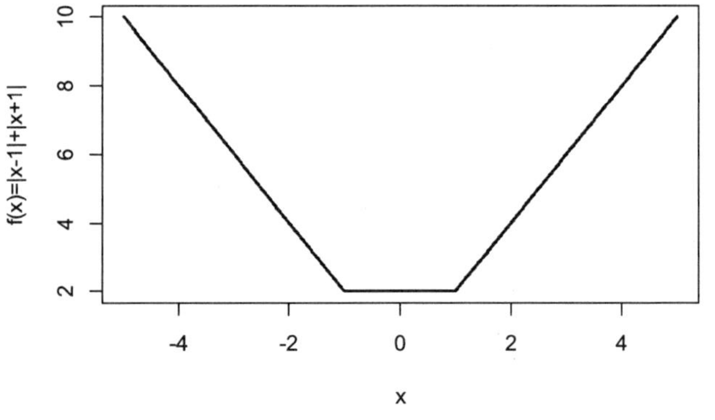

그림 6.2 볼록함수의 그래프

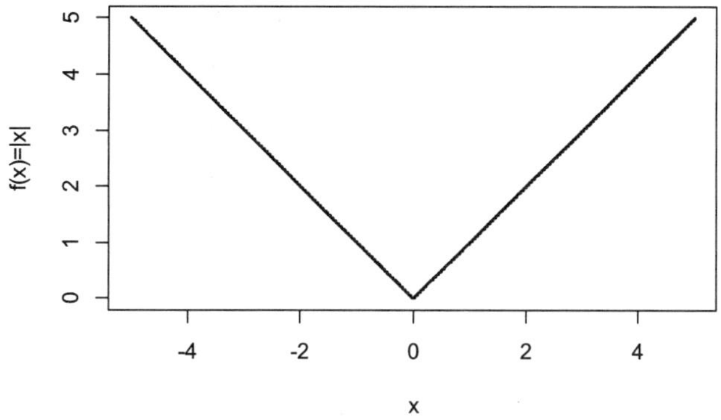

그림 6.3 엄격하게 볼록인 함수의 그래프

예제 6.2

이차함수 $f(x) = ax^2 + bx + c$에 대하여 (i) $a \geq 0$이면 f는 볼록이고, (ii) $a > 0$이면 f는 엄격하게 볼록임을 보여라.

풀이

$$\lambda f(x) + (1-\lambda)f(y) = \lambda ax^2 + \lambda bx + \lambda c + (1-\lambda)ay^2 + (1-\lambda)by + (1-\lambda)c$$
$$f(\lambda x + (1-\lambda)y) = a(\lambda x + (1-\lambda)y)^2 + b(\lambda x + (1-\lambda)y) + c$$

이므로 다음이 성립한다.

$$\begin{aligned}&\lambda f(x) + (1-\lambda)f(y) - f(\lambda x + (1-\lambda)y)\\&\quad = \lambda(1-\lambda)ax^2 + \lambda(1-\lambda)ay^2 - 2\lambda(1-\lambda)axy\\&\quad = \lambda(1-\lambda)a(x-y)^2\end{aligned}$$

$a \geq 0$일 때, 위 식의 값은 0과 1 사이의 모든 λ에 대하여 0 이상이므로 부등식

$$f(\lambda x + (1-\lambda)y) \leq \lambda f(x) + (1-\lambda)f(y)$$

이 성립한다. 따라서 $a \geq 0$일 때 이차함수 $f(x) = ax^2 + bx + c$는 볼록이다. 또한 $a > 0$일 때, $0 < \lambda < 1$과 $x \neq y$인 모든 λ와 x, y에 대하여 $\lambda f(x) + (1-\lambda)f(y) - f(\lambda x + (1-\lambda)y) > 0$이므로 $f(x)$는 엄격하게 볼록이다.

볼록함수의 기하학적인 의미를 알아보자. 볼록함수의 정의에서 $f(\lambda \boldsymbol{x} + (1-\lambda)\boldsymbol{y})$는 두 점 $\boldsymbol{x}$와 $\boldsymbol{y}$의 $(1-\lambda):\lambda$ 내분점인 $\lambda \boldsymbol{x} + (1-\lambda)\boldsymbol{y}$에서 함숫값이며,

$\lambda f(\boldsymbol{x})+(1-\lambda)f(\boldsymbol{y})$는 두 값 $f(\boldsymbol{x})$와 $f(\boldsymbol{y})$의 $(1-\lambda):\lambda$ 내분점이다. 따라서 부등식 $f(\lambda\boldsymbol{x}+(1-\lambda)\boldsymbol{y}) \leq \lambda f(\boldsymbol{x})+(1-\lambda)f(\boldsymbol{y})$은 함수 $f(x)$의 그래프에서 임의의 두 점을 잇는 선분은 항상 함수의 그래프보다 위에 있다는 것을 의미한다. 따라서 볼록함수 그래프는 그림 6.4처럼 아래로 볼록한 모양을 가지게 된다.

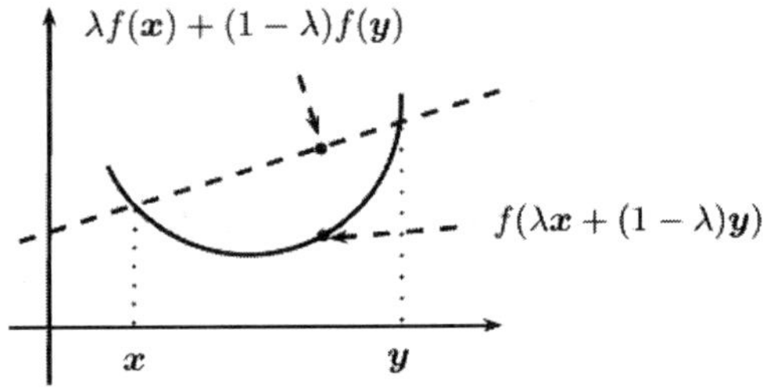

그림 6.4 볼록함수

예를 들어 지수함수 $f(x)=e^{ax|}$의 그래프는 a의 값이 양수든 음수든 아래로 볼록한 형태이므로 지수함수는 볼록함수이다.

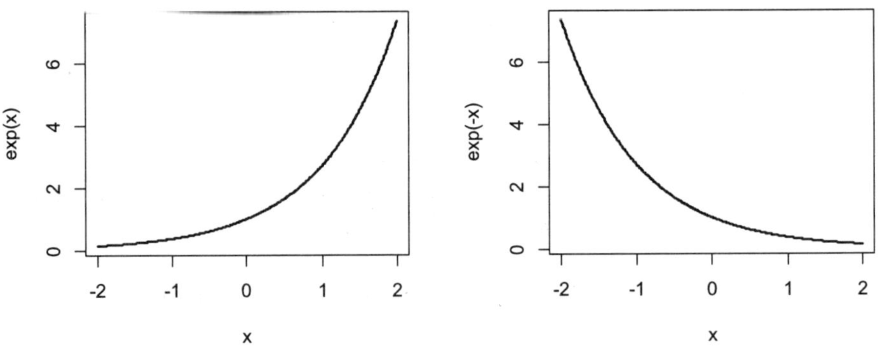

그림 6.5 $f(x)=e^{x}$와 $f(x)=e^{-x}$의 그래프

다음과 같은 함수들이 볼록함수이다.

> ▪ **볼록함수의 예**
>
> (i) 일변수 함수: $f(x)=x^{a}$ (단, $a \geq 1$), $f(x)=|x|$, $f(x)=e^{ax}$, $f(x)=-\log x$
>
> (ii) 다변수 함수: $f(x,y)=x^{2}+y^{2}$, $f(\boldsymbol{x})=\boldsymbol{x}'A\boldsymbol{x}+\boldsymbol{b}'\boldsymbol{x}+c$ (단, A는 양의 준정부호행렬)

목적함수가 볼록함수일 때 최적화의 중요한 특징 중의 하나는 극솟점은 최솟점이 된다는 것이다. 수치적 방법으로 최적화를 해결하는 일반적인 방법은 극솟점을 구하는 경우가 많으므로, 이렇게 구한 극솟점이 최솟점이라는 것은 매우 유용한 사실이다.

정리 6.1 목적함수 f가 볼록일 때, 극솟점은 최솟점이 된다.

증명 함수 f의 극솟점을 $\boldsymbol{x}_0$, 최솟점을 $\boldsymbol{x}^*$라고 하자. $\boldsymbol{x}_0$이 극솟점이지만, 최솟점은 아니라고 가정해보자. 즉 $f(\boldsymbol{x}^*) < f(\boldsymbol{x}_0)$이 성립한다고 하자. $\boldsymbol{x}_0$이 극솟점이므로 다음 조건을 만족하는 양수 ϵ이 존재한다.

$$f(\boldsymbol{x}_0) \le f(\boldsymbol{x}) \text{ for all } \boldsymbol{x} \text{ such that } \|\boldsymbol{x}-\boldsymbol{x}_0\| < \epsilon$$

극솟점 $\boldsymbol{x}_0$과 최솟점 $\boldsymbol{x}^*$의 내분점 $\boldsymbol{x}_1 = \lambda \boldsymbol{x}_0 + (1-\lambda)\boldsymbol{x}^*$을 고려해보자. 이때 λ를 1에 가깝게 하면 내분점 $\boldsymbol{x}_1$은 극솟점 $\boldsymbol{x}_0$에 가까이 위치하게 되어 $\|\boldsymbol{x}_1 - \boldsymbol{x}_0\| < \epsilon$을 만족하게 된다. 따라서 $f(\boldsymbol{x}_0) \le f(\boldsymbol{x}_1)$이 성립한다. 한편 볼록함수의 성질에 의하여

$$\begin{aligned} f(\boldsymbol{x}_0) \le f(\boldsymbol{x}_1) &= f(\lambda \boldsymbol{x}_0) + (1-\lambda)\boldsymbol{x}^*) \\ &\le \lambda f(\boldsymbol{x}_0) + (1-\lambda) f(\boldsymbol{x}^*) \\ &< \lambda f(\boldsymbol{x}_0) + (1-\lambda) f(\boldsymbol{x}_0) = f(\boldsymbol{x}_0) \end{aligned}$$

이 성립되어 모순이다. 따라서 함수 f가 볼록인 경우 극솟점이 최솟점이 된다.

목적함수가 엄격하게 볼록일 때, 최솟점이 존재한다면 유일하다는 것을 보일 수 있다.

정리 6.2 함수 f가 엄격하게 볼록일 때, 최솟점이 존재한다면 그 최솟점은 유일하다.

증명 서로 다른 두 개의 최솟점 $\boldsymbol{x}^*$와 $\boldsymbol{y}^*$가 존재한다고 가정하자. 즉 $f(\boldsymbol{x}^*) = f(\boldsymbol{y}^*)$이고, 모든 $\boldsymbol{x}$에 대하여 $f(\boldsymbol{x}^*) \le f(\boldsymbol{x})$이 성립한다고 하자. 이때 함수 f가 엄격하게 볼록이므로 다음이 성립한다.

$$f\left(\frac{\boldsymbol{x}^* + \boldsymbol{y}^*}{2}\right) < \frac{1}{2} f(\boldsymbol{x}^*) + \frac{1}{2} f(\boldsymbol{y}^*) = f(\boldsymbol{x}^*)$$

즉 $\boldsymbol{x}^*$와 $\boldsymbol{y}^*$의 중간에 있는 점 $\dfrac{\boldsymbol{x}^* + \boldsymbol{y}^*}{2}$에서 함수의 값이 $f(\boldsymbol{x}^*)$보다 작다. 이는 모든 $\boldsymbol{x}$에 대하여 $f(\boldsymbol{x}^*) \le f(\boldsymbol{x})$이 성립한다는 사실과 모순이다. 따라서 서로 다른 두 최솟점이 존재할 수 없다.

정리 6.1과 정리 6.2에 의하여 목적함수가 엄격하게 볼록인 경우 극솟점이 유일한 최솟점임을 알 수 있다. 한 가지 유의할 사항은 함수가 볼록 또는 엄격하게 볼록이라 하더라도 극솟점이나 최솟점이 존재한다는 보장은 없다. 예를 들어 지수함수 $f(x)=e^x$는 엄격하게 볼록이지만 극솟점이나 최솟점은 존재하지 않는다.

6.2 기울기벡터와 헤시안 행렬

최적화에서 목적함수가 볼록함수인 경우는 극솟점을 구하면 최솟점을 구할 수 있다. 극솟점을 구하는 방법은 목적함수가 미분가능할 경우 미분을 통하여 구하는 경우가 많으므로 다변수 함수의 미분에 대해 알아보도록 하자.

일변수 함수 $f:\mathbb{R}\rightarrow\mathbb{R}$가 $x=a$에서 미분가능하다는 것은

$$\lim_{t\rightarrow 0}\frac{f(a+t)-f(a)}{t}=f'(a)$$

인 실수 $f'(a)$가 존재함을 의미한다. 위 식은 다음과 같이 나타낼 수도 있다.

$$\lim_{t\rightarrow 0}\frac{f(a+t)-f(a)-f'(a)\cdot t}{t}=0$$

위 식은 $f(a+t)-f(a)$를 t에 대한 선형함수인 $f'(a)\cdot t$로 근사하였을 때, 그 오차는 $o(|t|)$임을 의미한다.

이번에는 다변수 함수의 미분에 대해 알아보자. 다변수 함수의 미분가능성도 함숫값의 차인 $f(\boldsymbol{a}+\boldsymbol{h})-f(\boldsymbol{a})$를 적절한 오차 범위 내에서 $\boldsymbol{h}$에 대한 선형함수로 근사할 수 있느냐로 나타낼 수 있다. 함수 $f:\mathbb{R}^n\rightarrow\mathbb{R}$에 대하여 $\boldsymbol{x}=\boldsymbol{a}$에서 미분가능할 조건은 다음과 같다.

■ **다변수 함수 $f:\mathbb{R}^n\rightarrow\mathbb{R}$ 의 미분**

함수 $f:\mathbb{R}^n\rightarrow\mathbb{R}$에 대하여 $\boldsymbol{x}=\boldsymbol{a}$에서 미분가능할 조건은

$$\lim_{\boldsymbol{h}\rightarrow 0}\frac{f(\boldsymbol{a}+\boldsymbol{h})-f(\boldsymbol{a})-<f'(\boldsymbol{a}),\boldsymbol{h}>}{\|\boldsymbol{h}\|}=0$$

인 벡터 $f'(\boldsymbol{a})\in\mathbb{R}^n$가 존재한다는 것이다. 위 식에서 $\boldsymbol{h}$는 $\mathbb{R}^n$에 속하는 벡터이다.

다변수 함수 $f : \mathbb{R}^n \to \mathbb{R}$ 의 미분에 대한 특별한 경우로 **방향도함수**(directional derivative)와 **편도함수**(partial derivative)가 있다. $\mathbb{R}^n$에 속하는 단위벡터 $\boldsymbol{u}$에 대하여

$$\lim_{t \to 0} \frac{f(\boldsymbol{a} + t \cdot \boldsymbol{u}) - f(\boldsymbol{a})}{t} = df(\boldsymbol{a};\boldsymbol{u})$$

를 만족하는 실수 $df(\boldsymbol{a};\boldsymbol{u})$가 존재할 때, 함수 f가 $\boldsymbol{x} = \boldsymbol{a}$에서 $\boldsymbol{u}$ 방향으로 미분가능하다고 하며 $df(\boldsymbol{a};\boldsymbol{u})$를 함수 f의 $\boldsymbol{x} = \boldsymbol{a}$에서 $\boldsymbol{u}$ 방향으로의 방향도함수라고 한다. 기본적으로 방향도함수 $df(\boldsymbol{a};\boldsymbol{u})$는 함수 f가 $\boldsymbol{x} = \boldsymbol{a}$에서 $\boldsymbol{u}$ 방향으로 변화할 때 변화율을 나타낸다.

3장에서 설명한 편도함수는 방향도함수의 특별한 경우이다. 다변수 함수 $f : \mathbb{R}^n \to \mathbb{R}$에 대하여 $\boldsymbol{u} = \boldsymbol{e}_i = (0, \dots, 1, \dots 0)$ 방향에 대한 방향도함수를 편도함수라 하고, $\frac{\partial}{\partial x_i} f(\boldsymbol{x})$ 또는 $\frac{d}{dx_i} f(\boldsymbol{x})$로 나타낸다. 즉 편도함수 $\frac{\partial}{\partial x_i} f(\boldsymbol{x})$는 다음과 같다.

$$\begin{aligned}\frac{\partial}{\partial x_i} f(\boldsymbol{x}) &= \lim_{t \to 0} \frac{f(\boldsymbol{x} + t \cdot \boldsymbol{e}_i) - f(\boldsymbol{x})}{t} \\ &= \lim_{t \to 0} \frac{f(x_1, \dots, x_i + t, \dots, x_n) - f(x_1, \dots, x_i, \dots, x_n)}{t}\end{aligned}$$

즉 편도함수 $\frac{\partial}{\partial x_i} f(\boldsymbol{x})$는 변수 x_i를 제외한 나머지 변수는 상수처럼 간주하고 x_i에 대해서만 미분한 것이다.

예제 6.3

이변수 함수 $f(x,y) = 3x^2 e^{xy}$에 대하여 편도함수 $\frac{\partial}{\partial x} f(x,y)$와 $\frac{\partial}{\partial y} f(x,y)$를 구하라.

풀이 변수 x에 대한 편도함수를 구하려면 다른 변수인 y는 상수로 간주하고 함수 $f(x,y)$를 x에 대해 미분하면 된다. 따라서 편도함수 $\frac{\partial}{\partial x} f(x,y)$는 다음과 같다.

$$\frac{\partial}{\partial x} f(x,y) = 6xe^{xy} + 3x^2 ye^{xy}$$

마찬가지로 변수 y에 대한 편도함수는 다른 변수인 x는 상수로 간주하고 함수 $f(x,y)$를 y에 대해 미분하면 다음과 같이 구할 수 있다.

$$\frac{\partial}{\partial y} f(x,y) = 3x^2 xe^{xy} = 3x^3 e^{xy}$$

다변수 함수 $f(x_1, \ldots, x_n)$에 대하여 모든 변수의 편도함수가 존재할 때 다음과 같이 정의된 벡터를 **기울기벡터**(gradient vector)라 하고, $\nabla f(\boldsymbol{x})$로 나타낸다.

$$\nabla f(\boldsymbol{x}) = \begin{pmatrix} \dfrac{\partial}{\partial x_1} f(\boldsymbol{x}) \\ \vdots \\ \dfrac{\partial}{\partial x_n} f(\boldsymbol{x}) \end{pmatrix}$$

다변수 함수의 미분에 대한 정의에서 나타낸 $f'(\boldsymbol{a})$, 방향도함수 $df(\boldsymbol{a};\boldsymbol{u})$, 기울기벡터 $\nabla f(\boldsymbol{a})$ 사이의 관계를 알아보기 위해 함수 $f(\boldsymbol{x})$가 $\boldsymbol{x} = \boldsymbol{a}$에서 미분가능하다고 하자. 이때

$$\lim_{\boldsymbol{h} \to 0} \frac{f(\boldsymbol{a}+\boldsymbol{h}) - f(\boldsymbol{a}) - < f'(\boldsymbol{a}), \boldsymbol{h} >}{\|\boldsymbol{h}\|} = 0 \tag{6.1}$$

인 $f'(\boldsymbol{a}) \in \mathbb{R}^n$이 존재한다. 단위벡터 $\boldsymbol{e}_i$와 실수 t에 대하여 $\boldsymbol{h} = t \cdot \boldsymbol{e}_i$라 할 때, $\boldsymbol{h} \to 0$일 필요충분조건은 $t \to 0$이다. 따라서 $\boldsymbol{h} = t \cdot \boldsymbol{e}_i$일 때, 식 (6.1)은 다음과 같이 나타낼 수 있다.

$$\lim_{t \to 0} \frac{f(\boldsymbol{a} + t \cdot \boldsymbol{e}_i) - f(\boldsymbol{a}) - t < f'(\boldsymbol{a}), \boldsymbol{e}_i >}{|t|} = 0$$

즉 $\displaystyle\lim_{t \to 0} \frac{f(\boldsymbol{a} + t \cdot \boldsymbol{e}_i) - f(\boldsymbol{a})}{t} = < f'(\boldsymbol{a}), \boldsymbol{e}_i >$이 성립한다. 한편 편도함수의 정의에 의하여 $\displaystyle\lim_{t \to 0} \frac{f(\boldsymbol{a}+t \cdot \boldsymbol{e}_i) - f(\boldsymbol{a})}{t}$는 $\displaystyle\frac{\partial}{\partial x_i} f(\boldsymbol{x})\Big|_{\boldsymbol{x}=\boldsymbol{a}}$와 같다. $< f'(\boldsymbol{a}), \boldsymbol{e}_i >$는 벡터 $f'(\boldsymbol{a})$의 i-번째 원소이므로 $f'(\boldsymbol{a})$의 i-번째 원소는 $\displaystyle\frac{\partial}{\partial x_i} f(\boldsymbol{x})\Big|_{\boldsymbol{x}=\boldsymbol{a}}$임을 알 수 있다. 따라서 다음 관계가 성립한다.

$$f'(\boldsymbol{a}) = \nabla f(\boldsymbol{a})$$

단위벡터 $\boldsymbol{u}$와 실수 t에 대하여, 식 (6.1)에서 $\boldsymbol{h} = t \cdot \boldsymbol{u}$라고 할 때 다음 식을 얻을 수 있다.

$$\lim_{t \to 0} \frac{f(\boldsymbol{a} + t \cdot \boldsymbol{u}) - f(\boldsymbol{a}) - t < f'(\boldsymbol{a}), \boldsymbol{u}>}{|t|} = 0$$

즉 $\lim_{t \to 0} \dfrac{f(\boldsymbol{a}+t \cdot \boldsymbol{u})-f(\boldsymbol{a})}{t} = <f'(\boldsymbol{a}), \boldsymbol{u}>$이 성립한다. 이 등식에서 $\lim_{t \to 0} \dfrac{f(\boldsymbol{a}+t \cdot \boldsymbol{u})-f(\boldsymbol{a})}{t}$이 방향도함수 $df(\boldsymbol{a};\boldsymbol{u})$이고, $f'(\boldsymbol{a}) = \nabla f(\boldsymbol{a})$이므로 다음 결과를 얻을 수 있다.

> **■ 방향도함수와 기울기벡터 사이의 관계**
>
> 함수 $f : \mathbb{R}^n \to \mathbb{R}$가 $\boldsymbol{x} = \boldsymbol{a}$에서 미분가능할 때, $\boldsymbol{x} = \boldsymbol{a}$에서 $\boldsymbol{u}$ 방향으로의 방향도함수 $df(\boldsymbol{a};\boldsymbol{u})$와 기울기벡터 $\nabla f(\boldsymbol{a})$ 사이에 다음 관계가 성립한다.
>
> $$df(\boldsymbol{a};\boldsymbol{u}) = < \nabla f(\boldsymbol{a}), \boldsymbol{u}>$$

다변수 함수 $f(x_1, \dots, x_n)$에 대하여 두 번 미분가능할 때, 다음과 같이 정의된 행렬을 **헤시안 행렬**(Hessian matrix)이라고 하며 $\nabla^2 f(\boldsymbol{x})$로 나타낸다.

$$\nabla^2 f(\boldsymbol{x}) = \begin{pmatrix} \dfrac{\partial^2}{\partial x_1 \partial x_1} f(\boldsymbol{x}) & \cdots & \dfrac{\partial^2}{\partial x_1 \partial x_n} f(\boldsymbol{x}) \\ \vdots & & \vdots \\ \dfrac{\partial^2}{\partial x_n \partial x_1} f(\boldsymbol{x}) & \cdots & \dfrac{\partial^2}{\partial x_n \partial x_n} f(\boldsymbol{x}) \end{pmatrix}$$

위 식에서 $\dfrac{\partial^2}{\partial x_i \partial x_j} f(\boldsymbol{x})$는 함수 $f(\boldsymbol{x})$를 변수 x_i와 x_j에 대해 한 번씩 미분한 이차 미분을 나타낸 것이며, $\dfrac{\partial^2}{\partial x_i \partial x_i} f(\boldsymbol{x})$는 함수 $f(\boldsymbol{x})$를 변수 x_i에 대하 두 번 미분한 것으로 $\dfrac{\partial^2}{\partial x_i^2} f(\boldsymbol{x})$처럼 나타내기도 한다. 일반적으로 $\dfrac{\partial^2}{\partial x_i \partial x_j} f(\boldsymbol{x})$와 $\dfrac{\partial^2}{\partial x_j \partial x_i} f(\boldsymbol{x})$ $\dfrac{d^2}{dx_j dx_i} f(\boldsymbol{x})$는 같으므로 헤시안 행렬은 대칭이다.

예제 6.4

이변수 함수 $f(x,y) = 3x^2 e^{xy}$에 대하여 기울기벡터와 헤시안 행렬을 구하라.

풀이 변수 x, y에 대한 편도함수와 이차 미분을 다음과 같이 구할 수 있다.

$$\frac{\partial}{\partial x} f(x,y) = 6xe^{xy} + 3x^2 y e^{xy}, \quad \frac{\partial}{\partial y} f(x,y) = 3x^3 e^{xy}$$

$$\frac{\partial^2}{\partial x^2} f(x,y) = 6e^{xy} + 12xye^{xy} + 3x^2y^2e^{xy}$$

$$\frac{\partial}{\partial x\,\partial y} f(x,y) = \frac{\partial}{\partial y\,\partial x} f(x,y) = 9x^2e^{xy} + 3x^3ye^{xy}$$

$$\frac{\partial^2}{\partial y^2} f(x,y) = 3x^4e^{xy}$$

따라서 기울기벡터와 헤시안 행렬은 다음과 같다.

$$\nabla f(x,y) = \begin{pmatrix} \dfrac{\partial}{\partial x} f(x,y) \\ \dfrac{\partial}{\partial y} f(x,y) \end{pmatrix} = \begin{pmatrix} 6xe^{xy} + 3x^2ye^{xy} \\ 3x^3e^{xy} \end{pmatrix}$$

$$\nabla^2 f(x,y) = \begin{pmatrix} \dfrac{\partial^2}{\partial x^2} f(x,y) & \dfrac{\partial^2}{\partial x\,\partial y} f(x,y) \\ \dfrac{\partial^2}{\partial y\,\partial x} f(x,y) & \dfrac{\partial^2}{\partial y^2} f(x,y) \end{pmatrix}$$

$$= \begin{pmatrix} 6e^{xy} + 12xye^{xy} + 3x^2y^2e^{xy} & 9x^2e^{xy} + 3x^3ye^{xy} \\ 9x^2e^{xy} + 3x^3ye^{xy} & 3x^4e^{xy} \end{pmatrix}$$

일변수 함수 $f(x) = \frac{1}{2}ax^2 + bx + c$에 대하여 도함수와 이계도함수는 각각 $f'(x) = ax + b$와 $f''(x) = a$이다. 다변수 함수에 대해서도 비슷한 결과를 얻을 수 있다.

예제 6.5

$n \times n$ 대칭행렬 A, $\mathbb{R}^n$에 속하는 열벡터 $\boldsymbol{b}$, 실수 c에 대하여 다음 함수

$$f(\boldsymbol{x}) = \frac{1}{2}\boldsymbol{x}'A\boldsymbol{x} + \boldsymbol{b}'\boldsymbol{x} + c$$

에 대하여 기울기벡터와 헤시안 행렬을 구하라.

풀이 함수 $f(\boldsymbol{x})$는 다음과 같이 나타낼 수 있다.

$$\begin{aligned} f(\boldsymbol{x}) &= \frac{1}{2}\boldsymbol{x}'A\boldsymbol{x} + \boldsymbol{b}'\boldsymbol{x} + c \\ &= \frac{1}{2}\sum_{k=1}^{n}\sum_{l=1}^{n} a_{kl}x_kx_l + \sum_{k=1}^{n} b_kx_k + c \end{aligned}$$

위 식으로부터 $\frac{\partial}{\partial x_i} f(\boldsymbol{x}) = \frac{1}{2}\left(\sum_{l=1}^{n} a_{il}x_l + \sum_{k=1}^{n} a_{ki}x_k\right) + b_i = b_i + \sum_{l=1}^{n} a_{il}x_l$이고, $\frac{\partial^2}{\partial x_i \partial x_j} f(\boldsymbol{x}) = a_{ij}$임을 알 수 있다 ($A$가 대칭행렬이므로 $a_{ij} = a_{ji}$이다). 따라서 기울기벡터와 헤시안 행렬은 다음과 같다.

$$\nabla f(\boldsymbol{x}) = \begin{pmatrix} \frac{\partial}{\partial x_1} f(\boldsymbol{x}) \\ \vdots \\ \frac{\partial}{\partial x_n} f(\boldsymbol{x}) \end{pmatrix} = \begin{pmatrix} b_1 + \sum_{l=1}^{n} a_{1l}x_l \\ \vdots \\ b_n + \sum_{l=1}^{n} a_{nl}x_l \end{pmatrix} = \begin{pmatrix} b_1 \\ \vdots \\ b_n \end{pmatrix} + \begin{pmatrix} \sum_{l=1}^{n} a_{1l}x_l \\ \vdots \\ \sum_{l=1}^{n} a_{nl}x_l \end{pmatrix} = \boldsymbol{b} + A\boldsymbol{x}$$

$$\nabla^2 f(\boldsymbol{x}) = \begin{pmatrix} \frac{\partial^2}{\partial x_1 \partial x_1} f(\boldsymbol{x}) & \cdots & \frac{\partial^2}{\partial x_1 \partial x_n} f(\boldsymbol{x}) \\ \vdots & & \vdots \\ \frac{\partial^2}{\partial x_n \partial x_1} f(\boldsymbol{x}) & \cdots & \frac{\partial^2}{\partial x_n \partial x_n} f(\boldsymbol{x}) \end{pmatrix} = \begin{pmatrix} a_{11} & \cdots & a_{1n} \\ \vdots & & \vdots \\ a_{n1} & \cdots & a_{nn} \end{pmatrix} = A$$

3장에서 소개한 것처럼 일변수 함수 $f(x)$가 미분가능하면 $x = a$ 근방에서

$$f(a+t) = f(a) + f'(a)t + o(|t|)$$

이고, 두 번 미분가능하면 $x = a$ 근방에서

$$f(a+t) = f(a) + f'(a)t + \frac{f''(a)}{2!}t^2 + o(|t|^2)$$

이 성립한다. 다변수 함수에 대하여도 유사한 결과를 얻을 수 있다.

■ 다변수 함수 $f : \mathbb{R}^n \rightarrow \mathbb{R}$ 에 대한 테일러 정리

함수 $f : \mathbb{R}^n \rightarrow \mathbb{R}$ 가 미분가능하면 $\boldsymbol{x} = \boldsymbol{a}$ 근방에서

$$f(\boldsymbol{a}+\boldsymbol{h}) = f(\boldsymbol{a}) + \nabla f(\boldsymbol{a})'\boldsymbol{h} + o(\|\boldsymbol{h}\|) \quad (6.2)$$

이고, 두 번 미분가능하면 $\boldsymbol{x} = \boldsymbol{a}$ 근방에서

$$f(\boldsymbol{a}+\boldsymbol{h}) = f(\boldsymbol{a}) + \nabla f(\boldsymbol{a})'\boldsymbol{h} + \frac{1}{2}\boldsymbol{h}'\nabla^2 f(\boldsymbol{a})\boldsymbol{h} + o(\|\boldsymbol{h}\|^2) \quad (6.3)$$

이다.

식 (6.2)와 (6.3)에서 $x=a+h$라 할 때 다음과 같은 결과를 얻을 수 있다.

$$f(x)=f(a)+\nabla f(a)'(x-a)+o(\|x-a\|)$$
$$f(x)=f(a)+\nabla f(a)'(x-a)+\frac{1}{2}(x-a)'\nabla^2 f(a)(x-a)+o(\|x-a\|^2)$$

따라서 함수 f가 $x=a$에서 미분가능하면 $x=a$ 근방에서 다음 근사식을 얻을 수 있다.

$$f(x)\approx f(a)+\nabla f(a)'(x-a)$$

위 식에서 오른편의 식 $f(a)+\nabla f(a)'(x-a)$을 1차 테일러 다항식이라고 한다, 또한 함수 f가 $x=a$에서 두 번 미분가능하면 $x=a$ 근방에서 다음 근사식을 얻을 수 있다.

$$f(x)\approx f(a)+\nabla f(a)'(x-a)+\frac{1}{2}(x-a)'\nabla^2 f(a)(x-a)$$

위 식에서 오른편의 식 $f(a)+\nabla f(a)'(x-a)+\frac{1}{2}(x-a)'\nabla^2 f(a)(x-a)$을 2차 테일러 다항식이라고 한다,

일변수 함수 $f(x)$에 대하여 $f'(a)$는 $x=a$에서 함숫값 $f(x)$의 변화율을 나타낸다. 다변수 함수 $f(x)$에 대하여 기울기벡터 $\nabla f(a)$의 의미를 알아보도록 하자.

기울기벡터의 의미

먼저 두 벡터의 내적에 대해 알아보자. 5장에서 설명한 것처럼 벡터 a를 벡터 b로 정사영한 벡터는 $\frac{<a,b>}{<b,b>}b=\frac{<a,b>}{\|b\|^2}b$이다.

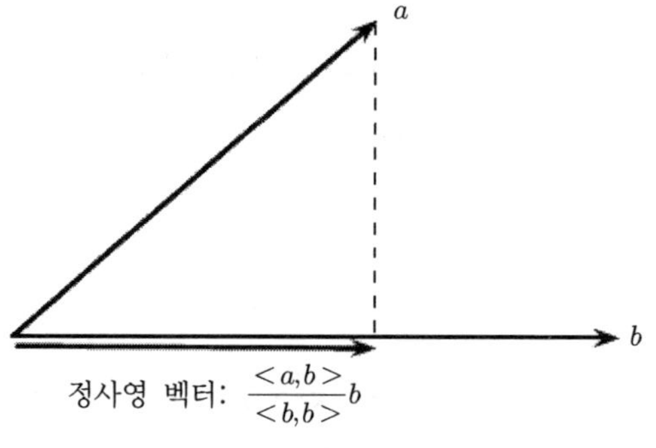

그림 6.6 벡터의 정사영

두 벡터 $\boldsymbol{a}$, $\boldsymbol{b}$ 사이의 각도를 θ라고 할 때, $\boldsymbol{a}$를 $\boldsymbol{b}$로 정사영한 벡터는 길이가 $\|\boldsymbol{a}\| \cdot \cos\theta$이고, 방향이 $\boldsymbol{b}$와 같으므로 다음과 같이 나타낼 수도 있다.

$$\text{정사영한 벡터: } \|\boldsymbol{a}\| \cdot \cos\theta \cdot \frac{\boldsymbol{b}}{\|\boldsymbol{b}\|}$$

따라서 $\dfrac{<\boldsymbol{a},\boldsymbol{b}>}{\|\boldsymbol{b}\|^2}\boldsymbol{b} = \|\boldsymbol{a}\| \cdot \cos\theta \cdot \dfrac{\boldsymbol{b}}{\|\boldsymbol{b}\|}$이 성립해야 하므로 다음 관계를 얻을 수 있다.

$$<\boldsymbol{a},\boldsymbol{b}> = \|\boldsymbol{a}\| \cdot \|\boldsymbol{b}\| \cdot \cos\theta$$

위 식을 이용하여 기울기벡터의 기하학적 의미를 살펴보자.

다변수 함수 $f: \mathbb{R}^n \to \mathbb{R}$이 $\boldsymbol{x} = \boldsymbol{a}$에서 미분가능할 때 테일러 정리에 의하여 다음 식이 성립한다.

$$f(\boldsymbol{a}+\boldsymbol{h}) = f(\boldsymbol{a}) + <\nabla f(\boldsymbol{a}), \boldsymbol{h}> + o(\|\boldsymbol{h}\|)$$

고정된 단위벡터 $\boldsymbol{u}$에 대하여 $\boldsymbol{h} = t \cdot \boldsymbol{u}$ (t는 실수)라 할 때, 위 식은 다음과 같이 나타낼 수 있다.

$$f(\boldsymbol{a}+t \cdot \boldsymbol{u}) = f(\boldsymbol{a}) + t<\nabla f(\boldsymbol{a}), \boldsymbol{u}> + o(|t|)$$

즉 $\boldsymbol{x} = \boldsymbol{a}$ 근방에서는 다음이 성립한다.

$$\begin{aligned} f(\boldsymbol{a}+t \cdot \boldsymbol{u}) &\simeq f(\boldsymbol{a}) + t<\nabla f(\boldsymbol{a}), \boldsymbol{u}> \\ &= f(\boldsymbol{a}) + t \cdot \|\nabla f(\boldsymbol{a})\| \cdot \|\boldsymbol{u}\| \cdot \cos\theta \\ &= f(\boldsymbol{a}) + t \cdot \|\nabla f(\boldsymbol{a})\| \cdot \cos\theta \end{aligned}$$

$\boldsymbol{x} = \boldsymbol{a}$ 근방에서 $f(\boldsymbol{a}+t \cdot \boldsymbol{u}) - f(\boldsymbol{a}) \simeq t \cdot \|\nabla f(\boldsymbol{a})\| \cdot \cos\theta$이므로 단위벡터 $\boldsymbol{u}$ 방향으로 t에 따른 함수 f의 변화율은 $<\nabla f(\boldsymbol{a}), \boldsymbol{u}>$ 혹은 $\|\nabla f(\boldsymbol{a})\| \cdot \cos\theta$라고 할 수 있다. 즉 $\boldsymbol{x}$의 값이 $\boldsymbol{a}$에서 $\boldsymbol{u}$ 방향으로 t만큼 변화할 때 함숫값은 국소적으로(locally) $t \cdot \|\nabla f(\boldsymbol{a})\| \cdot \cos\theta$ 만큼 변화한다.

$\boldsymbol{x} = \boldsymbol{a}$에서 $\boldsymbol{u}$ 방향으로 함숫값 $f(\boldsymbol{x})$의 변화율을 나타내는 $\|\nabla f(\boldsymbol{a})\| \cdot \cos\theta$는 $\cos\theta = 1$일 때, 즉 $\boldsymbol{u}$와 $\nabla f(\boldsymbol{a})$가 같은 방향일 때 가장 크다. 따라서 아래의 $\boldsymbol{u}$ 방향으로 움직일 때

$$\boldsymbol{u} = \frac{\nabla f(\boldsymbol{a})}{\|\nabla f(\boldsymbol{a})\|}$$

함숫값이 가장 빠르게 증가한다. 그리고 두 벡터 $\nabla f(\boldsymbol{a})$와 $\boldsymbol{u}$가 직교한다면 $< \nabla f(\boldsymbol{a}), \boldsymbol{u} > \ = 0$이므로 $\boldsymbol{x} = \boldsymbol{a}$ 근방에서 단위벡터 $\boldsymbol{u}$ 방향으로 움직일 때 함숫값은 국소적으로 변화가 없다. 이를 정리하면 다음과 같다.

■ $\boldsymbol{x} = \boldsymbol{a}$에서 $\boldsymbol{u}$ 방향으로 함숫값의 국소적 변화

(1) $< \nabla f(\boldsymbol{a}), \boldsymbol{u} > \ > 0$이면, $\boldsymbol{x}$가 $\boldsymbol{a}$에서 $\boldsymbol{u}$ 방향으로 움직일 때 함숫값 $f(\boldsymbol{x})$는 국소적으로 증가한다.

(2) $< \nabla f(\boldsymbol{a}), \boldsymbol{u} > \ < 0$이면, $\boldsymbol{x}$가 $\boldsymbol{a}$에서 $\boldsymbol{u}$ 방향으로 움직일 때 함숫값 $f(\boldsymbol{x})$는 국소적으로 감소한다.

(3) $< \nabla f(\boldsymbol{a}), \boldsymbol{u} > \ = 0$이면, $\boldsymbol{x}$가 $\boldsymbol{a}$에서 $\boldsymbol{u}$ 방향으로 움직일 때 함숫값 $f(\boldsymbol{x})$는 국소적으로 변화가 없다.

(4) $\boldsymbol{u} = \dfrac{\nabla f(\boldsymbol{a})}{\|\nabla f(\boldsymbol{a})\|}$일 때, 함숫값 $f(\boldsymbol{x})$는 국소적으로 가장 빠르게 증가한다.

(5) $\boldsymbol{u} = -\dfrac{\nabla f(\boldsymbol{a})}{\|\nabla f(\boldsymbol{a})\|}$일 때, 함숫값 $f(\boldsymbol{x})$는 국소적으로 가장 빠르게 감소한다.

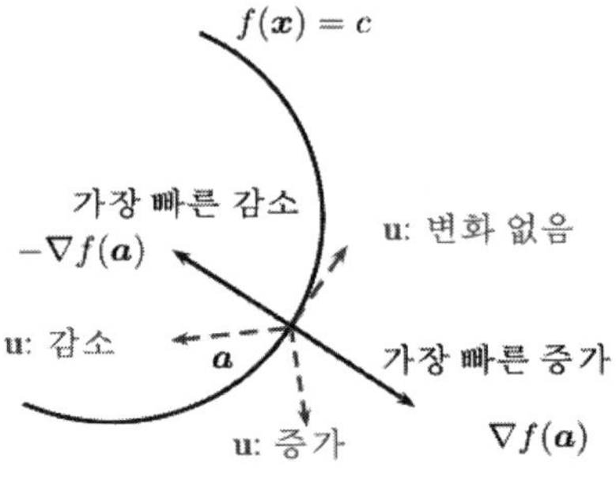

그림 6.7 국소적인 함숫값의 변화

예제 6.6

이변수 함수 $f(x,y) = x^2 + y^2$에 대하여 $(x,y) = (1,1)$에서 함숫값의 국소적 변화에 대하여 설명하라.

풀이 $\dfrac{\partial}{\partial x} f(x,y) = 2x$, $\dfrac{\partial}{\partial y} f(x,y) = 2y$이므로 기울기벡터는 $\nabla f(x,y) = \begin{pmatrix} 2x \\ 2y \end{pmatrix}$이다. 따라서 $(x,y) = (1,1)$에서 기울기벡터는 $\nabla f(1,1) = \begin{pmatrix} 2 \\ 2 \end{pmatrix}$이며, 기울기벡터의 크

기는 $\|\nabla f(1,1)\| = 2\sqrt{2}$ 이다. 따라서 함숫값이 가장 빠르게 증가하는 방향은 기울기벡터 방향인 $\frac{1}{\sqrt{2}}\begin{pmatrix}1\\1\end{pmatrix}$이며, 가장 빠르게 감소하는 방향은 기울기벡터의 반대 방향인 $\frac{1}{\sqrt{2}}\begin{pmatrix}-1\\-1\end{pmatrix}$이다. 한편 기울기벡터와 직교하는 $\frac{1}{\sqrt{2}}\begin{pmatrix}-1\\1\end{pmatrix}$이나 $\frac{1}{\sqrt{2}}\begin{pmatrix}1\\-1\end{pmatrix}$ 방향으로는 국소적으로 함숫값에 변화가 없다.

이번에는 (x,y)가 $(1,1)$에서 움직일 때 함숫값의 국소적 변화를 알아보도록 하자. 예를 들어 $(x,y)=(1,1)$에서 $(x,y)=(1.01,1.01)$로 움직인 경우를 생각해보자. 실제 함숫값은 $f(1,1)=1^2+1^2=2$, $f(1.01,1.01)=1.01^2+1.01^2=2.0402$로 함숫값의 변화는 $f(1.01,1.01)-f(1,1)=0.0402$이다. 앞에서 설명한 것처럼 $\boldsymbol{x}=\boldsymbol{a}$에서 $\boldsymbol{x}=\boldsymbol{a}+t\cdot\boldsymbol{u}$로 움직일 때, 함숫값의 국소적 변화는 근사적으로 $<\nabla f(\boldsymbol{a}), t\cdot\boldsymbol{u}>$이다. 여기서 $\nabla f(1,1)=\begin{pmatrix}2\\2\end{pmatrix}$이고 $t\cdot\boldsymbol{u}=\begin{pmatrix}0.01\\0.01\end{pmatrix}$이므로 $<\nabla f(\boldsymbol{a}), t\cdot\boldsymbol{u}>=0.04$이다. 이값은 실제 값인 0.0402에 매우 가깝다는 것을 알 수 있다.

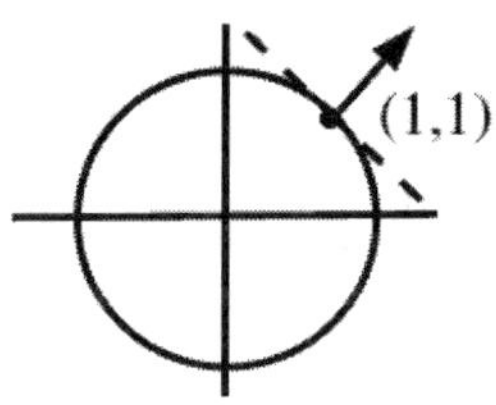

그림 6.8 함수 $f(x,y)=x^2+y^2$의 $(1,1)$에서 기울기벡터

헤시안 행렬과 함수의 볼록

헤시안 행렬은 함수가 볼록인지 판단할 수 있는 중요한 도구이다. 예제 6.2에서 설명한 것처럼 일변수 함수 $f(x)=ax^2+bx+c$에 대하여 헤시안 행렬에 해당하는 이계도함수는 $f''(x)=2a$이며, $a\geq 0$일 때 $f(x)$는 볼록이고 $a>0$일 때 $f(x)$는 엄격하게 볼록이다. 마찬가지로 다변수 함수에 대해서도 헤시안 행렬 $\nabla^2 f(\boldsymbol{x})$이 항상 양의 정부호행렬이면 함수 $f(\boldsymbol{x})$는 엄격하게 볼록인 함수(strictly convex function)임을 보일 수 있다. 또한 $f(\boldsymbol{x})$는 볼록인 함수이면 $\nabla^2 f(\boldsymbol{x})$는 양의 준정부호행렬임을 보일 수 있다.

■ 헤시안 행렬과 함수의 볼록

두 번 미분가능한 함수 $f: \mathbb{R}^n \to \mathbb{R}$ 에 대하여

(1) f 가 볼록일 필요충분조건은 헤시안 행렬 $\nabla^2 f(\boldsymbol{x})$가 항상 양의 준정부호행렬 (positive semidefinite matrix)이라는 것이다.

(2) 헤시안 행렬 $\nabla^2 f(\boldsymbol{x})$가 양의 정부호행렬(positive definite matrix)이면 f는 엄격하게 볼록이다.

최솟점의 조건

앞에서 설명한 것처럼 $\nabla f(\boldsymbol{a})$는 $\boldsymbol{x} = \boldsymbol{a}$ 근방에서 함숫값의 국소적 변화를 나타낸다. 함수 f가 미분가능하면 최소가 되는 값 근방에서는 국소적으로 함숫값에 변화가 없어야 한다. 따라서 다음 결과를 얻을 수 있다.

■ 최솟점의 필요조건

함수 f가 미분가능할 경우, $\boldsymbol{x}^*$이 최솟점일 필요조건은 다음과 같다.

$$\nabla f(\boldsymbol{x}^*) = 0$$

$\boldsymbol{x}^*$가 최솟점이면 그 점에서 기울기벡터가 영벡터이지만, 일반적으로 그 역은 성립하지 않는다. 즉 어떤 점에서 기울기벡터가 영벡터라고 해서 그 점이 극솟점이거나 최솟점이라는 보장은 없다. 기울기벡터가 영벡터라는 것은 그 점 근처에서 국소적으로 함숫값의 변화가 없다는 것을 의미하며, $\nabla f(\boldsymbol{x}) = 0$인 점 $\boldsymbol{x}$를 **정류점**(stationary point) 혹은 **정상점**이라 한다. 정류점은 극대(local maxima)거나 극소(local minima)일 수도 있고, 혹은 **안정점**(saddle point)일 수도 있다. 다변수 함수에서 안정점이란 어느 한 방향에서는 극대이지만 다른 방향에서는 극소인 점을 말한다.

헤시안 행렬을 이용하면 기울기벡터가 영벡터인 점 근방에서 함숫값의 변화를 좀 더 자세히 파악할 수 있다. 어떤 점 $\boldsymbol{x}_0$에서 기울기벡터가 영벡터라고 하자. 이 경우 식 (6.3)에 의하여 다음 근사식이 성립한다.

$$f(\boldsymbol{x}_0 + \boldsymbol{h}) \simeq f(\boldsymbol{x}_0) + \frac{1}{2}\boldsymbol{h}'\nabla^2 f(\boldsymbol{x}_0)\boldsymbol{h}$$

헤시안 행렬이 양의 정부호행렬이라면 $h \neq 0$인 모든 h에 대하여 $h'\nabla^2 f(x_0)h$는 항상 0보다 큰 값을 가지게 된다. 따라서 점 x_0에서 기울기벡터가 영벡터이고 헤시안 행렬이 양의 정부호행렬이면 $f(x)$는 x_0 근방에서 $f(x_0)$보다 큰 값을 가지게 되므로 x_0은 극솟점이 된다. 따라서 다음 결과를 얻을 수 있다.

■ **극솟점의 충분조건**

함수 f가 두 번 미분가능할 경우, 점 x_0이 극솟점일 충분조건은 다음과 같다.

$$\nabla f(x_0) = 0 \text{이며, } \nabla^2 f(x_0) \text{이 양의 정부호행렬}$$

조건 $\nabla f(x_0) = 0$을 만족하는 점 x_0은 일반적으로 극솟점이거나 최솟점일 필요는 없다. 추가적으로 $\nabla^2 f(x_0)$이 양의 정부호행렬이면 x_0은 극솟점이 된다. 목적함수가 볼록이면 $\nabla f(x_0) = 0$을 만족하는 점 x_0이 최솟점이라는 것을 보일 수 있다.

정리 6.3

함수 f가 미분가능하고 볼록이면 $\nabla f(x^*) = 0$인 점 x^*는 최솟점이다.

증명 함수 f가 볼록이면, 모든 x, y에 대하여 다음 부등식이 성립한다.

$$f(\lambda y + (1-\lambda)x) \leq \lambda f(y) + (1-\lambda) f(x) \text{ for all } 0 \leq \lambda \leq 1$$

위 부등식은 $f(x + \lambda(x - y)) \leq f(x) + \lambda(f(y) - f(x))$로 나타낼 수도 있다. 따라서 다음 부등식이 성립한다.

$$f(y) - f(x) \geq \frac{f(x + \lambda(y - x)) - f(x)}{\lambda} \text{ for all } 0 < \lambda \leq 1$$

$\lambda \downarrow 0$일 때, 위 식의 오른쪽에 있는 식은 $\nabla f(x)'(y - x)$로 수렴하므로 $f(y) - f(x) \geq \nabla f(x)'(y - x)$임을 알 수 있다. 즉 함수 f가 미분가능하고 볼록이면 모든 x, y에 대하여 다음 부등식이 성립한다.

$$f(y) \geq f(x) + \nabla f(x)'(y - x)$$

따라서 모든 y에 대하여 $f(y) \geq f(x^*) + \nabla f(x^*)'(y - x^*)$이다. $\nabla f(x^*) = 0$이므로 $f(y) \geq f(x^*)$임을 알 수 있다.

목적함수 f가 미분가능할 때, $\nabla f(\boldsymbol{x}^*)=0$이 $\boldsymbol{x}^*$가 최솟점일 필요조건이기도 하므로 다음 결과를 얻을 수 있다.

■ 최솟점의 필요충분조건

함수 f가 미분가능하고 볼록일 때, 점 $\boldsymbol{x}^*$가 최솟점일 필요충분조건은 다음과 같다.

$$\nabla f(\boldsymbol{x}^*)=0$$

예제 6.7

이변수 함수 $f(x,y)=x^2+4x+2y^2+8y+5$의 최솟점을 구하라.

풀이 함수 $f(x,y)=x^2+2x+2y^2-8y+5$의 기울기벡터와 헤시안 행렬은 다음과 같다.

$$\nabla f(x,y)=\begin{pmatrix}\frac{\partial}{\partial x}f(x,y)\\ \frac{\partial}{\partial y}f(x,y)\end{pmatrix}=\begin{pmatrix}2x+2\\4y-8\end{pmatrix},$$

$$\nabla^2 f(x,y)=\begin{pmatrix}\frac{\partial^2}{\partial x^2}f(x,y) & \frac{\partial^2}{\partial x\,\partial y}f(x,y)\\ \frac{\partial^2}{\partial y\,\partial x}f(x,y) & \frac{\partial^2}{\partial y^2}f(x,y)\end{pmatrix}=\begin{pmatrix}2&0\\0&4\end{pmatrix}$$

헤시안 행렬이 양의 정부호행렬이므로 함수 $f(x,y)$는 볼록임을 알 수 있다. 따라서 최솟점은 기울기벡터 $\nabla f(x,y)$가 영벡터인 $(x=-1, y=2)$이다.

6.3 최솟점을 찾는 수치적 방법

목적함수 $f(\boldsymbol{x})$가 볼록이고 미분가능할 때 최솟점은 $\nabla f(\boldsymbol{x})=0$인 해이다. 그렇지만 $\nabla f(\boldsymbol{x})=0$인 해를 구하는 것은 일반적으로 쉽지 않기 때문에 많은 경우 수치적인 알고리즘을 통해 최솟점을 찾는 방법을 사용한다. 이 절에서는 목적함수가 볼록일 때, 최솟점을 찾는 수치적 방법에 대해 알아보도록 하자.

최솟점을 수치적으로 찾는 일반적인 방법은 초기값 $\boldsymbol{x}_0$에서 출발하여 최솟점에 좀 더 가까울 것으로 판단되는 값 $\boldsymbol{x}_1$을 구한다. 다음으로 $\boldsymbol{x}_1$에서 출발하여 최솟점에 가까울 것으로 판단되는 값 $\boldsymbol{x}_2$를 구한다. 이러한 과정을 반복하면 다음과 같은 순차적인 값을 얻을 수 있다.

$$\boldsymbol{x}_0 \to \boldsymbol{x}_1 \to \boldsymbol{x}_2 \to \cdots$$

충분히 많은 반복 후에는 $\boldsymbol{x}_n$이 최솟점 $\boldsymbol{x}^*$에 가까워질 것으로 기대하는 것이다. 현실적으로 이 방법을 적용할 때 중요한 문제는 반복을 언제 멈추어야 하는지에 대한 것이다. 반복 과정을 멈추는 기준은 여러 가지가 있을 수 있다. 한 가지 방법은 이전 단계에서 구한 값 $\boldsymbol{x}_k$와 다음 단계에서 구한 값 $\boldsymbol{x}_{k+1}$이 상대적으로 큰 차이가 없으면 최솟점 $\boldsymbol{x}^*$에 가까워진 것으로 판단하여 반복 과정을 멈추는 것이다. 즉 다음 값이 일정한 기준 이하로 내려가면 반복 과정을 멈추는 것이다.

$$\frac{\|\boldsymbol{x}_{k+1} - \boldsymbol{x}_k\|}{\|\boldsymbol{x}_k\|}$$

이 외에도 반복 과정의 횟수를 제한하는 방법도 있고, $f(\boldsymbol{x}_k)$와 $f(\boldsymbol{x}_{k+1})$의 차이를 기준으로 반복 과정을 멈추는 방법도 있다.

경사하강법

앞에서 설명한 것처럼 어느 점 $\boldsymbol{x}_0$에서 함숫값이 가장 빠르게 감소하는 방향은 $-\nabla f(\boldsymbol{x}_0)$이다. 따라서 $\boldsymbol{x}_0$에서 $-\nabla f(\boldsymbol{x}_0)$ 방향으로 어느 정도 이동하였을 때 함숫값은 감소할 것으로 기대할 수 있다. 이러한 아이디어를 활용하여 $\boldsymbol{x}_0$보다 최솟점에 가까울 것으로 생각하는 다음 단계의 값 $\boldsymbol{x}_1$을 다음과 같이 정한다.

$$\boldsymbol{x}_1 = \boldsymbol{x}_0 - t_0 \cdot \nabla f(\boldsymbol{x}_0)$$

위 식에서 t_0는 양수로써 $-\nabla f(\boldsymbol{x}_0)$ 방향으로 얼마만큼 이동할 것인지를 나타내는 값으로 **스텝 크기**(step size)라고 하며, 알고리즘에서 적절하게 선택되어야 한다.

일반적으로 이전 단계에서 최솟점의 후보로 선택된 값이 $\boldsymbol{x}_k$라면 다음 단계의 값으로 아래의 값을 사용한다.

$$\boldsymbol{x}_{k+1} = \boldsymbol{x}_k - t_k \cdot \nabla f(\boldsymbol{x}_k)$$

위 식에서도 t_k는 양수로써 $-\nabla f(\boldsymbol{x}_k)$ 방향으로 얼마만큼 이동할 것인지를 나타내는 값이다. 이러한 과정을 반복하여 최솟점을 구하는 방법을 **경사하강법**(gradient descent method, steepest descent method)이라고 한다.

각 단계에서 $\boldsymbol{x}_k$로부터 $-\nabla f(\boldsymbol{x}_k)$ 방향으로 이동할 스텝 크기 t_k의 값을 정하는 방법은 여러 가지가 있을 수 있다. 간단하게는 단계에 상관없이 일정한 값으로 정하는 방법이 있을 수 있다. 그림 6.9는 함수 $f(x) = (x-1)^2 + 1$에 대하여 경사하강법으로 최솟점을 구하는 과정을 그림으로 나타낸 것이다. 그림에서 세모로 표시한 값이 각 단계에서 구한 최솟점의 후보이다. 초기값을 $x_0 = 3$으로 하고 스텝 크기를 일정한 값 $t_k = 0.05$로 했을 때를 나타낸 것이다. 그림에서 볼 수 있는 것처럼 $x_0 = 3$에서 출발하여 점차 최솟점인 $x^* = 1$에 수렴하는 것을 알 수 있다.

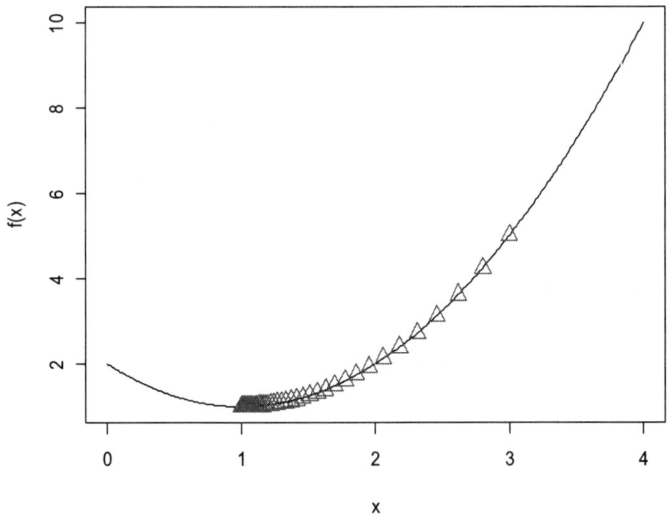

그림 6.9 경사하강법의 예

이상적으로는 함숫값을 가장 작게 하도록 스텝 크기를 정하는 것이다. 이를 위해 다음과 같이 t에 대한 함수를 생각할 수 있다.

$$\phi(t) = f(\boldsymbol{x}_k - t \cdot \nabla f(\boldsymbol{x}_k))$$

위의 값을 가장 작게 하는 t의 값으로 t_k로 정하는 방법을 **exact line search**라고 한다. 즉 exact line search는 다음을 만족하도록 t_k를 구한다.

$$t_k = \arg\min \phi(t)$$

그렇지만 $\phi(t)$를 가장 작게 하는 t를 정확히 구하는 것은 현실적으로 매우 어렵다. 대신에 스텝 크기를 정하기 위해 흔히 사용되는 방법이 **backtracking line search**이다. 이 방법은 다음과 같은 알고리즘을 사용하여 스텝 크기를 정한다.

1. $0 < \alpha \le \frac{1}{2}$, $0 < \beta < 1$인 두 값 α와 β를 정한다.
2. $t = 1$로 초기화한다.
3. 만약 $f(\boldsymbol{x}_k - t \cdot \nabla f(\boldsymbol{x}_k)) > f(\boldsymbol{x}_k) - \alpha \cdot \|\nabla f(\boldsymbol{x}_k)\|^2$이 성립하면 현재 t 값을 βt로 재설정하여 이 과정을 반복한다. 반대로 $f(\boldsymbol{x}_k - t \cdot \nabla f(\boldsymbol{x}_k)) \le f(\boldsymbol{x}_k) - \alpha\|\nabla f(\boldsymbol{x}_k)\|^2$이 성립하면 이 과정을 멈추고 현재 t 값을 스텝 크기 t_k로 정한다.

예제 6.8

$\boldsymbol{y} = \begin{pmatrix} y_1 \\ \vdots \\ y_n \end{pmatrix}$, $X = \begin{pmatrix} x_{11} & \cdots & x_{1n} \\ \vdots & \cdots & \vdots \\ x_{n1} & \cdots & x_{nn} \end{pmatrix}$, $\beta = \begin{pmatrix} \beta_1 \\ \vdots \\ \beta_n \end{pmatrix}$에 대하여 $f(\beta) = \|\boldsymbol{y} - X\beta\|^2$을 최소로 하는 β를 경사하강법을 적용할 때, 이전 단계에서 구한 β_k로부터 다음 단계 β_{k+1}을 구하는 방법을 설명하라.

풀이 목적함수는 다음과 같이 표현할 수 있다.

$$f(\beta) = \|\boldsymbol{y} - X\beta\|^2 = \boldsymbol{y}'\boldsymbol{y} - 2\beta' X'\boldsymbol{y} + \beta' X' X\beta$$

따라서 기울기벡터는 다음과 같다.

$$\nabla f(\beta) = -2X'\boldsymbol{y} + 2X'X\beta \quad \text{(예제 6.5 참조)}$$

스텝 크기를 t_k라 할 때, β_k로부터 β_{k+1}를 구하는 식은 다음과 같다.

$$\beta_{k+1} = \beta_k - t_k \cdot \nabla f(\beta_k) = \beta_k + 2t_k \cdot X'(\boldsymbol{y} - X\beta_k)$$

뉴턴-랩슨법

테일러 정리를 이용하면 $x = x_0$ 근방에서 함수 $f(x)$는 다음과 같은 2차 테일러 다항식 $P_2(x)$로 근사할 수 있다.

$$P_2(x) = f(x_0) + \nabla f(x_0)'(x - x_0) + \frac{1}{2}(x - x_0)'\nabla^2 f(x_0)(x - x_0)$$

목적함수 $f(x)$가 볼록인 경우에는 $\triangle^2 f(x_0)$이 양의 준정부호행렬이다. 이때 $\nabla^2 g(x) = \nabla^2 f(x_0)$이므로 $P_2(x)$도 볼록인 함수이다. 따라서 $P_2(x)$는 $\nabla P_2(x) = 0$인 x에서 최소가 된다. 한편

$$\nabla P_2(x) = \nabla f(x_0) + \nabla^2 f(x_0)(x - x_0)$$

이므로 방정식 $\nabla P_2(x) = 0$인 해는 $x = x_0 - (\nabla^2 f(x_0))^{-1} \cdot \nabla f(x_0)$이다. 이와 같은 아이디어를 활용하여 이전 단계에서 구한 최솟점이 x_0일 때, 다음 단계의 최솟점으로 아래의 값을 사용한다.

$$x_1 - x_0 - (\nabla^2 f(x_0))^{-1} \nabla f(x_0)$$

일반적으로 이전 단계에서 최솟점의 후보로 선택된 값이 x_k라면 다음 단계의 값으로 아래의 값을 사용한다.

$$x_{k+1} = x_k - (\nabla^2 f(x_k))^{-1} \nabla f(x_k)$$

이러한 과정을 반복하여 최솟점을 구하는 방법을 **뉴턴-랩슨법**(Newton-Raphson method)이라고 한다. 이 방법은 헤시안 행렬 $\nabla^2 f(x_k)$과 그 역행렬을 구해야 하는 추가적인 과정이 필요하지만 경사하강법에 비해 최솟점을 구하는 x_k의 수렴 과정이 빠를 수 있다는 장점이 있다.

그림 6.10은 함수 $f(x) = (x-1)^2 + 1$에 대하여 뉴턴-랩슨법으로 최솟점을 구하는 과정을 그림으로 나타낸 것이다. 그림에서 세모로 표시한 값이 각 단계에서 구한 최솟점의 후보이다. 초기값을 $x_0 = 3$으로 했을 때를 나타낸 것이다. 그림에서 볼 수 있는 것처럼 $x_0 = 3$에서 출발하여 점차 최솟점인 $x^* = 1$에 수렴하는 것을 알 수 있고, 경사하강법에 비해 빠르게 최솟점에 수렴한다는 것을 알 수 있다.

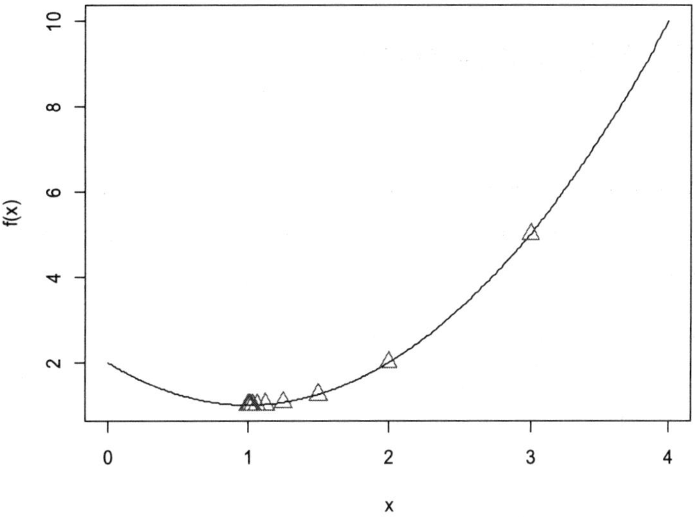

그림 6.10 뉴턴-랩슨법의 예

예제 6.9

$\boldsymbol{y} = \begin{pmatrix} y_1 \\ \vdots \\ y_n \end{pmatrix}, X = \begin{pmatrix} x_{11} \cdots x_{1n} \\ \vdots \cdots \vdots \\ x_{n1} \cdots x_{nn} \end{pmatrix}, \beta = \begin{pmatrix} \beta_1 \\ \vdots \\ \beta_n \end{pmatrix}$에 대하여 $f(\beta) = \|\boldsymbol{y} - X\beta\|^2$을 최소로 하는 β를 뉴턴-랩슨법으로 구할 때, 이전 단계에서 구한 β_k로부터 다음 단계 β_{k+1}을 구하는 방법을 설명하라. 단, $X'X$의 역행렬이 존재한다.

풀이 예제 6.8에서 구한 것처럼 기울기벡터는 $\nabla f(\beta) = -2X'\boldsymbol{y} + 2X'X\beta$이다. 헤시안 행렬을 구하면 다음과 같다.

$$\nabla^2 f(\beta) = 2X'X$$

따라서 β_k로부터 β_{k+1}를 구하는 식은 다음과 같다.

$$\beta_{k+1} = \beta_k - (\nabla^2 f(\beta_k))^{-1} \nabla f(\beta_k) = \beta_k + (X'X)^{-1} X'(\boldsymbol{y} - X\beta_k)$$

6.4 제약조건이 있는 최적화

지금까지는 목적함수를 전체 영역에서 최소로 하는 값을 구하는 방법을 설명하였다. 상황에 따라서는 변수 $\boldsymbol{x}$에 제약조건이 있어서 제한된 범위에서 목적함수를 최소로 하는 경우도 있다. 제약조건은 여러 가지 형태가 있을 수 있다. 먼저 제약조건이 등식 형태로 주어지는 최적화를 알아보도록 하자.

어떤 등식을 만족하는 영역에서 목적함수를 최소화하는 최적화는 다음과 같아 나타낼 수 있다.

■ 등식 조건이 있는 최적화

함수 $f: \mathbb{R}^n \rightarrow \mathbb{R}$ 에 대하여 $h(\boldsymbol{x})=0$을 만족하는 영역에서 최적화는 다음과 같이 표현할 수 있다.

$$\text{minimize } f(\boldsymbol{x}) \text{ with constraint } h(\boldsymbol{x})=0$$

제약조건 $h(\boldsymbol{x})=0$을 만족하는 영역에서 $f(\boldsymbol{x})$가 $\boldsymbol{x}^*$에서 최소가 될 때 다음과 같이 나타낸다.

$$\boldsymbol{x}^* = \operatorname{argmax}_{\boldsymbol{x} \in R^n} f(\boldsymbol{x}) \text{ with constraint } h(\boldsymbol{x})=0$$

제약조건을 만족하는 점을 **실현가능점**(feasible point), 모든 실현가능점의 집합을 **실현가능한 집합**(feasible set) 혹은 **실현가능한 영역**(feasible region)이라 하고, 실현가능점에서 어떤 방향을 따라 국소적으로 움직일 때 제약조건을 만족하게 되는 방향을 **실현가능한 방향**(feasible direction)이라 한다.

$\boldsymbol{x}_0$이 제약조건 $h(\boldsymbol{x}_0)=0$을 만족하는 실현가능점이라 하자. 앞에서 설명한 것처럼 점 $\boldsymbol{x}_0$에서 기울기벡터가 $\nabla h(\boldsymbol{x}_0)$일 때, 단위벡터 $\boldsymbol{u}$ 방향으로 함수 $h(\boldsymbol{x})$의 변화율은 $<\nabla h(\boldsymbol{x}_0), \boldsymbol{u}>$이 된다. 따라서 $\boldsymbol{x}$가 $\boldsymbol{x}_0$에서 $<\nabla h(\boldsymbol{x}_0), \boldsymbol{u}> \neq 0$인 $\boldsymbol{u}$ 방향으로 움직일 때는 함숫값에 변화가 있으므로 제약조건 $h(\boldsymbol{x})=0$을 만족하지 못하게 된다. 그러나 $\boldsymbol{x}$가 $\boldsymbol{x}_0$에서 $<\nabla h(\boldsymbol{x}_0), \boldsymbol{u}> = 0$인 $\boldsymbol{u}$ 방향으로 움직일 때는 국소적으로 함숫값 $h(\boldsymbol{x})$에 변화가 없으므로 제약조건 $h(\boldsymbol{x})=0$을 만족하게 된다. 따라서 $\boldsymbol{x}_0$에서 제약조건을 만족하는 실현가능한 방향은 $<\nabla h(\boldsymbol{x}_0), \boldsymbol{u}> = 0$을 만족하는 $\boldsymbol{u}$이다.

즉 기울기벡터 $\nabla h(\boldsymbol{x}_0)$와 직교하는 $\boldsymbol{u}$가 실현가능한 방향이다. 그림 6.11에서 곡선은 제약조건 $h(\boldsymbol{x})=0$을 만족하는 실현가능한 집합을 나타내며, $\nabla h(\boldsymbol{x}_0)$와 직교하는 방향 $\boldsymbol{u}$가 실현가능한 방향이다.

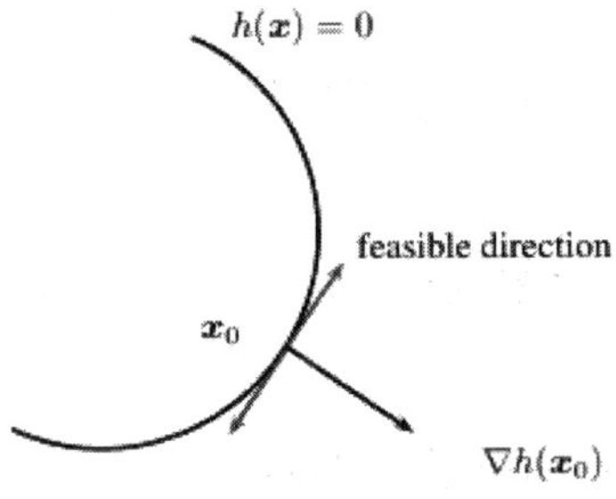

그림 6.11 실현가능한 방향

어떤 점 $\boldsymbol{x}_0$이 제약조건이 있는 최적화에서 극솟점이 될 수 있는지 알아보자. 먼저 제약조건을 만족해야 하므로 $h(\boldsymbol{x}_0)=0$을 만족해야 한다. 첫 번째로 $\nabla f(\boldsymbol{x}_0)$와 $\nabla h(\boldsymbol{x}_0)$이 평행하지 않다고 가정해보자. 즉 $\nabla f(\boldsymbol{x}_0)=c\cdot\nabla h(\boldsymbol{x}_0)$인 상수 c는 존재하지 않는다고 하자. 이런 경우 그림 6.12처럼 $\boldsymbol{x}_0$에서 다음 조건을 만족하는 벡터 $\boldsymbol{u}$가 존재한다.

$$< \nabla h(\boldsymbol{x}_0), \boldsymbol{u}> \ = \ 0 \text{이고} \ < \nabla f(\boldsymbol{x}_0), \boldsymbol{u}> \ < \ 0$$

이때 $< \nabla h(\boldsymbol{x}_0), \boldsymbol{u}> \ = \ 0$이므로 $\boldsymbol{u}$는 제약조건을 만족하는 실현가능한 방향이고, $< \nabla f(\boldsymbol{x}_0), \boldsymbol{u}> \ < \ 0$이므로 $\boldsymbol{x}$가 $\boldsymbol{x}_0$에서 $\boldsymbol{u}$ 방향으로 움직일 때 함숫값은 감소한다. 즉 $\boldsymbol{x}$가 $\boldsymbol{x}_0$에서 $\boldsymbol{u}$ 방향으로 국소적으로 움직일 때 제약조건 $h(\boldsymbol{x})=0$을 만족하지만, 함숫값은 줄어든다. 따라서 $\boldsymbol{x}_0$은 극솟점이 될 수 없다.

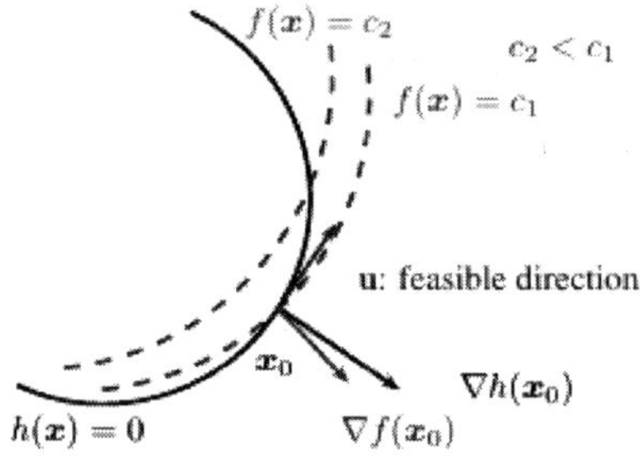

그림 6.12 $\nabla f(x_0)$와 $\nabla h(x_0)$이 평행하지 않은 경우

이번에는 그림 6.13처럼 $\nabla f(\boldsymbol{x}_0)$와 $\nabla h(\boldsymbol{x}_0)$이 평행하다고 가정해보자. 즉 $\nabla f(\boldsymbol{x}_0) = c \cdot \nabla h(\boldsymbol{x}_0)$인 상수 c가 존재한다고 가정하자. 이때 실현가능한 방향 $\boldsymbol{u}$에 대해서 $< \nabla h(\boldsymbol{x}_0), \boldsymbol{u} >= 0$이어야 하고, $\nabla f(\boldsymbol{x}_0) = c \cdot \nabla h(\boldsymbol{x}_0)$이므로 $< \nabla f(\boldsymbol{x}_0), \boldsymbol{u} >= 0$도 성립한다. 즉 제약조건을 만족하는 실현가능한 방향 $\boldsymbol{u}$에 대하여 $< \nabla f(\boldsymbol{x}_0), \boldsymbol{u} > = 0$을 만족하므로 $\boldsymbol{x}$가 $\boldsymbol{x}_0$에서 실현가능한 방향 $\boldsymbol{u}$로 움직일 때 함숫값은 국소적으로 변화가 없다. 따라서 $\boldsymbol{x}_0$은 극솟점이 될 수 있다.

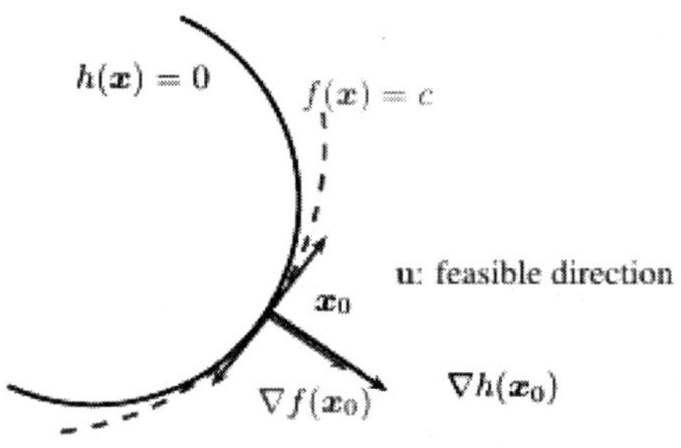

그림 6.13 $\nabla f(x_0)$와 $\nabla h(x_0)$이 평행한 경우

상수 c 대신 $-\mu_0$를 사용하여 앞에서 설명한 결과를 요약하면 다음과 같다.

■ **등식 조건이 있는 최적화에서 극솟점의 필요조건**

함수 $f(\boldsymbol{x})$와 $h(\boldsymbol{x})$가 미분가능할 때, 최적화

$$\text{minimize } f(\boldsymbol{x}) \text{ with constraint } h(\boldsymbol{x})=0$$

에서 $\boldsymbol{x}_0$이 극솟점이 되기 위한 필요조건은 다음과 같다.

$$h(\boldsymbol{x}_0)=0 \quad \text{and} \quad \nabla f(\boldsymbol{x}_0)=-\mu_0\cdot\nabla h(\boldsymbol{x}_0) \text{ for some constant } \mu_0$$

다음과 같이 정의된 함수를 고려해보자.

$$L(\boldsymbol{x},\mu)=f(\boldsymbol{x})+\mu h(\boldsymbol{x}) \tag{6.4}$$

위의 함수를 이용하면 $\boldsymbol{x}_0$이 극솟점이 되기 위한 필요조건을 다음과 같이 나타낼 수 있다.

어떤 상수 μ_0에 대하여 $\boldsymbol{x}_0$는 다음 조건을 만족한다.

$$\text{(i) } \frac{\partial}{\partial \boldsymbol{x}}L(\boldsymbol{x}_0,\mu_0)=\nabla f(\boldsymbol{x}_0)+\mu_0\nabla h(\boldsymbol{x}_0)=0 \tag{6.5}$$

$$\text{(ii) } \frac{\partial}{\partial \mu}L(\boldsymbol{x}_0,\mu_0)=h(\boldsymbol{x}_0)=0 \tag{6,6}$$

식 (6.4)와 같이 정의된 함수를 **라그랑주 승수**(Lagrange multiplier) 혹은 **라그랑주 함수**(Lagrangian function)라고 한다. 라그랑주 승수를 사용하면 $\boldsymbol{x}_0$이 극솟점이 되기 위한 필요조건은 식 (6.5)과 (6.6)을 만족하는 상수 λ_0이 존재한다는 것으로 표현할 수 있다.

예제 6.10

제약조건 $x^2+y^2=1$을 만족하는 영역에서 함수 $f(x,y)=x^2+2y^2-2$의 극대 혹은 극소를 구하라.

풀이 목적함수 $f(x,y)=x^2+2y^2-2$이고 제약조건은 $h(x,y)=x^2+y^2-1=0$으로 나타낼 수 있다. 이때 $\nabla f(x,y)=\begin{pmatrix}2x\\4y\end{pmatrix}$, $\nabla h(x,y)=\begin{pmatrix}2x\\2y\end{pmatrix}$이다. 따라서 (x,y) 각 극소 혹은 극대가 되기 위해서는 다음 조건을 만족하는 상수 c가 존재해야 한다.

$$\begin{pmatrix}2x\\4y\end{pmatrix}=c\begin{pmatrix}2x\\2y\end{pmatrix},\ \ x^2+y^2-1=0$$

$(x,y)\neq(0,0)$이므로 위 식을 만족하려면 $c=1$이거나 $c=2$이어야 한다. 첫 번째로 $c=1$인 경우는 $y=0, x=\pm1$이다. 두 번째로 $c=2$인 경우는 $x=0, y=\pm1$이다. 실제로 그림 6.14에서 볼 수 있는 것처럼 $(y=0, x=\pm1)$에서 극소(최솟점)이고, $(x=0, y=\pm1)$에서 극대(최댓점)이다.

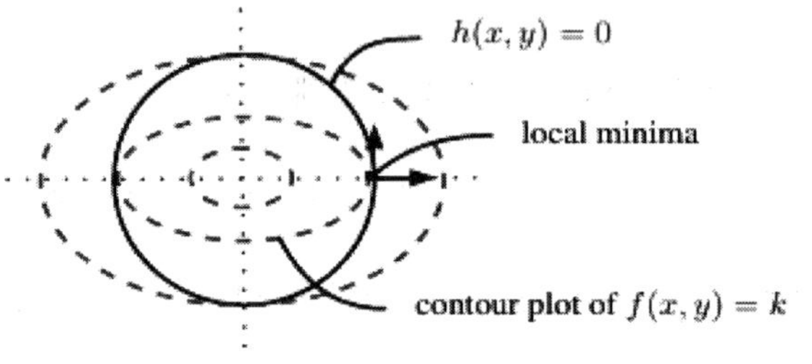

그림 6.14 $x^2+y^2=1$일 때 $f(x,y)=x^2+2y^2-2$의 극소와 극대

등식으로 주어지는 제약조건이 있는 최적화에서 목적함수 $f(\boldsymbol{x})$가 미분가능한 볼록함수이고, 제약조건을 나타내는 함수가 $h(\boldsymbol{x})=\boldsymbol{a}'\boldsymbol{x}+b$ 형태의 **아핀 함수**(affine function)일 경우 식 (6.5)과 (6.6)로 주어지는 필요조건이 충분조건도 된다는 것을 보일 수 있다.

■ **등식 조건이 있는 최적화에서 최솟점의 필요충분조건(Karush–Kuhn–Tucker Condition)**

$f(\boldsymbol{x})$가 미분가능한 볼록함수이고 $h(\boldsymbol{x})=\boldsymbol{a}'\boldsymbol{x}+b$ 형태일 때

$$\text{minimize } f(\boldsymbol{x}) \text{ with constraint } h(\boldsymbol{x})=0$$

에서 $\boldsymbol{x}^*$가 최솟점이 되기 위한 필요충분조건은 다음과 같다.

어떤 상수 μ^*에 대하여 $\boldsymbol{x}^*$는 다음 조건을 만족한다.

(i) $\dfrac{\partial}{\partial \boldsymbol{x}}L(\boldsymbol{x}^*,\mu^*)=\nabla f(\boldsymbol{x}^*)+\mu^*\cdot\nabla h(\boldsymbol{x}^*)=0$

(ii) $\dfrac{\partial}{\partial \mu}L(\boldsymbol{x}^*,\mu^*)=h(\boldsymbol{x}^*)=0$

이번에는 제약조건이 부등식 형태로 주어지는 최적화를 알아보도록 하자. 어떤 부등식을 만족하는 영역에서 목적함수를 최소화하는 최적화는 다음과 같아 나타낼 수 있다.

■ **부등식 조건이 있는 최적화**

함수 $f: \mathbb{R}^n \rightarrow \mathbb{R}$ 에 대하여 $g(\boldsymbol{x}) \leq 0$을 만족하는 영역에서 최적화는 다음과 같이 표현할 수 있다.

$$\text{minimize } f(\boldsymbol{x}) \text{ with constraint } g(\boldsymbol{x}) \leq 0$$

제약조건 $g(\boldsymbol{x}) \leq 0$을 만족하는 영역에서 $f(\boldsymbol{x})$가 $\boldsymbol{x}^*$에서 최소가 될 때 다음과 같이 나타낸다.

$$\boldsymbol{x}^* = \text{argmax}_{\boldsymbol{x} \in R^n} f(\boldsymbol{x}) \text{ with constraint } g(\boldsymbol{x}) \leq 0$$

만약 부등식 제약조건이 $g(\boldsymbol{x}) \geq 0$와 같이 주어진다면 $g(\boldsymbol{x})$ 대신에 $-g(\boldsymbol{x})$를 사용하여 제약조건을 $-g(\boldsymbol{x}) \leq 0$로 나타낼 수 있다. 따라서 부등식 제약조건을 $g(\boldsymbol{x}) \leq 0$로 나타내어도 문제가 되지는 않는다.

제약조건 $g(\boldsymbol{x}) \leq 0$을 만족하는 실현가능한 영역에 속하는 점 $\boldsymbol{x}$에 대하여 $g(\boldsymbol{x}) < 0$일 때 제약조건이 **비활성화**(inactive)되었다고 하며, $g(\boldsymbol{x}) = 0$일 때 제약조건이 **활성화**(active)되었다고 한다. 즉 점 $\boldsymbol{x}$가 실현가능한 영역의 내부에 있을 때 제약조건은 $\boldsymbol{x}$에서 비활성화, 점 $\boldsymbol{x}$가 실현가능한 영역의 경계에 있을 때 제약조건은 $\boldsymbol{x}$에서 활성화되었다고 한다.

점 $\boldsymbol{x}_0$이 실현가능한 영역의 내부에 있는 점이라 하자. 즉 제약조건이 비활성화되어 $g(\boldsymbol{x}_0) < 0$이라고 하자. 이 경우에 $\boldsymbol{x}_0$에서 모든 방향으로 국소적으로 움직여도 여전히 제약조건 $g(\boldsymbol{x}) < 0$을 만족한다. 따라서 그림 6.15처럼 모든 방향이 실현가능한 방향이다.

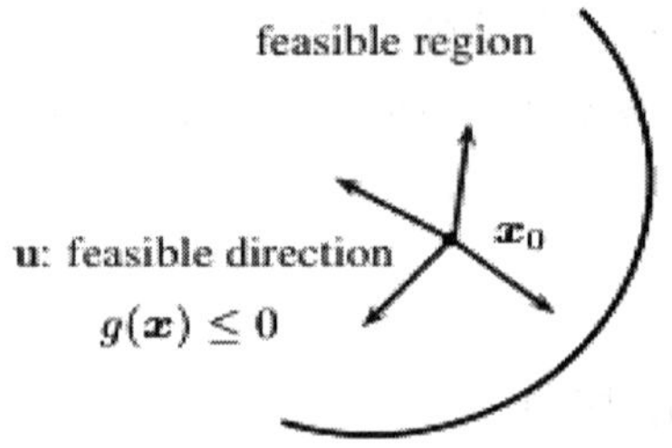

그림 6.15 $g(x_0) < 0$인 점 x_0에서 실현가능한 방향

모든 방향이 실현가능하므로 $\nabla f(\boldsymbol{x}_0) \neq \mathbf{0}$이라면 $< \nabla f(\boldsymbol{x}_0), \boldsymbol{u} > \; < 0$인 실현가능한 방향 $\boldsymbol{u}$가 존재한다. 따라서 $\boldsymbol{x}$가 $\boldsymbol{x}_0$에서 $< \nabla f(\boldsymbol{x}_0), \boldsymbol{u} > \; < 0$인 방향으로 국소적으로 움직일 때, 제약조건을 여전히 만족하지만, 함숫값은 줄어들게 된다, 따라서 점 $\boldsymbol{x}_0$은 극솟점이 될 수 없다. 즉 제약조건이 비활성화된 점 $\boldsymbol{x}_0$에서 $\nabla f(\boldsymbol{x}_0) \neq \mathbf{0}$라면 극솟점이 될 수 없다. 따라서 실현가능한 영역의 내부에 있는 점 $\boldsymbol{x}_0$이 극솟점이라면 반드시 $\nabla f(\boldsymbol{x}_0) = \mathbf{0}$이 성립해야 한다.

점 $\boldsymbol{x}_0$이 그림 6.16과 같이 실현가능 영역의 경계에 있다고 가정해보자. 즉 $\boldsymbol{x}_0$에서 $g(\boldsymbol{x}_0) = 0$으로 제약조건이 $\boldsymbol{x}_0$에서 활성화되었다고 하자. 이때 $\nabla f(\boldsymbol{x}_0)$와 $\nabla g(\boldsymbol{x}_0)$ 사이의 관계에 따라 몇 가지로 나누어 생각해볼 수 있다.

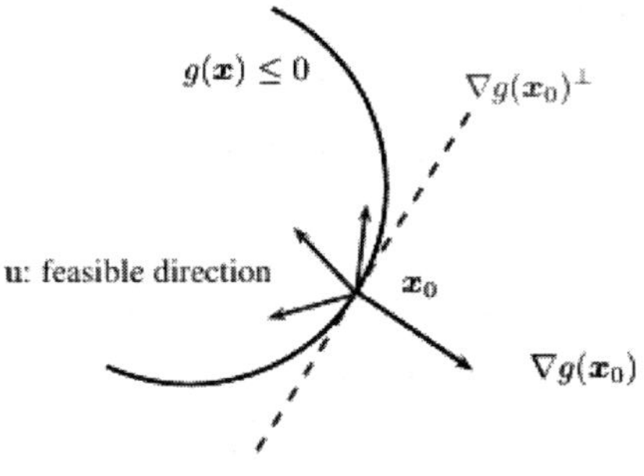

그림 6.16 점 x_0이 실현가능한 영역의 경계에 있는 경우

첫 번째, $\nabla f(\boldsymbol{x}_0)$와 $\nabla g(\boldsymbol{x}_0)$이 평행하지 않다고 하자. 즉 $\nabla f(\boldsymbol{x}_0) = c \cdot \nabla g(\boldsymbol{x}_0)$인 상수 c는 존재하지 않는다고 하자, $< \nabla f(\boldsymbol{x}_0), \nabla g(\boldsymbol{x}_0) > \; > 0$인 경우에는 그림 6.17처럼 $< \nabla f(\boldsymbol{x}_0), \boldsymbol{u} > \; < 0$인 실현가능한 방향 $\boldsymbol{u}$가 존재한다. 예를 들어 $\boldsymbol{u} = -\dfrac{\nabla g(\boldsymbol{x}_0)}{\|\nabla g(\boldsymbol{x}_0)\|}$도 가능한 방향이다. 따라서 $\boldsymbol{x}$가 $\boldsymbol{x}_0$에서 $< \nabla f(\boldsymbol{x}_0), \boldsymbol{u} > \; < 0$인

실현가능한 방향 $\boldsymbol{u}$를 따라 움직일 때, $f(\boldsymbol{x})$는 국소적으로 줄어든다. 따라서 $\boldsymbol{x}_0$은 극솟점이 될 수 없다.

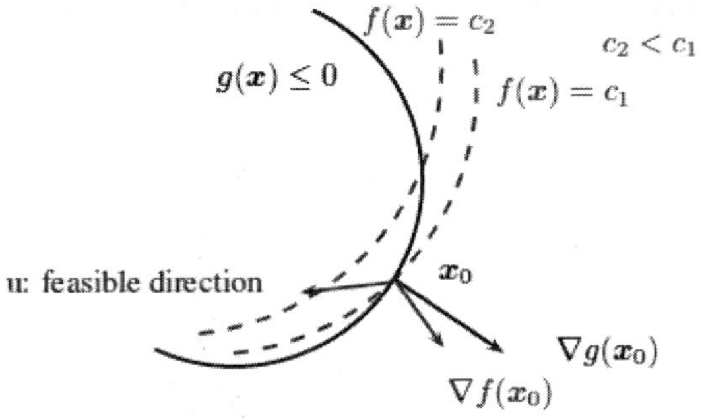

그림 6.17 $\nabla f(\boldsymbol{x}_0)$와 $\nabla g(\boldsymbol{x}_0)$이 평행하지 않고 $<\nabla f(\boldsymbol{x}_0), \nabla g(\boldsymbol{x}_0)> \ > 0$인 경우

$\nabla f(\boldsymbol{x}_0)$와 $\nabla g(\boldsymbol{x}_0)$이 평행하지 않고 $<\nabla f(\boldsymbol{x}_0), \nabla g(\boldsymbol{x}_0)> \ < 0$인 경우에도 $<\nabla f(\boldsymbol{x}_0), \boldsymbol{u}> \ < 0$인 실현가능한 방향 $\boldsymbol{u}$가 존재한다. 따라서 $\boldsymbol{x}$가 $\boldsymbol{x}_0$에서 $<\nabla f(\boldsymbol{x}_0), \boldsymbol{u}> \ < 0$인 실현가능한 방향 $\boldsymbol{u}$를 따라 움직일 때, $f(\boldsymbol{x})$는 국소적으로 줄어든다. 따라서 $\boldsymbol{x}_0$은 극솟점이 될 수 없다.

두 번째, 어떤 양수 λ_0에 대하여 $\nabla f(\boldsymbol{x}_0) = \lambda_0 \cdot \nabla g(\boldsymbol{x}_0)$이 성립한다고 하자. 이 경우에도 그림 6.18처럼$<\nabla f(\boldsymbol{x}_0), \boldsymbol{u}> \ < 0$인 실현가능한 방향 $\boldsymbol{u}$가 존재한다. 예를 들어 $\boldsymbol{u} = -\dfrac{\nabla g(\boldsymbol{x}_0)}{\|\nabla g(\boldsymbol{x}_0)\|}$도 가능한 방향이다. 따라서 $\boldsymbol{x}$가 $\boldsymbol{x}_0$에서 $<\nabla f(\boldsymbol{x}_0), \boldsymbol{u}> \ < 0$인 실현가능한 방향 $\boldsymbol{u}$를 따라 움직일 때, $f(\boldsymbol{x})$는 국소적으로 줄어든다. 따라서 $\boldsymbol{x}_0$은 극솟점이 될 수 없다.

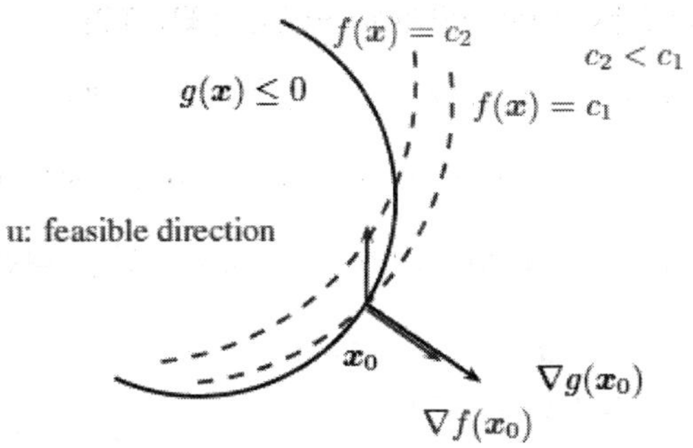

그림 6.18 $\nabla f(\boldsymbol{x}_0) = \lambda_0 \cdot \nabla g(\boldsymbol{x}_0)$인 경우 $(\lambda_0 > 0)$

세 번째, $\lambda_0 \geq 0$에 대하여 $\nabla f(\boldsymbol{x}_0) = -\lambda_0 \cdot \nabla g(\boldsymbol{x}_0)$이 성립한다고 하자. 이 경우에는 그림 6.19와 같이 모든 실현가능한 방향 $\boldsymbol{u}$에 대하여 $< \nabla f(\boldsymbol{x}_0), \boldsymbol{u} > \ \geq 0$이 성립한다. 따라서 $\boldsymbol{x}$가 $\boldsymbol{x}_0$에서 실현가능한 모든 방향으로 움직일 때, $f(\boldsymbol{x})$는 국소적으로 줄어들지 않는다. 따라서 $\boldsymbol{x}_0$은 극솟점이 될 수 있다.

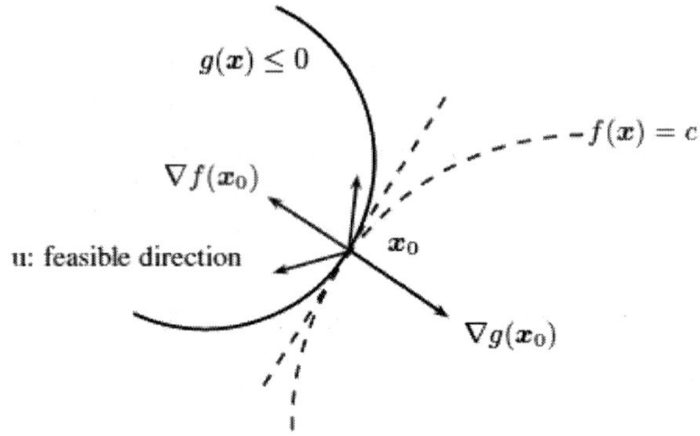

그림 6.19 $\nabla f(\boldsymbol{x}_0) = \lambda_0 \cdot \nabla g(\boldsymbol{x}_0)$인 경우 $(\lambda_0 > 0)$

앞의 결과를 요약하면 다음과 같다.

(i) 실현가능한 영역의 내부에 있는 점 $\boldsymbol{x}_0$이 극솟점이라면 $\nabla f(\boldsymbol{x}_0) = \mathbf{0}$이 성립해야 한다.

(ii) 실현가능한 영역의 경계에 있는 점 $\boldsymbol{x}_0$이 극솟점이려면 $\lambda_0 \geq 0$에 대하여 $\nabla f(\boldsymbol{x}_0) = -\lambda_0 \cdot \nabla g(\boldsymbol{x}_0)$이 성립해야 한다.

위의 내용은 다음과 같이 나타낼 수 있다.

■ **부등식 조건이 있는 최적화에서 극솟점의 필요조건**

함수 $f(\boldsymbol{x})$와 $g(\boldsymbol{x})$가 미분가능할 때, 최적화

$$\text{minimize } f(\boldsymbol{x}) \text{ with constraint } g(\boldsymbol{x}) \leq 0$$

에서 $\boldsymbol{x}_0$이 극솟점이 되기 위한 필요조건은 다음과 같다.

$$\begin{cases} \nabla f(\boldsymbol{x}_0) + \lambda_0 \cdot \nabla g(\boldsymbol{x}_0) = \mathbf{0} \\ \lambda_0 \cdot g(\boldsymbol{x}_0) = 0 \\ g(\boldsymbol{x}_0) \leq 0 \\ \lambda_0 \geq 0 \end{cases} \qquad \text{for some constant } \lambda_0 \geq 0$$

위 식에서 두 번째 조건 $\lambda_0 \cdot g(\boldsymbol{x}_0)=0$라는 것은 $\boldsymbol{x}_0$에서 부등식 조건이 비활성화되었다면 $\lambda_0=0$임을 의미한다.

부등식으로 주어진 제약조건이 있는 최적화에서는 라그랑주 승수를 다음과 같이 정의할 수 있다.

$$L(\boldsymbol{x},\lambda)=f(\boldsymbol{x})+\lambda g(\boldsymbol{x}) \tag{6.7}$$

위의 라그랑주 함수를 이용하면 $\boldsymbol{x}_0$이 극솟점이 되기 위한 필요조건의 첫 번째 식 $\nabla f(\boldsymbol{x}_0)+\lambda_0 \cdot \nabla g(\boldsymbol{x}_0)$는 다음과 같이 나타낼 수도 있다.

$$\frac{\partial}{\partial \boldsymbol{x}}L(\boldsymbol{x}_0,\lambda_0)=\nabla f(\boldsymbol{x}_0)+\lambda_0 \nabla h(\boldsymbol{x}_0)=0 \tag{6.8}$$

부등식으로 주어지는 제약조건이 있는 최적화에서 목적함수 $f(\boldsymbol{x})$와 제약조건을 나타내는 함수 $g(\boldsymbol{x})$가 미분가능한 볼록함수이면 앞에서 제시한 필요조건이 충분조건도 된다는 것을 보일 수 있다.

■ 부등식 조건이 있는 최적화에서 최솟점의 필요충분조건(Karush–Kuhn–Tucker Condition)

$f(\boldsymbol{x})$와 $g(\boldsymbol{x})$가 미분가능한 볼록함수일 때

$$\text{minimize } f(\boldsymbol{x}) \text{ with constraint } g(\boldsymbol{x}) \le 0$$

에서 $\boldsymbol{x}^*$가 최솟점이 되기 위한 필요충분조건은 다음과 같다.

어떤 상수 λ^*에 대하여 $\boldsymbol{x}^*$는 다음 조건을 만족한다.

(i) $\frac{\partial}{\partial \boldsymbol{x}}L(\boldsymbol{x}^*,\lambda^*)=\nabla f(\boldsymbol{x}^*)+\lambda^* \nabla g(\boldsymbol{x}^*)=0$

(ii) $\lambda^* g(\boldsymbol{x}^*)=0$

(iii) $g(\boldsymbol{x}^*) \le 0$

(iv) $\lambda^* \ge 0$

마지막으로 여러 개의 등식 조건과 부등식 조건이 함께 있는 최적화는 다음과 같이 나타낼 수 있다.

■ **등식 조건과 부등식 조건이 있는 최적화**

함수 $f: \mathbb{R}^n \rightarrow \mathbb{R}$ 에 대하여 $h_k(\boldsymbol{x}) = 0, g_j(\boldsymbol{x}) \leq 0, k = 1, \ldots, K, j = 1, \ldots, J$를 만족하는 영역에서 최적화는 다음과 같이 표현할 수 있다.

$$\text{minimize } f(\boldsymbol{x}) \text{ with constraint } \begin{cases} h_k(\boldsymbol{x}) = 0, & k = 1, \ldots, K \\ g_j(\boldsymbol{x}) \leq 0, & j = 1, \ldots, J \end{cases}$$

제약조건 $h_k(\boldsymbol{x}) = 0, g_j(\boldsymbol{x}) \leq 0$을 만족하는 영역에서 $f(\boldsymbol{x})$가 $\boldsymbol{x}^*$에서 최소가 될 때 다음과 같이 나타낸다.

$$\boldsymbol{x}^* = \text{argmax}_{\boldsymbol{x} \in R^n} f(\boldsymbol{x}) \text{ with constraint } \begin{cases} h_k(\boldsymbol{x}) = 0, & k = 1, \ldots, K \\ g_j(\boldsymbol{x}) \leq 0, & j = 1, \ldots, J \end{cases}$$

이 경우는 라그랑주 승수를 다음과 같이 정의할 수 있다.

$$L(\boldsymbol{x}, \boldsymbol{\lambda}, \boldsymbol{\mu}) = f(\boldsymbol{x}) + \sum_{j=1}^{J} \lambda_j g_j(\boldsymbol{x}) + \sum_{k=1}^{K} \mu_k h_k(\boldsymbol{x})$$

위 식에서 $\boldsymbol{\lambda} = (\lambda_1, \ldots, \lambda_J)$, $\boldsymbol{\mu} = (\mu_1, \ldots, \mu_k)$이다.

앞에서 설명한 등식 조건과 부등식 조건이 있는 최적화에서 $\boldsymbol{x}^*$가 최솟점이 되기 위한 필요충분조건은 다음과 같다는 것을 보일 수 있다.

■ **등식 조건과 부등식 조건이 있는 최적화에서 최솟점의 필요충분조건(Karush-Kuhn-Tucker Condition)**

$f(\boldsymbol{x})$와 $g_j(\boldsymbol{x})$가 미분가능한 볼록함수이고 $h_k(\boldsymbol{x}) = \boldsymbol{a}'\boldsymbol{x} + b$ 형태일 때

$$\text{minimize } f(\boldsymbol{x}) \text{ with constraint } \begin{cases} h_k(\boldsymbol{x}) = 0, & k = 1, \ldots, K \\ g_j(\boldsymbol{x}) \leq 0, & j = 1, \ldots, J \end{cases}$$

에서 $\boldsymbol{x}^*$가 최솟점이 되기 위한 필요충분조건은 다음과 같다.

어떤 상수 $\boldsymbol{\lambda}^*, \boldsymbol{\mu}^*$ 에 대하여 $\boldsymbol{x}^*$는 다음 조건을 만족한다.

(i) $\dfrac{\partial}{\partial \boldsymbol{x}} L(\boldsymbol{x}^*, \boldsymbol{\lambda}^*, \boldsymbol{\mu}^*) = \nabla f(\boldsymbol{x}^*) + \sum_{j=1}^{J} \lambda_j^* \nabla g_j(\boldsymbol{x}^*) + \sum_{k=1}^{K} \mu_{k^*} \nabla h_k(\boldsymbol{x}^*) = 0$

(ii) $\lambda_j^* g_j(\boldsymbol{x}^*) = 0, \quad j = 1, \ldots, J$

(iii) $h_k(\boldsymbol{x}^*) = 0, \quad k = 1, \ldots, K$

(iv) $g_j(\boldsymbol{x}^*) \leq 0, \quad j = 1, \ldots, J$

(iv) $\lambda_j^* \geq 0, \quad j = 1, \ldots, J$

6.5 R-프로그램을 이용한 예제

R-프로그램을 이용하여 뉴턴-랩슨법으로 최적화를 해결하는 방법을 알아보자. 예제 6.8과 6.9에서 다룬 것처럼 $\boldsymbol{y}=\begin{pmatrix} y_1 \\ \vdots \\ y_n \end{pmatrix}, X=\begin{pmatrix} x_{11} & \cdots & x_{1n} \\ \vdots & \cdots & \vdots \\ x_{n1} & \cdots & x_{nn} \end{pmatrix}, \beta=\begin{pmatrix} \beta_{1_1} \\ \vdots \\ \beta_n \end{pmatrix}$에 대하여 $f(\beta)=\|\boldsymbol{y}-X\beta\|^2$을 최소로 하는 β를 뉴턴-랩슨법으로 구하는 R-프로그램을 작성해보자. 여기서는 구체적으로 다음과 같은 $\boldsymbol{y}$와 X에 대하여 $\beta=(\beta_1,\beta_2,\beta_3)$의 최솟점을 구하도록 하자.

$$\boldsymbol{y}=\begin{pmatrix} 2 \\ -1 \\ 2 \\ 3 \end{pmatrix},\quad X=\begin{pmatrix} 2 & 0 & 3 \\ -1 & 2 & 0 \\ 1 & 2 & 3 \\ 2 & 1 & 3 \end{pmatrix}$$

예제 6.8과 6.9에서 설명한 것처럼 목적함수 $f(\beta)=\|\boldsymbol{y}-X\beta\|^2$에 대한 기울가벡터와 헤시안 행렬은 다음과 같다.

$$\nabla f(\beta)=-2X'\boldsymbol{y}+2X'X\beta,\quad \nabla^2 f(\beta)=2X'X$$

R-프로그램에서 $\boldsymbol{y}$와 X의 값을 입력하고 기울기벡터와 헤시안 행렬의 값을 구하는 함수를 작성하는 것은 다음과 같다.

```
> gradient = function(y, X, beta) {
+       value = -2* t(X) %*% (y - X %*% beta)
+       return(value)
+ }
> Hessian = function(X) {
+     value = 2 * t(X) %*% X
+     return(value)
+ }
>
> y = c(2, -1, 2, 3)
> X = matrix(c(2,0,3, -1,2,0, 1,2,3, 2,1,3), ncol=3, byrow=TRUE)
```

먼저 β를 초기값으로 설정하고, 뉴턴-랩슨법에 따라 이전 단계의 β로부터 다음 단계의 값을 구하는 식 $\boldsymbol{\beta}_{k+1} = \boldsymbol{\beta}_k - (\nabla^2 f(\boldsymbol{\beta}_k))^{-1} \nabla f(\boldsymbol{\beta}_k)$을 이용하여 반복적으로 β의 값을 구하면 된다. 여기서는 β의 초기값으로 $(1,0,-1)$을 사용하였으며, β의 값을 구하는 단계를 5회 반복하였다. 아래 결과에서 볼 수 있는 것처럼 β의 값은 $(1,0,-1)$에서 출발하여 다음 단계에서 $(2,0.66667,-0.55556)$로 이동하며, 그 이후로는 반복하여도 변화가 없는 것을 알 수 있다.

```
> beta = c(1,0,-1)     #  초기값
> write.table(round(t(beta), 5), row.names=F, col.names=F)
1 0 -1
>
> for (k in 1:5)  {
+       next_beta = beta - solve(Hessian(X)) %*% gradient(y, X, beta)
+       write.table(round(t(next_beta), 5), row.names=F, col.names=F)
+       beta = next_beta
+ }
2 0.66667 -0.55556
2 0.66667 -0.55556
2 0.66667 -0.55556
2 0.66667 -0.55556
2 0.66667 -0.55556
```

실제로 $f(\beta) = \|\boldsymbol{y} - X\beta\|^2$을 최소로 하는 β는 $\beta^* = (X'X)^{-1}X'\boldsymbol{y}$이다. 아래 R-프로그램에서 볼 수 있는 것과 같이 최솟점의 정확한 값은 $\beta^* = (2,0.66667,-0.55556)$로써, 뉴턴-랩슨법으로 구한 것과 같음을 알 수 있다.

```
> exact_beta = solve(t(X) %*% X) %*% t(X) %*% y
> write.table(round(t(exact_beta), 5), row.names=F, col.names=F)
2 0.66667 -0.55556
```

예제 6.11

이변수 함수 $f(x,y) = 5(x-1)^2 + y^2$를 최소로 하는 (x,y)를 경사하강법으로 구하는 R-프로그램을 작성하라.

풀이 목적함수 $f(x,y) = 5(x-1)^2 + y^2$에 대한 기울기백터는 $\nabla f(x,y) = \begin{pmatrix} 10(x-1) \\ 2y \end{pmatrix}$ 이고, 경사하강법에 따라 이전 단계의 $(x,\, y)$로부터 다음 단계의 값을 구하는 식은 다음과 같다.

$$\begin{pmatrix} x \\ y \end{pmatrix}_{k+1} = \begin{pmatrix} x \\ y \end{pmatrix}_k - t_k \cdot \nabla f\begin{pmatrix} x \\ y \end{pmatrix} = \begin{pmatrix} x \\ y \end{pmatrix}_k - t_k \cdot \begin{pmatrix} 10(x-1) \\ 2y \end{pmatrix}$$

여기에서는 각 단계의 스탭 크기 t_k를 일정한 값 $t_k = 0.1$으로 하고, 초기값으로 $(x,y)_0 = (1.5, -1.5)$로 하여 최솟점을 구하는 R-프로그램을 작성하였다. 여기에서는 반복을 멈추는 기준으로 $\dfrac{\|\boldsymbol{x}_{k+1} - \boldsymbol{x}_k\|}{\|\boldsymbol{x}_k\|} < 10^{-6}$이거나 반복 횟수가 1000회가 넘지 않도록 하였다.

```
> f = function(x) {
+     return(5*(x[1]-1)^2+x[2]^2)
+ }
>
> gradient = function(x) {
+     return(c(10*(x[1]-1), 2*x[2]))
+ }
>
> k = 1
> x_before= c(-1.5, 1.5)        # 초기값
> t  = 0.1                      # step size
> x_next = x_before- t * gradient(x_before)
> x = rbind(x_before, x_next)
> while (sqrt(sum((x_next - x_before)^2))/sum(x_before^2) > 1e-6 && k < 1000){
+      x_before = x_next
+      x_next = x_before - t * gradient(x_before)
+      k = k + 1
+      x = rbind(x, x_next)
+ }
```

이 프로그램을 통해 구한 최솟점의 값을 보면 $(x,y)=(1.0, 3.59\times 10^{-6})$으로 실제 최솟점인 $(1.0, 0)$에 가깝다는 것을 알 수 있다. 반복 횟수는 58회임을 알 수 있다.

```
> x
          [,1]         [,2]
x_before -1.5 1.500000e+00
x_next    1.0 1.200000e+00
x_next    1.0 9.600000e-01
x_next    1.0 7.680000e-01
x_next    1.0 6.144000e-01
...
x_next    1.0 3.591786e-06
> k
[1] 58
```

6.6 연습문제

6.1 $f(x)=\sum_{i=1}^{n}(a_i-x)^2$을 최소로 하는 x의 값을 구하라.

6.2 $f(\beta_0,\beta_1)=\sum_{i=1}^{n}(y_i-\beta_0-\beta_1 x_i)^2$을 최소로 하는 β_0, β_1의 값을 구하라.

6.3 함수 $f(x)=|x-1|+|x-2|+|x-3|+|x-4|$에 대한 다음 물음에 답하라.

(1) 함수의 그래프를 그려라.

(2) 함수의 그래프를 이용하여 $f(x)$가 볼록함수인지 판단하라.

(3) $f(x)$를 최소로 하는 x를 구하라.

6.4 $f(x)=\sum_{i=1}^{n}|a_i-x|$를 최소로 하는 x의 값을 구하라.

6.5 $n\times n$ 대칭행렬 A의 고유값이 $\lambda_1 \le \lambda_2 \le \cdots \le \lambda_n$이고, 대응하는 고유벡터가 차례대로 $\boldsymbol{u}_1, \boldsymbol{u}_2, \ldots \boldsymbol{u}_n$일 때, $f(\boldsymbol{x}) = \dfrac{\boldsymbol{x}'A\boldsymbol{x}}{\boldsymbol{x}'\boldsymbol{x}}$(단, $\boldsymbol{x} \neq \boldsymbol{0}$)을 최댓값과 그때 $\boldsymbol{x}$의 값, 최솟값과 그때 $\boldsymbol{x}$의 값을 구하라.

6.6 $f(x)$와 $g(x)$가 볼록함수일 때 $f(x)+g(x)$도 볼록함수임을 보여라.

6.7 $f(x)$와 $g(x)$가 볼록함수일 때 다음 물음에 답하라.

(1) 합성함수 $h(x)=f(g(x))$는 볼록함수인지 판단하라.

(2) $f(x)$가 증가함수일 때, 합성함수 $h(x)=f(g(x))$는 볼록함수인지 판단하라.

6.8 함수 $f(x,y,z)=2x^3+x^2y^2+xy^2z^3$에 대하여 다음을 구하라.

(1) $\dfrac{\partial}{\partial x}f(x,y,z)$ (2) $\dfrac{\partial}{\partial y}f(x,y,z)$

(3) $\dfrac{\partial}{\partial z}f(x,y,z)$ (4) $\nabla f(x,y,z)$

6.9 함수 $f(x,y,z)=2x^3+x^2y^2+xy^2z^3$에 대하여 점 $\begin{pmatrix}1\\0\\-1\end{pmatrix}$에서 $\boldsymbol{u} = \dfrac{1}{\sqrt{2}}\begin{pmatrix}1\\0\\1\end{pmatrix}$ 방향으로의 방향도함수를 구하라.

6.10 함수 $f(x,y,z)=xy^2z^3$에 대하여 다음을 구하라.

(1) $\nabla f(x,y,z)$ (2) $\nabla^2 f(x,y,z)$

6.11 함수 $f(x,y)=x^3e^{xy}$에 대하여 $(x,y)=(a,b)$에서 1차 테일러 다항식과 2차 테일러 다항식을 구하라.

6.12 $x \le 3$인 영역에서 함수 $f(x) = x^2$을 최소로 하는 x를 구하려고 한다.

(1) 라그랑주 승수를 구하여라.

(2) Karush–Kuhn–Tucker condition을 구하여라.

(3) 최소로 하는 x를 구하여라.

6.13 $x \le -3$인 영역에서 함수 $f(x) = x^2$을 최소로 하는 x를 구하려고 한다.

(1) 라그랑주 승수를 구하여라.

(2) Karush–Kuhn–Tucker condition을 구하여라.

(3) 최소로 하는 x를 구하여라.

6.14 $x + y = 1$이라는 제약조건을 만족하는 영역에서 함수 $f(x,y) = x^2 + 2y^2$를 최소로 하는 (x, y)를 구하려고 한다.

(1) $x + y = 1$라는 제약조건을 이용하여 주어진 함수를 x만의 함수로 나타내고, 이를 이용하여 함수를 최소로 하는 x와 y의 값을 구하여라.

(2) 라그랑주 승수를 구하여라.

(3) Karush–Kuhn–Tucker condition을 구하여라.

(4) 최소로 하는 $(x \cdot y)$를 구하여라.

연습문제 정답

제1장

1.1 (1) 상한 : 4, 하한 : -1, 최댓값: 4, 최솟값은 존재하지 않음

(2) 상한, 최댓값 : 2, 하한, 최솟값 : -2

1.2 (1) 상한: 2, 하한: 1

(2) 상한: 존재하지 않음, 하한: 0

(3) 상한: $2+\sqrt{3}$, 하한: 존재하지 않음

1.3 상한 : 2, 하한 : 0

1.4 v_1 ;존재하지 않음, v_0: 존재함

1.5 (1) 상한, 최댓값 : 1, 하한 : 0, 최솟값 : 존재하지 않음

(2) 상한 : 1, 최댓값 : 존재하지 않음, 하한, 최솟값 : 0

1.6 (1) 5/3 (2) (0, 2)

(3) (0, 2] (4) $x \in A_n$ a.b.f.

1.7 $\cap_{k=1}^{\infty} \cup_{n=k}^{\infty} A_n = (2, 5)$, $\cup_{k=1}^{\infty} \cap_{n=k}^{\infty} A_n = (4, 5)$.

1.8 $\cap_{k=1}^{\infty} \cup_{n=k}^{\infty} A_n = \{-1, 1\}$, $\cup_{k=1}^{\infty} \cap_{n=k}^{\infty} A_n = \varnothing$

1.9 B의 분할 : $A\cap B$와 $A^c \cap B$, A의 분할 : $A \cap B$와 $A \cap B^c$

1.10 A, $A^c \cap B$, $(A\cup B)^c \cap C$

1.11 $\sqrt{4+\epsilon}-2$

1.12 (1) 하한: 2, 상한: 존재하지 않음

(2) 상한: 2, 하한: 2/3.

(3) 상한: 2, 하한: 0.

1.13 $\sup(f, g)(x) = f(x)$

1.14 $\sup(f, g)(x) = \begin{cases} (x-1)^2 & \text{for } x \le 0 \\ 1-x & \text{for } 0 < x < 1 \\ (x-1)^2 & \text{for } x \ge 1 \end{cases}$

1.15 (1) $2n\pi : n \in \mathbb{Z}$ (2) $\cup_{n\in \mathbb{Z}} (2n\pi - \pi/2, 2n\pi + \pi/2)$

1.16 (1) $\{0\}$ (2) $[-1, 1]$

(3) $\{0\}$ (4) $[-2, -1] \cup [1, 2]$

1.17 (1) $\{1, 2, \ldots, 10\}$ (2) $\{2, 3, \ldots, 100\}$

1.18 (1) $[0, 1] \cap \mathbb{Q}$ (2) $[0, 1] \cap \mathbb{Q}^c$

1.19 (1) 상한 : 3, 하한 : 1, 최솟값 : 1, 최댓값은 존재하지 않는다.
(2) 성립하지 않음

1.20 (1) $f^{-1}(x)=\dfrac{x}{x+1}$ (2) $g^{-1}(x)=\dfrac{e^x}{e^x+1}$

1.21 $f^{-1}(y)=-\dfrac{1}{\lambda}\log(1-y),\ 0<y<1$

1.22 (1) $3x+5$ (2) $\dfrac{1}{3}(x-5)$, 일치한다.

1.23 $P(X=1)+P(X=2)=6/8$

1.24 $P(U\le 2/3)=2/3$

1.25 $P(A\cap B)-P(A)P(B)$

제2장

2.1 (1) 1 (2) e^2 (3) $\dfrac{1+\sqrt{2}}{4e}$ (4) $\dfrac{1}{9}$

2.2 (1) 1 (2) ∞ (3) 2

2.4 (1) 1 (2) 0 (3) 0 (4) 0

2.5 (1) 1 (2) 6

2.6 단조증가수열, $a_n \to \dfrac{1}{\sqrt{2}}$

2.9 (1) 코시수열 (2) 코시수열 (3) 코시수열이 아니다.

2.10 (2) $a_n=(-1)^n$

2.11 수렴한다.

2.12 (1) 수렴 (2) 수렴하지 않음, $a_{4n}=\cos(2n\pi)+\dfrac{1}{n}=1+\dfrac{1}{n}$

2.13 (1) 만족한다. (2) 만족하지 않는다.

2.14 (1) 거짓 (2) 거짓 (3) 거짓
(4) 참 (5) 거짓

2.15 (1) $u_k=\infty,\ l_k=-\infty$
(2) $u_k=\infty,\ l_{2k-1}=l_{2k}=-1/2k$

2.16 (1) 상한: 3/2, 하한: 0, 하극한: 1, 상극한: 1
(2) 상한: 2, 하한: −3, 하극한: −3, 상극한: 1

2.17 $a_n = \frac{5}{2} + \frac{(-1)^n}{2} + \frac{(-1)^n}{n}$

2.18 (1) $b_{2k-1} = b_{2k} = \frac{4k+1}{2k}$ (2) 2

2.19 (2) 17/4

(3) $u_5 = a_6 = \frac{25}{6}$, $l_5 = a_5 = \frac{9}{5}$, $\limsup a_n = 4$, $\liminf a_n = 2$

(4) $B = [0, 2)$, $C = [0, 4]$

(5) ②, ④, ⑤

2.20 (1) 참 (2) 거짓 (3) 참

(4) 참 (5) 거짓 (6) 참

2.21 (1) $n^2 + O(n)$ (2) $n^3 + O(n^{5/2})$

2.22 (1) 거짓 (2) 참 (3) 참 (4) 거짓

2.23 (1) 발산 (2) 수렴 (3) 수렴

2.29 수렴한다.

제3장

3.1 (1) 5 (2) 2

3.2 (1) 존재한다. (2) 존재하지 않는다.

3.3 (1) 좌극한: 0, 우극한: 1, 극한: 존재하지 않음

(2) 좌극한, 우극한, 극한:1

(3) 좌극한:3, 우극한:1, 극한: 존재하지 않음

3.4 $a = -1/3$, $b = 5/3$

3.5 (1) 0 (2) 0

3.7 (1) $f(x) = O(x^3)$, $f(x) = o(x^4)$ (2) $f(x) = O(x^2)$. $f(x) = o(x)$

3.8 (1) 거짓 (2) 참 (3) 참 (4) 참

3.9 (1) $x = 0$에서 우연속, $x = 1$에서 우연속

(2) $x = -5$에서 좌연속, $x = 1$에서 우연속

(3) $x = 0$에서 좌연속이나 우연속이 아니다.

3.10 연속

3.11 $x = 3$에서 연속 $x = -3$에서 연속이 아니다.

3.12 $(-\infty, -2) \cup (2, \infty)$

3.13 (1) 불연속 (2) 불연속

3.15 (1) 연속이고, 균등연속 (2) 연속이나 균등연속은 아니다.

3.16 (1) 연속이고, 균등연속 (2) 연속이나 균등연속 아님

3.19 (1) 미분가능

(2) 미분가능하지 않음

(3) 미분가능하지 않음

3.20 $f'(x) = 4x^3 + 2x\cos(x^2) - \dfrac{e^x}{x} - e^x \log x$

3.21 (1) $c = \dfrac{2\sqrt{3}-3}{3}$ (2) 사용할 수 없음

3.24 (1) $(a+h)^2 = a^2 + 2ah + o(h)$ (2) $\dfrac{1}{a+h} = \dfrac{1}{a} - \dfrac{1}{a^2}h + o(h)$

3.25 (1) $P_n(x) = 1 + x + \dfrac{1}{2!}x^2 + \cdots + \dfrac{1}{n!}x^n$

(2) $P_n(x) = 1 + x + x^2 + \cdots + x^n$

(3) $P_n(x) = x - \dfrac{1}{2}x^2 + \dfrac{1}{3}x^3 + \cdots + (-1)^{n+1}\dfrac{1}{n}x^n$

3.27 x^6

3.28 $f(x) = \sum_{k=1}^{\infty} (-1)^{k-1} 2^k \dfrac{x^k}{k}$

3.29 λ

3.30 $\dfrac{1}{np(1-p)}$

3.31 $3\log 6 - 2\log 4 - 1$

3.32 $g(w) = 2we^{-w^2} I_{\{w \geq 0\}}$

3.33 $c = \dfrac{1}{2} \pm \dfrac{\sqrt{3}}{6}$

3.34 기댓값이 존재하지 않는다.

3.35 2

3.36 $-1/2$

제4장

4.1 (1) $a_{2,4} = -4$

(2) $(-3, 2, 0, 1)$, $\begin{pmatrix} 3 \\ 2 \\ 2 \\ 1 \end{pmatrix}$

(3) $A' = \begin{pmatrix} -2 & 0 & -3 & 2 \\ 3 & 2 & 2 & 1 \\ 1 & 2 & 0 & -1 \\ 2 & -4 & 1 & 2 \end{pmatrix}$

4.2 $\begin{pmatrix} 2 & -1 & -3 \\ 4 & 4 & 0 \\ -2 & 2 & 4 \end{pmatrix}\begin{pmatrix} x \\ y \\ z \end{pmatrix} = \begin{pmatrix} 4 \\ 8 \\ -4 \end{pmatrix}$

4.3 (1) $P = \begin{pmatrix} 0.7 & 0.2 & 0.1 \\ 0.2 & 0.6 & 0.2 \\ 0.2 & 0.3 & 0.5 \end{pmatrix}$ (3) 오늘 흐릴 때 내일 비가 올 확률

4.4 (1) $\begin{pmatrix} 2 & 4 & -2 \\ -1 & 4 & 2 \\ -3 & 0 & 4 \end{pmatrix}$ (2) $\begin{pmatrix} n & \sum x_i \\ \sum x_i & \sum x_i^2 \end{pmatrix}$ (3) $\begin{pmatrix} 1 & 0 & 0 \\ 2 & 4 & 0 \\ 3 & 5 & 6 \end{pmatrix}$

4.5 28

4.6 (1) $\begin{pmatrix} 6 & 3 \\ -3 & -9 \end{pmatrix}$ (2) $\begin{pmatrix} -1 & 0 \\ -4 & 2 \end{pmatrix}$ (3) $\begin{pmatrix} 2 & 10 & -2 \\ 0 & 0 & 0 \\ 0 & -3 & -1 \end{pmatrix}$ (4) $\begin{pmatrix} 1 & 1 \\ -5 & -1 \end{pmatrix}$

4.7 (1) $\boldsymbol{y} = (90, 97, 97, 118, 125)'$, $\boldsymbol{x} = (25.6, 15.1, 9.8, 3.5, 8.3)'$

(2) $(1, 9.8)$

(3) $125 = \beta_0 + 8.3\beta_1$

4.8 (1) (86, 276, 180, 108, 258)

(2) $\begin{pmatrix} 492 \\ 528 \\ 465 \end{pmatrix}$

(3) 7086

4.9 2×3, 20

4.10 $P^2 = \begin{pmatrix} 0.55 & 0.29 & 0.16 \\ 0.30 & 0.46 & 0.24 \\ 0.30 & 0.37 & 0.33 \end{pmatrix}$

4.11 $x'P=(6,12,3,12,6)\begin{pmatrix}4&5&4\\6&5&5\\9&10&9\\5&4&4\\7&6&6\end{pmatrix}=(225,204,195)$

4.12 (1) 20 (2) $\begin{pmatrix}140\\0\\56\end{pmatrix}$ (3) $\begin{pmatrix}-84\\12\\24\end{pmatrix}$ (4) -149

4.13 (1) $\begin{pmatrix}-25&-86\\-41&-6\end{pmatrix}$ (2) $\begin{pmatrix}-60&-12\\-10&-3\\20&21\end{pmatrix}$ (3) $\begin{pmatrix}-18&-3&6\\44&4&42\end{pmatrix}$

(4) $\begin{pmatrix}0\\0\end{pmatrix}$ (5) $\begin{pmatrix}6/7&-2/7&-3/7\\-2/7&3/7&-6/7\\-3/7&-6/7&-2/7\end{pmatrix}$

4.14 $A'BA=\begin{pmatrix}23&-6\\-6&8\end{pmatrix}$

4.15 (1) $A=\begin{pmatrix}1&0\\0&0\end{pmatrix},\quad B=\begin{pmatrix}0&0\\0&1\end{pmatrix}$ (2) $A=\begin{pmatrix}0&a&b\\0&0&c\\0&0&0\end{pmatrix}$

4.16 (1) $\begin{pmatrix}1&0&0\\0&1&0\\0&0&1\end{pmatrix}\begin{pmatrix}x_1\\x_2\\x_3\end{pmatrix}=\begin{pmatrix}x_1\\x_2\\x_3\end{pmatrix}$

(2) $X'X=\begin{pmatrix}4&10\\10&30\end{pmatrix}$

(3) $\frac{1}{\sum u_i^2}\begin{pmatrix}\sum u_i^2-2u_1^2&-2u_1u_2&-2u_1u_3&\cdots&-2u_1u_n\\-2u_1u_2&\sum u_i^2-2u_2^2&-2u_2u_3&\cdots&-2u_2u_n\\\vdots&\vdots&\vdots&\vdots&\vdots\\-2u_1u_n&-2u_2u_n&-2u_3u_n&\cdots&\sum u_i^2-2u_n^2\end{pmatrix}$

(4) I

(5) $\begin{pmatrix}2^{n-1}&2^{n-1}\\2^{n-1}&2^{n-1}\end{pmatrix}$

(6) $A^2=\begin{pmatrix}0&0&-1\\0&0&0\\0&0&0\end{pmatrix},\ A^3=\begin{pmatrix}0&0&0\\0&0&0\\0&0&0\end{pmatrix},\ \cdots\ A^n=\begin{pmatrix}0&0&0\\0&0&0\\0&0&0\end{pmatrix}$

4.17 (1) 36 (2)36 (3)10 (4)20

4.18 (1) $n-1$ (2) $n-2$

4.19 (1) 거짓 (2) 거짓

4.21 −23

4.22 (1) −27 (2) −6 (3) −15 (4) −40

4.23 $a_{1,1} \times a_{2,2} \times \cdots \times a_{m,m}$

4.24 (1) $(x_3 - x_2)(x_3 - x_1)(x_2 - x_1)$ (2) $(\lambda - 3)(\lambda - 7)$

4.26 (1) $-\frac{1}{25}\begin{pmatrix} -1 & -3 & 10 \\ -10 & -5 & 0 \\ 8 & -1 & -5 \end{pmatrix}$

(2) $\frac{1}{38}\begin{pmatrix} -10 & -16 & 8 \\ -4 & 5 & 7 \\ -12 & -4 & 2 \end{pmatrix}$

(3) $\begin{pmatrix} 1/2 & 0 & 0 \\ 0 & 2/10 & -3/10 \\ 0 & 4/10 & -1/10 \end{pmatrix}$

4.27 (1) -25

(2) $A^{-1} = \begin{pmatrix} B^{-1} & 0 \\ 0 & C^{-1} \end{pmatrix}$, $B^{-1} = \begin{pmatrix} 0 & 0.4 & 0.2 \\ 1 & -1.6 & -2.8 \\ 0 & 0.2 & 0.6 \end{pmatrix}$, $C^{-1} = \begin{pmatrix} 0.4 & -0.2 \\ -0.6 & 0.8 \end{pmatrix}$

4.28 (1) 6 (2) -3 (3) $-\frac{1}{3}\begin{pmatrix} 1 & 2 & -3 \\ 2 & 1 & -3 \\ -4 & -5 & 6 \end{pmatrix}$

4.29 $(2,\ 0.7,\ 0.9)'$

4.30 (1) $\frac{1}{6}\begin{pmatrix} 6 & 0 & 0 \\ -24 & 2 & 0 \\ -30 & -8 & 3 \end{pmatrix}$

(2) $Q'AQ = \begin{pmatrix} 2 & 42 & 8 \\ 0 & 1 & 0 \\ 0 & 12 & 3 \end{pmatrix}$, $Q'A^{-1}Q = \frac{1}{6}\begin{pmatrix} 3 & -30 & -8 \\ 0 & 6 & 0 \\ 0 & -24 & 2 \end{pmatrix}$

4.31 (1) 3×2 (2) 2

4.32 (1) $I_n + \frac{bd'}{1 - d'b}$ (2) $\frac{1}{a}\left(I_n - \frac{b}{a + nb}11'\right)$

4.35 (1) $\sum (x_i - \bar{x})^2 \neq 0$

(2) $\begin{pmatrix} y - \frac{S_{xy}}{S_{xx}}\bar{x} \\ \frac{S_{xy}}{S_{xx}} \end{pmatrix}$

(3) $\boldsymbol{y}'(I - X(X'X)^{-1}X')\boldsymbol{y}$

4.37 $J = \begin{pmatrix} 2 & 2 & 0 \\ 2 & 3 & -1 \\ 0 & -1 & -4 \end{pmatrix}$

4.38 $\begin{pmatrix} -1 & -12 & 9 \\ 15 & -2 & 55 \\ 2 & 4 & -12 \end{pmatrix}$, -2708, $\begin{pmatrix} 0.07237814 & 0.039881832 & 0.23707533 \\ -0.10709010 & 0.002215657 & -0.07016248 \\ -0.02363368 & 0.007385524 & -0.06720827 \end{pmatrix}$

4.39 $\begin{pmatrix} -4 & 0 & -2 \\ 3 & -6 & -4 \\ 0 & 0 & -4 \end{pmatrix}$

4.40 $H=\begin{pmatrix} 0.78103511 & -0.41006153 & -0.039811799 & -0.035830619 \\ -0.41006153 & 0.23206659 & -0.074556641 & -0.067100977 \\ -0.03981180 & -0.07455664 & 0.992761491 & -0.006514658 \\ -0.03583062 & -0.06710098 & -0.006514658 & 0.994136808 \end{pmatrix}$

제5장

5.2 (1)과 (3)은 벡터공간이다. (2) 벡터공간이 아니다.

5.4 (2) $z_1=\frac{1}{\sqrt{5}}\begin{pmatrix} 2 \\ 1 \end{pmatrix}$, $z_2=\frac{1}{\sqrt{5}}\begin{pmatrix} -1 \\ 2 \end{pmatrix}$

5.5 (1) 선형종속 (2) 선형독립

5.6 (1) 참 (2) 거짓 (3) 참 (4) 거짓

5.8 아니다.

5.9 (1) 3 (2) 2 (3) $n-1$

5.10 기저 : (1,2,0,3)', (1,2,1,0)', (0,1,1,1)', 차원 : 3

5.11 2

5.12 $(-1, 1, 2)'$

5.13 $\frac{1}{\sqrt{2}}\begin{pmatrix} -1 \\ 5 \end{pmatrix}$

5.14 $\left(0, \frac{1}{\sqrt{5}}, \frac{2}{\sqrt{5}}\right)'$, $\left(\frac{10}{\sqrt{145}}, \frac{6}{\sqrt{145}}, \frac{-3}{\sqrt{145}}\right)'$,

$\left(\frac{3}{\sqrt{29}}, \frac{-4}{\sqrt{29}}, \frac{2}{\sqrt{29}}\right)'$

5.15 $\left\{\frac{1}{3}\begin{pmatrix} 1 \\ 2 \\ 2 \end{pmatrix}, \frac{1}{3}\begin{pmatrix} -2 \\ -1 \\ 2 \end{pmatrix}, \frac{1}{3}\begin{pmatrix} 2 \\ -2 \\ 1 \end{pmatrix}\right\}$

5.16 $\left\{\begin{pmatrix} 1/2 \\ 1/2 \\ 1/2 \\ 1/2 \end{pmatrix}, \begin{pmatrix} -1/\sqrt{2} \\ \sqrt{2}/3 \\ \sqrt{2}/3 \\ -1/3\sqrt{2} \end{pmatrix}, \begin{pmatrix} 1/2\sqrt{3} \\ -5/6\sqrt{3} \\ 7/6\sqrt{3} \\ -5/6\sqrt{3} \end{pmatrix}\right\}$

5.17 (1) 2 (2) 2

5.18 (2) $\left(\frac{3}{\sqrt{19}}, \frac{1}{\sqrt{19}}, \frac{3}{\sqrt{19}}\right)'$ (3) $(26, -42, -12)'$

5.19 (1) 2 (2) $\frac{1}{6}\begin{pmatrix} 5 & 2 & -1 \\ 2 & 2 & 2 \\ -1 & 2 & 5 \end{pmatrix}$ (3) $\frac{1}{2}\begin{pmatrix} -3 \\ 2 \\ 7 \end{pmatrix}$

5.20 (1) $\frac{1}{25}\begin{pmatrix} 9 & 12 \\ 12 & 16 \end{pmatrix}$ (2) $\frac{1}{9}\begin{pmatrix} 1 & 2 & 2 \\ 2 & 4 & 4 \\ 2 & 4 & 4 \end{pmatrix}$ (3) A

5.21 $(\bar{y}, \cdots, \bar{y})'$

5.22 (1) $r(S_1)=1$, $r(S_2)=2$, $r(S_3)=2$

(3) 멱등행렬

(5) $(1, 2, 1, 3, 3)'$

5.23 (1) $\sqrt{45}$ (2) $\begin{pmatrix} 1 \\ 0.4 \\ -0.2 \end{pmatrix} + \begin{pmatrix} 0 \\ 1.6 \\ 3.2 \end{pmatrix}$

5.24 (1) 기저 : $(1, 1, -1)'$, $(1, 1, 0)$ $\Rightarrow$ 차원 : 2

(2) 기저 : $(1, -1, 0)'$, $\begin{pmatrix} 0.5 & -0.5 & 0 \\ -0.5 & 0.5 & 0 \\ 0 & 0 & 0 \end{pmatrix}$

(3) $(1.5, 1.5, 3)' + (-0.5, 0.5, 0)'$

5.25 $(-1.5, 1, 3.5)'$

5.26 (1) $X'X = \begin{pmatrix} 6 & 2 & 0 & 0 \\ 2 & 2 & 0 & 0 \\ 0 & 0 & 4 & 0 \\ 0 & 0 & 0 & 4 \end{pmatrix}$, $(X'X)^{-1} = \begin{pmatrix} 1/4 & -1/4 & 0 & 0 \\ -1/4 & 1/4 & 0 & 0 \\ 0 & 0 & 1/4 & 0 \\ 0 & 0 & 0 & 1/4 \end{pmatrix}$

(2) -0.25

(3) $3\boldsymbol{x}_1 + \boldsymbol{x}_2$

5.27 $(1, -2, 1)'$

5.28 (1) 참 (2) 거짓 (3) 거짓

(4) 참 (5) 참 (6) 거짓

5.29 (1) 1 (2) 2 (3) 2

5.30 (1) $\lambda_1 = \lambda_2 = k$, 모든 $\boldsymbol{v} \neq 0$ 벡터가 고유벡터

(2) $\lambda_1 = k_1, \lambda_2 = k_2$ $\boldsymbol{v}_1 = \begin{pmatrix} 1 \\ 0 \end{pmatrix}$, $\boldsymbol{v}_2 = \begin{pmatrix} 0 \\ 1 \end{pmatrix}$

(3) $\lambda_1 = \lambda_2 = 1$, $\boldsymbol{v}_1 = \begin{pmatrix} 1 \\ 0 \end{pmatrix}$.

5.31 $\lambda_1 = 5$, $\boldsymbol{v}_1 = (1, 1, 1)'$, $\lambda_2 = 2$, $\boldsymbol{v}_2 = (1, 1, 0)'$, $\lambda_3 = 1$, $\boldsymbol{v}_3 = (0, 1, 1)'$

5.32 6, λ: 1,2,3

5.33 $\lambda_1 = 1$: $\boldsymbol{v}_1 = (1, -1)'$, $\lambda = 3$: $\boldsymbol{v}_2 = (1, 1)'$

5.35 $\lambda_1 - \alpha,\ \lambda_2 - \alpha,\ \dots,\ \lambda_m - \alpha$

5.36 $n-1,\ 0$

5.37 $|\rho| < 1$

5.38 $-1 \le b \le 2$

5.39 $D = \begin{pmatrix} \sqrt{6} & 0 \\ 0 & 1 \\ 0 & 0 \end{pmatrix}$, $V = \begin{pmatrix} 2/\sqrt{5} & 1/\sqrt{5} \\ -1/\sqrt{5} & 2/\sqrt{5} \end{pmatrix}$, $U = \begin{pmatrix} 3/\sqrt{30} & -1/\sqrt{5} & 1/\sqrt{2} \\ 3/\sqrt{30} & -1/\sqrt{5} & -1/\sqrt{2} \\ 2/\sqrt{10} & \sqrt{3}/\sqrt{5} & 0 \end{pmatrix}$

5.40 $A = \begin{pmatrix} 0 & 1 \\ 1 & 0 \end{pmatrix}\begin{pmatrix} \sqrt{2} & 0 \\ 0 & \sqrt{8} \end{pmatrix}\begin{pmatrix} -1/\sqrt{2} & 1/\sqrt{2} \\ 1/\sqrt{2} & 1/\sqrt{2} \end{pmatrix}$

5.41 (1) $F = VDV'$: $D = diag(6, 2, 1)$, $V = \begin{pmatrix} 0 & 1 & 0 \\ \frac{1}{\sqrt{5}} & 0 & \frac{2}{\sqrt{5}} \\ \frac{2}{\sqrt{5}} & 0 & -\frac{1}{\sqrt{5}} \end{pmatrix}$

(2) $\boldsymbol{b} = (0, 1/\sqrt{5}, 2/\sqrt{5})'$, 6

5.42 (1) 10/3, 2

(2) $(-1/3,\ 2/3,\ -1/3)'$, 0

(3) $\lambda_1 = 2 + \sqrt{2}$, $\lambda_2 = 2$, $\lambda_3 = 2 - \sqrt{2}$

5.44 $\begin{pmatrix} 1/5 & 0 & 2/5 \\ 0 & 1/3 & 0 \end{pmatrix}$

5.45 $\lambda = 3.4142,\ 2,\ 0.5858$

5.46 $D = \begin{pmatrix} 9 & 0 \\ 0 & 1 \end{pmatrix}$, $V = \begin{pmatrix} -0.7071 & -0.7071 \\ -0.7071 & 0.7071 \end{pmatrix}$

5.47 $Q = \begin{pmatrix} -0.8571429 & 0.3942857 & 0.33142857 \\ -0.4285714 & -0.9028571 & -0.03428571 \\ 0.2857143 & -0.1714286 & 0.94285714 \end{pmatrix}$,

$R = \begin{pmatrix} -14 & -21 & 14 \\ 0 & -175 & 70 \\ 0 & 0 & -35 \end{pmatrix}$

5.48 $Q = \begin{pmatrix} -0.6 & 3.552714e-16 \\ -0.8 & -2.664535e-16 \\ 0.0 & -1.000000e+00 \end{pmatrix}$, $R = \begin{pmatrix} -5 & 10 \\ 0 & -1 \end{pmatrix}$, $x_1 = 5$, $x_2 = 2$

제6장

6.1 $x=\frac{1}{n}\sum_{i=1}^{n}a_i=\bar{a}$

6.2 $\beta_1=\frac{n\sum_{i=1}^{n}x_iy_i-\left(\sum_{i=1}^{n}x_i\sum_{i=1}^{n}y_i\right)}{n\sum_{i=1}^{n}x_i^2-\left(\sum_{i=1}^{n}x_i\right)^2}$, $\beta_0=\frac{1}{n}\sum_{i=1}^{n}y_i-\frac{\beta_1}{n}\sum_{i=1}^{n}x_i$

6.3 (1)

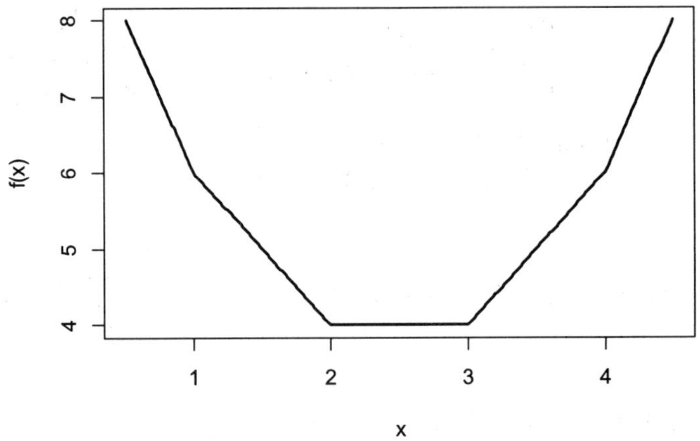

(2) 함수 $f(x)=|x-1|+|x-2|+|x-3|+|x-4|$의 그래프의 임의의 두 점을 잇는 선분은 항상 그래프 위에 있으므로 함수는 볼록이다.

(3) $2\le x\le 3$인 x

6.4 n이 홀수일 때는 $x=a_{\left(\frac{n+1}{2}\right)}$. n이 짝수일 때는 $a_{\left(\frac{n}{2}-1\right)}\le x\le a_{\left(\frac{n}{2}+1\right)}$인 x

6.5 $\boldsymbol{x}=\boldsymbol{u}_1$일 때 최솟값 λ_1, $\boldsymbol{x}=\boldsymbol{u}_n$일 때 최댓값 λ_n

6.6

6.7 (1) $h(x)=f(g(x))$는 볼록함수가 아니다.

(2) $h(x)=f(g(x))$는 볼록함수이다.

6.8 (1) $\frac{\partial}{\partial x}f(x,y,z)=6x^2+2xy+y^2z^3$

(2) $\frac{\partial}{\partial y}f(x,y,z)=x^2+2xyz^3$

(3) $\frac{\partial}{\partial z}f(x,y,z)=3xy^2z^2$

(4) $\nabla f(x,y,z)=\begin{pmatrix}\frac{\partial}{\partial x}f(x,y,z)\\ \frac{\partial}{\partial y}f(x,y,z)\\ \frac{\partial}{\partial z}f(x,y,z)\end{pmatrix}=\begin{pmatrix}6x^2+2xy+y^2z^3\\ x^2+2xyz^3\\ 3xy^2z^2\end{pmatrix}$

6.9 $\boldsymbol{a}=\begin{pmatrix}1\\0\\-1\end{pmatrix}$, $\boldsymbol{u}=\frac{1}{\sqrt{2}}\begin{pmatrix}1\\0\\1\end{pmatrix}$ 일 때, $df(\boldsymbol{a};\boldsymbol{u})=3\sqrt{2}$

6.10 (1) $\nabla f(x,y,z)=\begin{pmatrix}y^2z^3\\ 2xyz^3\\ 3xy^2z^2\end{pmatrix}$

(2) $\nabla^2 f(x,y,z)=\begin{pmatrix}0 & 2yz^3 & 3y^2z^2\\ 2yz^3 & 2xz^3 & 6xyz^2\\ 3y^2z^2 & 6xyz^2 & 6xy^2z\end{pmatrix}$

6.11 $(x,y)=(a,b)$에서 1차 테일러 다항식은

$$f(x,y)=a^3e^{ab}+(3a^2e^{ab}+a^3be^{ab},\ a^4e^{ab})\begin{pmatrix}x-a\\ y-b\end{pmatrix}$$

이고, 2차 테일러 다항식은

$$\begin{aligned}f(x,y)&=a^3e^{ab}+(3a^2e^{ab}+a^3be^{ab},\ a^4e^{ab})\begin{pmatrix}x-a\\ y-b\end{pmatrix}\\ &\quad+\frac{1}{2}(x-a,\ y-b)\begin{pmatrix}6ae^{ab}+6a^2be^{ab}+a^3b^2e^{ab} & 4a^3e^{ab}+a^4be^{ab}\\ 4a^3e^{ab}+a^4be^{ab} & a^5e^{ab}\end{pmatrix}\begin{pmatrix}x-a\\ y-b\end{pmatrix}\end{aligned}$$

6.12 (1) $L(x,\lambda)=x^2+\lambda(x-3)$

(2) (i) $\frac{\partial}{\partial x}L(x^*,\lambda^*)=\nabla f(x^*)+\lambda^*\nabla g(x^*)=2x^*+\lambda^*=0$

(ii) $\lambda^*g(x^*)=\lambda^*(x^*-3)=0$

(iii) $g(x^*)=x^*-3\le 0$

(iv) $\lambda^*\ge 0$

(3) $x=0$

6.13 (1) $L(x,\lambda) = x^2 + \lambda(x+3)$

(2) (i) $\dfrac{\partial}{\partial x}L(x^*,\lambda^*) = \nabla f(x^*) + \lambda^* \nabla g(x^*) = 2x^* + \lambda^* = 0$

(ii) $\lambda^* g(x^*) = \lambda^*(x^* + 3) = 0$

(iii) $g(x^*) = x^* + 3 \le 0$

(iv) $\lambda^* \ge 0$

(3) $x = -3$

6.14 (1) $f(x,y) = x^2 + 2y^2 = x^2 + 2(1-x)^2 = 3x^2 - 4x + 2$, $(x, y) = \left(\dfrac{2}{3}, \dfrac{1}{3}\right)$일 때 최소

(2) $L(x,y,\lambda) = x^2 + 2y^2 + \mu(x+y-1)$

(3) (i) $\dfrac{\partial}{\partial x}L(x^*,y^*,\mu^*) = \dfrac{\partial}{\partial x}f(x^*,y^*) + \mu^*\dfrac{\partial}{\partial x}h(x^*,y^*) = 2x^* + \mu^* = 0$

$\dfrac{\partial}{\partial y}L(x^*,y^*,\mu^*) = \dfrac{\partial}{\partial y}f(x^*,y^*) + \mu^*\dfrac{\partial}{\partial y}h(x^*,y^*) = 4y + \mu^* = 0$

(ii) $\dfrac{\partial}{\partial \mu}L(x^*,y^*,\mu^*) = h(x^*,y^*) = (x^* + y^* - 1) = 0$

(4) $(x, y) = \left(\dfrac{2}{3}, \dfrac{1}{3}\right)$

찾아보기

저자 소개

박진호

서울대학교 계산통계학과
미국 스탠포드대학교 통계학과(이학박사)
전) 노스-캐롤라이나 주립대학교 연구원
현) 인하대학교 통계학과 교수

황진수

서울대학교 계산통계학과
미국 퍼듀대학교 통계학과(이학박사)
전) 델라웨어대학교 통계학과 조교수
현) 인하대학교 통계학과 명예교수

통계수학 강의 – 제2판 –

저 자	박진호 · 황진수
발 행 인	김지영
발 행 처	자유아카데미
주 소	경기도 파주시 회동길 37-42 파주출판도시
전 화	031-955-1321
팩 스	031-955-1322
홈페이지	www.freeaca.com
전자우편	main@freeaca.com (대표) editor@freeaca.com (편집) crm@freeaca.com (영업)
등 록	제406-2003-017호, 1980. 7. 12
제2판1쇄	2026년 2월 1일 발행

저자와의 협의하에 인지생략

ISBN 979-11-5808-808-8 93310